Water

DIXIASHUI ZIYUAN LIYONG
YU SHENGTAI HUANJING BAOHU

地下水资源利用
与生态环境保护

哈建强　陈继章　王　颖 著

中国纺织出版社

U0337398

图书在版编目（CIP）数据

地下水资源利用与生态环境保护 / 哈建强，陈继章，王颖著 . -- 北京：中国纺织出版社，2018.10

ISBN 978-7-5180-4233-3

Ⅰ.①地… Ⅱ.①哈… ②陈… ③王… Ⅲ.①地下水资源—水资源利用—研究②地下水资源—资源保护—研究 Ⅳ.① P641.8

中国版本图书馆 CIP 数据核字 (2017) 第 264999 号

责任编辑：汤　浩　　　　　　　　　　　　　　责任印制：储志伟

中国纺织出版社出版发行
地　　　址：北京市朝阳区百子湾东里 A407 号楼　　邮政编码：100124
销售电话：010-67004422　　　传真：010-87155801
http://www . c-textilep . com
E-mail: faxing@c-textilep . com
中国纺织出版社天猫旗舰店
官方微博 http : //weibo . com/2119887771
北京虎彩文化传播有限公司　各地新华书店经销
2018 年 10 月第 1 版第 1 次印刷
开　　本：787 × 1092　　1/16　　印张：18.375
字　　数：250 千字　　定价：78.00 元

凡购买本书，如有缺页、倒页、脱页，由本社图书营销中心调换

前　言

　　地下水是水资源的重要组成部分，是水循环系统的重要环节。地下水因其独特的自然属性，自古以来就是人类生活、生产用水的重要水源，同时也在维护生态环境方面起着十分重要的作用。本书首先对水环境保护进行了简要的阐述，然后对水质保护的主要内容和水资源合理开发利用进行了介绍，其次论述了地下水和中国煤田水文地质等内容，再次从水污染、大气污染和土壤污染等三个角度对环境科学进行了研究，最后阐述了环境监控、评价与管理，希望本书能够给读者在地下水资源利用与生态环境保护方面提供借鉴和启发。

　　本书由哈建强、陈继章、王颖担任主编，朱艳飞、冯策、郭靖威、袁达、沈兴凤、毛娜担任副主编，刘秀燕、刘军、李晓丽、孙旭颖、朱润东等25人参与了此次工作。具体分工如下：哈建强、冯策、郭靖威等同志编写了第一章、第二章、第三章、第四章、第十章；陈继章、袁达、沈兴凤等同志编写了第五章、第六章、第七章、第八章、第九章；王颖、朱艳飞、谢香春、毛娜等同志编写了第十一章、第十二章、第十三章、第十四章、第十五章以及参考文献部分。

　　哈建强、陈继章、王颖、朱艳飞负责了全书的策划、大纲制定、及统稿工作。河北工程大学马文英教授、王文军教授、山东省水利勘测设计院刘德东教授级高级工程师、河北水利电力学院王庆河教授、河北农业大学张伟教授、沧州市环境监测中心陈晓东教授级高级工程师等几位专家、学者对本书内容进行了审查，并提出了宝贵意见，在此表示衷心的感谢。

　　由于编写时间仓促，著者水平有限，不当之处恳请读者批评指正。

作　者

2017 年 10 月

CONTENTS 目录

第一章　水资源保护概述

第一节　水资源的基本含义

水是地球上最重要的母体自然资源之一，与煤炭、石油、矿石和其他资源相比，水诚然是"到处可见的"，但它也是天然矿物资源。由于其固有的性质，任何物质都不能代替它。因此，水是独一无二的宝贵资源。其使用价值表现为水量、水质和水能三个方面。到目前为止，有关水资源的确切含义仍无公认的总体定义。水资源概念的发展过程和其内涵随着时代的进步具有动态性。其内涵也在不断地丰富和发展。

联合国教科文组织（UNESCO）和世界气象组织（WMO）共同制定的《水资源评价活动——国家评价手册》的定义是：可以利用或有可能被利用的水源，具有足够的数量和可用的质量，并能在某一地点为满足某种用途而可被利用。

《中华人民共和国水法》的定义是：地表水和地下水。

《环境科学词典》的定义是：特定时空下可利用的水，是可再利用资源，不论其质与量，水的可利用性是有限制条件的。

《中国水利百科全书》的定义是：地球上所有的气态、液态或固态的天然水。人类可利用的水资源，主要指某一地区逐年可以恢复和更新的淡水资源。地球上的水资源可分为两类：一类是永久储量，它的更替周期很长，更新极缓慢，如深层地下水；另一类是年内可恢复储量，它积极参与全球水循环，逐年得到更新，在较长时间内保持动态平衡，即通常说的可利用水资源。

水资源可以理解为人类长期生存、生活和生产活动中所需要的各种水，既包括数量和质量含义，又包括其使用价值和经济价值。水资源的概念具有广义和狭义之分。狭义上的水资源是指人类在一定的经济技术条件下能够直

1

接利用的淡水；广义上的水资源是指能够直接或间接使用的各种水和水中物质，在社会生活和生产中具有使用价值和经济价值的水都可称为水资源。

地球上水的总储量为 13.86 亿 km^3，其中，淡水只有 0.35 亿 km^3，占总储量的 2.5%；其余为海洋中的咸水、矿化地下水以及咸水湖中的咸水。地球上绝大部分淡水，被固定在两极冰盖、高山冰川、永久冻土底冰以及深层地下含水层中，目前尚不能大量利用。与人类生活、生产活动最密切，可以利用的河流、湖泊、土壤水和积极交替带中的地下淡水，约占全球水的总储量的 0.3%。因此，可供人类利用的淡水资源在数量上是有限的。

水是生命的源泉，是人类赖以生存、社会经济得以发展的重要物质资源。水的用途十分广泛，不仅用于农业灌溉、工业生产、城乡生活，而且还用于发电、航运、水产养殖、旅游娱乐、改善生态环境等。水在人类生活中占有特殊重要的地位。随着社会生产力的巨大发展，人民文化生活水平的不断提高，人类对水的需求量日益增长，不少地区出现了水源不足的紧张局面。人们逐渐认识到水资源并不是取之不尽、用之不竭的，必须十分重视、珍惜利用。

水资源可以再生，可以重复利用，但受到气候的影响，在时间上、空间上分布不均匀。水量偏多或偏少往往造成洪涝或干旱等自然灾害。为了兴利除害，满足国民经济各部门用水的需要，必须根据天然水资源的时间、空间分布特点，需水的要求，修建必要的蓄水、引水、提水或跨流域调水工程，对天然水资源在时间上、空间上进行合理的再分配。

面对有限供水和不断增长的用水需要，为了使有限水资源得以充分发挥效益，世界各国都十分重视水资源的调查、评价和合理开发利用。为了提高水资源的利用率，水资源的开发利用已由单一目标发展到多目标综合利用，由地表水或地下水单一水源的开发发展到地表水和地下水等多种水源的联合开发，由水量控制发展到水质控制，由单纯经济观点发展到经济、社会、环境、生态等多因素的综合分析。水资源的供需体系已成了一个复杂的系统，必须用系统分析的方法，综合分析这些复杂的因素，为水资源的统一规划、管理和重大决策提供科学依据。

城市、工业和农业的迅速发展，用水量的急剧增长，使水资源大量消耗，并不断受到污染。水资源利用不充分、不合理，更加剧了水资源供需矛盾。因此，提倡节约用水、合理用水，提高水的有效利用率，对废、污水进行处理和重复利用，海水淡化或利用海水作为冷却水，以及在流域间进行合理调配，是解决水资源不足的有效措施。制定水资源开发、利用、管理、保护的法令和法规，结合必要的经济手段，对水资源统一管理，合理调度，科学分配，能使有限水资源在发展国民经济、提高人民生活水平中，更加有效地发挥作用。

第二节　水资源的基本特点

水资源有着许多与其他自然资源不同的特殊性：水资源数量和质量都有动态性、可恢复性，这些特性表现为补给的循环性、变化的复杂性、利用的广泛性和利与害的两重性。

一、补给的循环性

水资源与其他矿产资源不同之处在于：其在循环过程中不断地恢复和更新，水循环过程是无限的；另一方面，水循环受太阳辐射等条件的制约，每年更新的水量又是有限的。而且自然界中各种水体的循环周期不同，在定量估计水资源时，随统计时段的不同，水资源的恢复量也不同，这反映出水资源有动态资源的特点。

二、变化的复杂性

水资源变化的复杂性表现为两个方面。一方面是地区分布的不均衡。有些国家无论是水资源的绝对拥有量还是人均拥有量都比较高，而另一些国家水资源拥有量相对来说则比较贫乏。另一方面是变化的不稳定性。水资源变化的不稳定性，除了表现为地表水、地下水具有年内、年际变化外，又具有不重复变化的特点。我国的一些河流还出现连续丰水年或枯水年的变化特点。水资源的这一特性为人类的开发利用和管理带来一定的困难。

三、利用的广泛性

水资源在工农业各部门和人类生活上使用极为广泛。从水资源的利用方式来看，可分为消耗性用水量和非消耗性用水量两种：引水灌溉、生活用水以及在液态产品中作为原料等，都属于消耗性用水，其中可能有一部分回归到河道，但水量已减少，而且水质已发生了变化；另一种水资源使用形式为非消耗性的，如养鱼、航运、水力发电等。水资源这种综合效益是其他任何自然资源都无法替代的。此外，水还有很大的非经济性价值，自然界中河流、湖泊等水体作为环境的重要组成部分，有着巨大的环境效益；不考虑这一点，就不能真正认识水资源的重要性。

四、利与害的两重性

"水能载舟，亦能覆舟"，这种水利与水害的双重性，是水有别于其他自然资源的突出特点。综观世界各大城市，绝大多数是沿着江河发展的，即使是沿海城市，也多位于入海河口，这不仅由于江河提供了航运交通之便，还因为这些江河提供了丰富的淡水资源。但是一个地区水分过多，也会给人类带来灾难：洪水泛滥会冲毁田园村舍，农田积水会造成严重减产；干旱或半干旱地区大水漫灌，地下水位超过临界深度会引起土壤次生盐渍化。因此，在进行水资源开发利用时，要全面考虑兴利除害的双重目的。

第三节　我国水资源的基本特点

由于我国受所处地理位置、气候、降水、地形、地貌等自然条件以及人口、耕地与矿产资源分布的影响，水资源具有以下基本特点。

水资源总量较丰富，人均、地均拥有水量少。我国河川径流量居世界第6位，平均径流深为284mm，为世界平均值的90%。我国每公顷耕地占有径流量为 2,8320m³，仅为世界平均值的80%，我国人口已超过12亿，平均每人年占有径流量（淡水）仅为2260m³，比世界平均值的1/4还低，世界排名第121位，被列为世界上13个贫水国之一。因此，水资源是我国十分珍贵的自然资源。

水资源时空分布极不均匀。我国水资源受降水的影响，具有时空分布年内不均匀、年际变化大、区域分布不均匀的特点。北方水资源贫乏，南方水资源较丰富，南北相差悬殊。用水总量从 1949 年的 1000 亿 m^3 左右增加到 2007 年的 5600 亿 m^3 左右。其中 1949—1990 年为用水高速增长期，人均年用水量从 187 m^3 增长到 450 m^3。其后水需求继续增长，但受资源制约，供水难以同步增加，人均年用水量在 450 m^3 上下徘徊。供需失衡的结果，一是国民经济用水挤占生态环境用水，二是城市与工业用水挤占农业用水。北方水资源开发程度已超过 50%，导致河道断流和湖泊洼淀萎缩；南方水网地区污水超标排放，造成水体污染；西北干旱区大量挤占生态用水，荒漠化趋势蔓延；西南山丘区坡陡田高水低，水资源开发利用工程艰巨。从全国看，水资源现状承载能力和生态环境容量明显不足。

水资源年际年内变化很大。最大与最小年径流的比值，长江以南的中等河流在 5 以下，北方河流多在 10 以上。径流量的逐年变化存在明显的丰年枯水年交替出现及连续数年为丰水段或枯水段的现象，径流年际变化大与连续丰枯水段的出现，使我国经常发生旱、涝及连旱、连涝现象，对生产及人民生活极为不利，加重了水资源调节利用的困难。

径流年内分配不均匀状况可用集中度和集中期表述，即径流量年内分配集中的程度和最多水出现的时间。全国集中度分布的总趋势是，自东向西、自南向北逐渐增高。一年内短期集中的径流往往造成洪水，华南及东北地区的河流春季会出现桃汛或春汛，大多数河流为夏汛或伏汛。受台风影响，东南沿海、海南岛及台湾东部河流会出现秋汛。我国北方大多数河流春季径流量少。

水资源地区分布不均匀的特点，是使我国北方和西北许多地区出现资源性缺水的根本原因；水资源年际变化大，年内分配不均，则是我国半干旱、半湿润地区甚至南方多水地区经常发生季节性缺水的原因。水资源的上述特点，导致我国国土的大部分地区都出现水资源短缺问题，并成为制约 21 世纪中国社会经济持续发展的重要因素之一。因此，认识中国水资源特点，人为有效地加以调控，以促进水资源与环境、人口、经济的协调发展，是解决我国水问题的关键。

水资源与人口、耕地、矿产资源分布不匹配。我国水资源空间上分布的不平衡性与全国的人口、耕地和矿产资源分布上的差异性，构成了我国水资源与人口、耕地及矿产资源不匹配的基本特点。水资源与人口组合特点，北方片人口占全国总人口的2/5强，但水资源占有量不足全国水资源总量的1/5；南方片人口占全国的3/5，而水资源量为全国的4/5；北方片人均水资源拥有量为1127 m^3，仅为南方片人均的1/3。在南、北两片中，北方片的华北区人口稠密，其人口占全国的26%，但水资源量仅占全国的6%，人均水量仅为556 m^3，只有西北区的1/5和东北区的1/3强，不足全国人均的1/4，因此，该区目前成为全国缺水最严重地区之一；南方片的西南区人口不足全国的20%，而水资源量却占全国的46%，全区人均水量高达5722 m^3，是华北区的10倍。

水资源与耕地组合特点。北方片耕地面积占全国耕地总面积的3/5，而水资源总量仅占全国的1/5；相反，南方片耕地面积占全国2/5，而水资源量却占全国的4/5。南方片耕地水量为28695 m^3/hm^2，而北方片只有9465 m^3/hm^2，前者是后者的3倍。

我国有1333多万 hm^2 可耕后备荒地，主要集中在北方片的东北区和西北区（尤其是西北区），其开垦条件主要受当地水资源的制约，开垦难度较大。因此，合理匹配水土资源，水资源优化配置极其重要。

我国水资源的人均占有量低，时空分布变异性大，与土地资源的状况不匹配，生态环境相对脆弱有关。同时，我国北方缺水地区的水资源开发利用程度已很高，生态环境已受到明显影响，而水的利用效率和管理水平亟待提高。

第四节　水资源保护的目的和内容

为了防治水污染和合理利用水资源，采取行政、法律、经济、技术等综合措施，对水资源进行的积极保护与科学管理，称为水资源保护。

近几十年来，自然环境保护已成为非常尖锐的问题。自然资源不是无限的，即便是可再生资源也需要一个漫长的周期。如湖泊水的更新周期为17年，深层地下水更新周期为1400年，河水为16天，浅层地下水更新周期约为一年。已发现的水污染对自然界的不利作用，影响范围很大，并且这种作用有增大到造成生态系统不可逆变化的危险性。这就需要把自然环境保护，特别是水资源保护问题列为最重要的现代问题。

水的时空分布和人类对水的时空需求都是动态的，两者的矛盾在现代更趋尖锐。

现代人类调动和利用水资源的能力大大提高。但另一方面，人口骤增、社会经济发展，需水量迅速增长。并且，用水量集中在大城市、工业区和经济发展区。城市化、工业区和经济发展区总是优先占据自然条件优越的地区，因此，又增加了水资源需求量在地域上的不平衡性。

工业废水和生活污水大量产生，农药和化肥在农田中广泛施用，污染天然水体。污染严重的水体不能重复利用，相当于减少了水资源的数量。

人类大规模的生产活动，如开矿修路、砍伐林木、垦荒种地、超采地下水等，致使土壤侵蚀增强，泥沙淤塞河道，影响到包括气候、生态等因素的自然环境。自然环境恶化必然导致水循环路径受阻，使原本就时空分布不合理的水资源更趋于不合理。

水资源短缺的严峻现实使人们认识到，开发利用水资源必须重视对水资源的保护，做到开发而不是破坏，把对自然水体的污染和对环境的不利影响抑制或降低到最低限度，使自然水资源能够永续造福于人类。

人类在开发利用水资源的同时也在进行水资源保护已有很长的历史。由于污染物质随空气和水运移的规模是全球的，在一国或数国范围内解决环境保护问题只能取得地方性的效果，对全球来说是不够的。为限制对自然界的大规模有害作用，需要许多国家在科学与工程研究方面共同做出最大努力。因此，环境保护问题具有国际性质。事实上，早在公元前4世纪，波斯地区居民就有不向河里撒尿、吐痰，不在河里洗手等规定，这可以说是最原始的水资源保护。现代的水资源保护是伴随着人类社会和经济活动的不断发展而出现的。初期的水资源保护，主要是防治城市生活污水造成的以病原体为主的生物污染，在18世纪欧洲一些大城市（伦敦、汉堡等），因饮用水源遭到生物污染，霍乱、痢疾等疾病多次暴发，广泛流行，造成成千上万人的死亡。为了防止传染病的发生，开始了初步水源保护，并发展了简易的水处理设施和技术。产业革命以后，城市污水（特别是工业废水）迅速增加，污染物成分日益复杂，水体污染情况日趋严重，而且波及范围很广。一些发达国家(如美国、英国、法国、德国、日本、苏联等)的河流和湖泊污染非常严重，成了社会公害。例如，欧洲的莱茵河几乎成了欧洲最长的下水道；英国的泰晤士河鱼类绝迹，成为一条死河；美国的密西西比河水生物大量死亡。

20世纪50年代初，在一些水域或地区相继发生影响很大的公害病。例如，发生在日本国熊本县水俣湾的甲基汞中毒而引起的水俣病，发生在富山县的居民饮用受镉污染河水和食用含镉稻米等造成的痛病。

20世纪70年代以后，由于大量施用化肥和农药，水体受到难以处置的氮磷等营养元素的污染，一些湖泊、海湾，如日本琵琶湖、濑户内海等，相继发生富营养化现象，引起了普遍的关注。80年代以来，水污染防治重点已由点污染源(城市和工业废水)及有机耗氧负荷污染控制，逐步转向因营养物质、有机农药及酸雨等引起的非点污染控制，并加强了地下水污染防治的研究，同时，从单纯污染防治进入到污水资源化技术的开发应用。

中国在20世纪70代以后连续发生了几起水污染事故。1992年官厅水库水质明显恶化，直接影响到首都北京的饮水卫生。为此，成立了专门机构，进行了多学科的研究。研究人员从污染源调查入手，进行了水体环境质量研究与评价，研究了污染物在水体中变化的基本规律和防治措施，取得了重大成果。随后，又相继开展了白洋淀、蓟运河、松花江上游等水资源保护的研究。70年代后期，中国的水污染治理开始由单源的废水、废气、废渣治理进入到区域防治、综合治理阶段。长江、黄河成立了水资源保护机构。80年代后，开展了水环境背景值、水环境容量、污染物在水体中的存在状态和迁移转化等研究，丰富了环境水力学和环境水化学的内容。在水处理技术上，应用生态氧化塘处理城镇污水，取得了成功经验。为了防治水库、湖泊的富营养化和合理利用水环境容量，在环境库容、环境用水、环境流量和最小环境流量等方面进行了广泛研究。

20世纪90年代后期，随着工农业生产的发展，江河湖库的水污染日益加重，已严重影响到水资源的开发利用和国民经济的可持续发展。为了加强水资源的统一监督管理，有效保护水资源，在《水文情报预报规范》中增加了水质警报及预报的内容。水质预报是根据污染物进入江河水体后水质的物理、化学和生物化学迁移以及转化规律，预测水体水质时空变化情势。水质警报及预报是当水质在短时间内发生重大的变化（如发生突发性污染事故）时，为提前采取相应防范措施而发布的，具有很强的时效性。所以，在发布警报及预报的同时，要进行跟踪调查和监测，并及时发布修正预报。

水资源保护的主要内容包括水量保护和水质保护两个方面。在水量保护方面，主要是对水资源统筹规划、涵养水源、调节水量、科学用水、节约用水、建设节水型工农业和节水型社会。在水质保护方面，主要是制定水质规划，提出防治措施。具体工作内容是制定水环境保护法规和标准；进行水质调查、监测与评价；研究水体中污染物质迁移、污染物质转化和污染物质降解与水体自净作用的规律；建立水质模型，制定水环境规划；实行科学的水质管理。

水资源保护工程的内容可概括为以下三个方面。

1. 发挥城建水资源工程作用。在改善水质、改造气候、保护环境、调配水体等方面，使水资源的循环和存储结构更符合人类的要求。社会发展使现代水资源工程规模巨大，对自然环境影响强烈。因此，规划水资源工程时，要从一个流域、一个地区或更大范围的整个水资源着眼，在考虑工程的经济效益及短期效益的同时，要预测工程的环境影响和长期效益，以确定适宜的对策或决定取舍。

2. 对污染进行综合治理。改进生活用水方式和生产工艺，减少污水和废水的生成量，处理生活污水和工业废水，控制其向自然水体的排放标准。

3. 开展水土保持，防治水土流失工作。水土流失或称土壤侵蚀，是地表土壤（或者成土母质）在各种自然和人为因素的影响下，受水力、风力等作用发生的移动和破坏现象。水土流失以坡耕地最为严重，它严重地威胁着农业生产。

水土的大量流失，给农业生产、水利方面、厂矿建设、交通运输、城镇安全和环境保护等都带来很大危害，严重地影响国民经济的发展。

在农业生产方面，引起地力减退，产量降低。在坡耕地上，水土流失冲走了土壤、肥料，降低了土壤蓄水保墒能力，使土壤肥力逐年降低。根据调查和分析，在山区、丘陵区，农地每年流失表层土厚度为 0.1~2cm，严重的达 5cm，部分坡耕地表层土全部冲走。一般每吨表层土中含全氮 0.8~1.5kg，含全磷约 1.5kg，含全钾约 20kg。若流失的表土层厚度平均按 1cm 来计算，每公顷坡耕地就流失土壤约 53.3kg，这样就要损失氮、磷、钾肥 180kg 以上。因此，水土流失地区的农业产量显著降低，干旱年份甚至颗粒无收。由于土壤侵蚀的不断发展，还会使细沟、浅沟逐年加深扩大，形成切沟，分割土地；沟头伸展，沟岸不断扩张，沟床下切，把原来地形进一步割切得支离破碎。这些现象严重地蚕食农田，如在陕西省土石山区或沟道岩石裸露地区，由于洪水挟沙带石泄入河道，使河床淤积，大片农田被压埋。

在水利方面，由于水土流失，引起泥沙淤积河流、水库、渠道，加重了洪涝、旱灾，影响水利资源的开发利用，给水利工程的建设与管理带来许多困难。如黄河中游大量泥沙流入下游的平缓河道，使下游河床淤积抬高，形成"悬河"，致使河堤容易决口，洪水泛滥成灾。如果在多沙河流上修建水库，则使水库淤积严重。另外，泥沙淤积渠道，严重妨碍行水。例如，黄河流域陕西段的一些渠道，每年正当灌溉的关键时刻，常因含沙量过大，不得不停水，以至减少灌溉面积。

水土流失对厂矿建设、交通运输、城镇安全等带来的危害和损失也是严重的。不少铁路、公路，由于水土流失所造成的塌方，常使交通中断；许多航道常因泥沙的淤塞而失效。有些工厂因洪水泥沙危害，生产没有保证，不得不加大投资，采取防洪措施。

水土流失始终威胁着人类居住的环境。1991 年四川遭受的特大洪水，2008 年长江特大洪水形成原因之一是长江上游森林严重破坏，水土流失严重所致。过度地开垦，肆无忌惮地对森林乱砍滥伐，造成了生态环境的严重破坏。

涵养水源，保护河流、湖泊和水库的蓄水容积，调控河道径流的起伏变化，搞好水土保持工作，对发展农业生产、加速促进国民经济的全面发展都有着极其重要的作用。

第五节　水资源危机

在世界现有总水量中，海水约占 97%，淡水储量只占 2.53%。在地球的淡水中，深层地下水、南北两极及高山的冰川、永久性积雪和永久性冻土底层共占淡水总量的 97.01% 以上；而比较容易开发利用的湖泊、河流、浅层地下水等淡水量仅占全球淡水总量的 2.99%，约为 104.6 万亿 m^3，每年通过水文循环，淡水的补给量为 47 万亿 m^3。鉴于深层地下水、南北两极及高山的冰川、永久性积雪等大量淡水目前尚难开发利用，不少国家或地区出现了淡水资源不足和告急。早在 20 世纪 80 年代中期以前，全世界每年的用水量为 3.5 万亿 m^3/a，而耗水量为 2.12 万亿 m^3/a。据联合国 1996 年公布的数据，世界四个最大用水国分别是美国、苏联、印度和中国。它们的人口占世界人口的 50% 左右，灌溉土地面积占全球的 70%，用水量占全球用水量的 45% 以上。美国每天的人均用水量是四国中最高的，几乎是苏联的 2 倍，中国和印度的 5 倍多。在四个国家中，美国的工业及发电用水量也是最高的，约占用水总量的 54%，苏联占 45%，中国占 5%，而印度仅占 3%。就灌溉用水来说，印度则为四国之首，它占用水总量的 96%，中国占 93%，苏联占 51%，美国只占 33%。然而，这四个最大的用水国都面临着淡水量日趋匮乏的严重问题。

缺水是一个世界性的普遍现象。据统计，从 20 世纪 80 年代开始，全世界有 100 多个国家不同程度地缺水，世界上有 28 个国家，被列为缺水国或严重缺水国。再过 30 年，缺水国将达 40~52 个，缺水人口将增加 8 倍多，达 28 亿~33 亿。淡水严重缺少的国家和地区，甚至影响到人们的基本生存。在邻接撒哈拉沙漠南部的干旱国家，因为缺水，农田荒废，几千万人挣扎在饥饿死亡线上，每年约有 20 万人饿死。目前，发展中国家至少 3/4 的农村人口和 1/5 的城市人口，常年不能获得安全卫生的饮用水，17 亿人没有足够的饮用水，有的国家已经靠买水过日子。德国从瑞士买水，美国从加拿大买水，阿尔及利亚也从其他国家进口水。阿拉伯联合酋长国从 1994 年起，每年从日本进口雨水 2010 万 m^3。精明的日本只要花 100 多 t 水就可换得 1t 石油。

水资源是环境和自然财富的主要组成部分之一，同时，似乎也比其他组成部分更容易受到人为作用的影响。世界上的许多国家，尤其是处于干旱地带内的国家，都感到适于日常需要的用水不足。甚至在水资源丰富的国家，当水资源在面积上和一年各季节中分布不均匀时，需水量的急剧增长也已经使可供人们利用的淡水资源不足。著名的意大利水城威尼斯，由于枯水而呈现出像垃圾箱一样的丑陋姿态。全球淡水危机使得土地干涸已经成为普遍现象，自然环境的恶劣在加速发展之中。水的因素已开始阻碍工农业生产。如何使可供人们利用的淡水资源有保障，防止水资源的枯竭和污染，以及使水资源再生，就引出地球上水资源开发利用中的一些问题。缺水威胁着地球人类的生存，世界50多亿人口中，已经有34亿人每天只能享有50L水，非洲大陆连年持续干旱，已使许多人家园毁弃、背井离乡。干旱造成农作物大面积减产或绝收，已经不再是个别的现象。在世界各地，有许多的农民在承受着干旱所带来的打击。埃塞俄比亚由于连年干旱，加上内战不已，20世纪80年代有100多万人饿死，数百万人营养不良。

埃塞俄比亚人渴望能把尼罗河的水引来浇灌农田，但他们要搞这一引水工程，势必与苏丹和埃及发生冲突，因为这两个国家也需要尼罗河的水。特别是埃及，由于人口剧增，农田水利建设不当，埃及人曾计划开凿一条360km长的运河，以使尼罗河河水改道，不经流苏丹而直接通过运河流入埃及境内。这个大型水利工程会极大地破坏自然生态平衡。一旦这个计划完成，苏丹的31500km^{2}的大沼泽将会缩小80%。更加危险的是，不仅千万种鸟类、鱼类和其他哺乳动物将要绝迹，而且那里的40万人会有生命危险。由于苏丹1993年发生内战，埃及的这个计划最后搁浅。

水的问题在以色列和约旦之间的争端中始终具有战略意义，两国水源供应皆依赖约旦河。因此在20世纪60年代末的持久战中，以色列就反复轰炸约旦的一条运河，以造成约旦缺水，致使人们无法生存。现在约旦许多村镇每周只供两次水，然而为满足未来人口增长的需要，必须增加1倍的供水量。以色列尽管有较好的水土保持和节水灌溉技术，但连年干旱；苏联犹太人移居以色列各城市，以及在加沙地带的75万名巴勒斯坦人，都加剧了以色列缺水的危机。加沙地下水位已下降到危险地步，不仅受到海水的侵蚀，而且受到下水道污水的污染。

在中亚地区，咸海在过去30年间面积缩小了2/3。湖水里的盐分和寄生虫大大侵蚀了湖泊周围的土地，使数百万人患肠胃病之类的疾病以及喉癌。伏尔加河的污染严重地破坏了鱼子酱工业的生产。波兰有1/3的河水被污染得无法使用。

1998年，美国近30个州持续干旱达数月之久。中西部夏季歉收，科罗拉多河水位下降，致使8个州的农业及饮水供应受到威胁。田园荒芜，土地龟裂，电力生产锐减。由于大建水坝，河流改道，野生动物濒临灭绝，南卡罗来纳州的供水十分紧张。旧金山南部的萨克拉门托河三角洲以每年7.5cm的速度下沉，使这个低洼地区比以往更加容易受到海水侵蚀。为了不使三角洲的1900万人受到地沉与海水侵蚀的威胁，南卡罗来纳州用水必须有所节制。墨西哥对水的浪费以及林区乱砍滥伐使墨西哥供水紧张。墨西哥城贫民区的供水实际是污水，然而就是这种脏水的供应也不充分。墨西哥城现有2010万人，他们对水的需求使该城地下水位每年下降3.4m。印度第4大城市马德拉斯是一个严重缺水的城市，这里的公共供水站的供水时间是每天清晨4—6时；居民们必须每天半夜起床，排队取水，否则他们一天的饮用水就无着落。印度还有许多严重缺水的城市，这些城市里只有医院和大饭店能得到特殊照顾。印度还有千千万万个农村根本没有供水设施，农民必须长途跋涉到有河水或井水的地方取水。即使在雨量较多的欧洲和美国东部地区，水也紧张起来，水的质量还在下降。20世纪80年代末期，全球每天有4万名儿童死亡，其中许多是因缺少洁净水而患腹泻、传染病及其他因水源危机而产生的副作用死亡的。

早在20世纪50年代前，人们还认为水资源是取之不尽、用之不竭的。在20世纪后半期，情况则发生了巨大的变化，与水资源有关的基础建设急剧扩展；随着人口的增长，工业迅速发展，农业灌溉面积的不断扩大，用水量也迅猛增加，使可供人们利用的水资源也相应地急剧减少。

供水水源(河流、湖泊、水库、地下水等)同时用来排放废水，因此，污染构成了水资源的主要威胁：$1m^3$的废水可污染几十倍以上的净水。排放有害物质，特别是毒性较大的物质，给天然水自净造成了极大的困难。污染是可供人们利用的淡水资源枯竭的主要原因。

在工业发达的国家中，水体污染的规模是非常惊人的。美国最主要的河流系统均遭受了污染。美国主要河流密西西比河已成为废水和废物的巨大聚集地。西欧的个别河流，有一半含有废水。如莱茵河从前是优美和清洁的象征，由于污染一度成为污水河，被石油产品薄膜所覆盖。污染向海洋蔓延，并开始向远洋渗透。每年向大洋排放数百万吨石油、数千吨放射性废物等。须知，大洋水的自净能力是有限的。

有害物质渗入土壤，并进入地下水中。污染源之一是对土壤施的肥料和给农作物喷洒的农药，这就使广大面积的地下水被污染，排入地下的生活污水和工业废水的影响更大。因此，几乎世界上的所有大城市和工业中心，如美国、西欧、日本，甚至发展中国家，上部含水层——潜水已被污染。

根据国外一些专家粗略估算，在地球上，到20世纪70年代初，几乎有1/6的水资源遭到污染。

水资源枯竭的另一个原因是不合理地开采利用水资源，有时甚至是掠夺式地开采水资源。供水损耗量占采水量20%以上，灌溉损耗量占灌溉用水量的50%~60%以上，甚至更大。过量开采水对地下水的影响特别有害。在许多地区内，地下水水位的不断下降引起局部地区淡水含水层完全枯竭。

现代用水的特点是需水量急剧增加，超过了人口增长和生产发展的速度。在美国，需水量从1900年到60年代初增加了5倍，而人口仅仅增加1倍。现在美国就已经利用了几乎全部现有的淡水资源。苏联的增长情况类似，1940年，需水量为800亿 m^3；1990年，每年需水量为3000亿 m^3；40年间需水量几乎增加了3倍。

需水量与现有资源量之间的差距不断缩小。地球上每年排出的废水总量，估计为4000亿 t。而世界来水量以全球径流量计，为46.8万亿 m^3。所谓"水荒"正是与此有关。地球上的水资源是有限的。为了解决地球上淡水不足的问题，首先必须珍惜现有的水资源，防止它们被污染和枯竭，其次是加强水资源开发利用中的自然保护措施。

进入20世纪80年代以来，我国有许多人口密集的城市和居住区出现地下水降落漏斗，地面发生沉降，供水紧张。以北京的水危机为例，北京多年平均年降水595mm，年可用水资源总量43.33亿 m^3（包括入境水量），人均水资源不足300 m^3，仅为全国的1/8、世界的1/30，远远低于国际公认的1000 m^3 的缺水下限，属于严重缺水地区，也是世界上最严重缺水的大城市之一。

与1949年相比，2010年北京市总用水量增长了40倍，其中工业用水增长了31倍，城市自来水售水量增加了85倍。

北京地表水资源少，依赖境外来水的官厅、密云两大水库上游来水不断减少，水质逐渐恶化。由于上游地区用水增加和近年来干旱少雨，两岸来水量已由20世纪50年代的年均31.3亿m^3减少到90年代的12亿m^3，且来水衰减的趋势越来越明显。同时，日益严重的水污染和水土流失加剧了水库水质恶化和淤积。官厅水库淤积已达6.5亿m^3，水质长年超过五类标准。密云水库水质也有恶化的趋势。

地下水可采资源量减少，与1961年相比，平原地区地下水储量减少了59亿m^3，部分地区已疏干，并出现2010km^2的漏斗区；地下热水也被过量开采，造成水位持续大幅度下降，产生地面沉降，导致市政设施破坏。

北京市内水污染程度不断加剧，造成水资源更加紧缺。2007年全市年排放污水总量12.7亿m^3，其中规划市（区）8.9亿m^3。市（区）污水集中处理率仅为22%。大量未经处理的废污水排放和农药、化肥的过量施用，使得河流、湖泊水体和地下水受到严重污染。据监测，有56%的监测河段受到污染，47%的地下水监测井水质超标。2009年北京地区遇到严重干旱，降水仅有349mm，不足多年平均值的60%，导致水库蓄水比上年减少了8亿m^3，地下水同比减少71326亿m^3。

在2015年之前，北京市每年需水量为49.27亿~50.59亿t，到2020年，需水量为52.70亿~53.95亿t。

到2015年，北京市工业用水每年约为11.78亿t，城镇生活用水为11.72亿t。而农业与城市河流、湖泊用水量是和降雨量有关的。在正常年景，可以给城市河流、湖泊补水3亿t，农业用水为20.77亿t。在枯水年和特枯水年，给城市河流、湖泊只能补2.7亿t，农业用水将达到22.39亿t。加上供水损失每年约为2亿t，北京市每年需水在49.27亿~50.59亿t之间。平水年北京市地表水和地下水每年可提供水量为41.33亿t，而枯水年和特枯水年只能提供37.79亿~34.09亿t；缺口为平水年的7.94亿t，枯水年和特枯水年亏12.8亿t和16.5亿t。需水量约为52.70亿~53.95亿t，而提供的地表水和地下水为平水年40.88亿t，枯水年和特枯水年为37.54亿~33.99亿t，缺口高达11.82亿~19.96亿t。

水问题是自然保护综合措施中最主要的问题之一。在20世纪中叶，遍及全世界的科技革命将这一问题提到了全球的高度。现代科学技术的进步，经济的飞速发展，首先是人为作用、人口骤增以及社会原因、经济管理方式等，都是引起水问题产生的原因。

目前许多国家规定了防止水资源污染和枯竭的措施。我国也有成功地实现保护各种自然资源的范例，其中包括水资源的保护和利用。大的江河都制定了用水、管水的长远措施。许多河流的净化工作已经开始，从而使情况有了好转。

许多国家在水资源保护方面都取得了一定的成就。但是也有例外。以美国为例，水体污染损失每年为75亿～110亿美元。20世纪80年代后期，这个世界上最富有的国家的国会曾通过了一个法案，授权政府拨出约250亿美元用于防治天然水的污染。但是，实现这样一项代价很高、期限很长的规划受到了威胁。追逐利润与社会利益产生了矛盾：认为从阿拉斯加和加拿大输入净水比净化本国河流和水体在经济上合算。

目前，从我国的实际情况看，我国在水资源开发利用方面存在的主要问题有以下几个方面：水土资源组合极不平衡，旱涝灾害频繁，水源地区的保护较差和水域污染严重，水资源综合利用重视不够。一方面水资源较紧缺，而另一方面又存在水量的严重浪费现象。不少灌区尤其北方灌区，在严重缺水的黄河流域，农业灌溉大量采用传统的漫灌方式。上游宁蒙灌区亩均用水量在1000m³以上，比节水灌区高几倍到几十倍；即便是饱受断流之苦的河南、山东两省引黄灌区，也是有水时大水漫灌，无水时望河兴叹。全国农业水利用率大多在0.3～0.4，单位粮食用水量是发达国家的2～3倍。由于灌水量偏大，渠道渗漏严重，加上管理不完善等原因，自流灌区灌溉水有效利用系数只有0.4左右，井灌区一般也只有0.65左右。灌溉用水量大、效率低，久而久之使河流下游环境恶化，生态破坏。

工业用水也存在着严重浪费的现象。据统计，目前我国工业用水的重复利用率只有0.3左右，远低于发达国家的0.75。在工业用水量方面，一些重要产品耗水量比国外先进水平高几倍甚至几十倍。

因此，水资源的合理开发、利用与保护是当前急需解决的重大问题。

第六节　水问题的解决途径

在不久的将来，除传统的供水水源河流、湖泊和地下水外，人类将要通过其他一些途径获取水资源。其中包括利用极地的冰。一些西方学者把很大的希望寄托在海水淡化上。但是，从北极地带或南极地带运冰及利用冰，在技术上是很复杂的，任何一个设计都不是合算的。海水淡化在科威特应用得相当广泛。然而，在没有其他水源的地方，尽管淡化是得到饮用水最可取的方法，但连专家也不敢保证可用淡化水的方法代替传统的供水方法。

国外一些学者认为，必须对现有的水资源从利用和保护的观点进行根本的重新审核。为了避免目前在美国和西欧发生的、将来地球上其他地区也要发生的水危机，应该立即着手解决水的问题。主要措施是尽量减少向河流、湖泊和地下水排放废水及改变陆地的水量平衡。在合理利用水资源的过程中，保护水资源是预防地球上"水荒"的途径。

普遍减少并在将来停止向河流中排放废水，是一项代价很高、但完全可以实现的措施。这种措施预示着会有经济效益。对提出彻底停止向河流及其他蓄水设施中排放废水问题的美国、法国、德国和其他国家的学者和专家们的建议，应该给予应有的评价。

最根本的办法是建立工业企业供水的封闭循环系统，以便使废水不返回水体中。20世纪80年代，苏联的废水排放量是供水量的一半以上。但是，有一定数量的废水仍需要利用。特别有害的废水必须经过预先处理后再进行地下埋藏、天然蒸发或人工蒸发。如果蒸发的同时能生产出蒸汽和收集到被溶解的物质，那么蒸发成本便可降低。在一个化学纤维工厂，采用在沉淀池内处理废水的方法，避免了排放许多吨硫酸钠、硫酸等。这个工厂得到的经济效益每年超过约3.7万美元。

生活饮用和工业利用后的大量废水，可以用于土地灌溉。利用废水进行灌溉，首先，可以减少对河流、湖泊和地下水的开采量；其次，能实现通过土壤法使废水除害，以达到有效净化水质的目的；由于微生物很多，这是最完善的方法；第三，可以大大提高农业的产量，这种灌溉土地的收获量比未灌溉土地的收获量高数倍。因此，用这种方法利用废水的费用，经过4~5年便可收回。

部分公共生活污水经过净化后，可以重复用于工业和工业冷却水。在德国的某些工业中心，这些污水从净化系统输出后，首先用于工艺加工，而后用于冷却。在俄罗斯，利用各种废水供水的封闭系统最早是在工业区使用的。例如，在纸板厂完全消除了工业废水的排放，淡水需要量减少了 2/3。从该厂净化系统中每年收集到近 400t 以前污染河流的纤维，并重新用于生产。

西方一些国家在水资源保护上还存在问题，即人们通常所说的"走了一些弯路"。主要表现在：一方面是污水处理设备落后；另一方面是产生工业废水的企业往往在投产后，并且周边的自然环境被污染以后，才兴建污水处理系统等。因此，有科学根据地规划建造污水处理系统，制定废水排放的极限允许浓度和定额，对所有企业都是十分重要的。

提高水费是一项重要措施。捷克、斯洛伐克等一些国家的经验表明，控制公共事业需水量能使污水量及相应的污水排放量减少 1/2～2/3。莫斯科水源保护监察机构的计算表明，莫斯科每立方米水的价格为 4 戈比，只是在超量用水时价格才增到 20 戈比，而国内其他一些地区则增到 65 戈比。低价供水无助于水资源的经济利用，甚至在许多情况下不能补偿国家供水费用。

在灌溉中耗费了特别多的多余的水。如果这种状况能够改变，那么用水量至少会降低 1/4。在我国，灌溉水的利用率只有 0.4 左右，提高灌溉水的利用率潜力很大。

除保护和节约水资源之外，改变陆地水量平衡（包括管理自然界中的水循环）是对解决水问题的重要贡献。这种管理的目的是靠不太贵重的河流径流（主要是洪水径流）来增加最可用的几种水资源（包括所谓的稳定的径流，即地下径流及受水库调节的径流）及土壤水分储量。这里也包括从富水区调水来保证干旱区的用水。

改变地球水量平衡、调节水量分配的基本措施是人工补给（储存）地下水和利用水利工程措施调节河流径流以及增加土壤水分的储量。上述措施中的后两种措施自然会引起蒸发量有一定的增加。这就表明，储存地下水比调节地表径流优越。

除改变自然界中的水循环之外，将靠淡化矿化水（海水和地下水）、融化冰川等办法来增加用于供水的水资源。总之，需水量的增加将对内陆水分循环产生良好的影响，能增强水分的"循环"，也能增加地球上的淡水资源。

由于科学、技术及社会的进步，在不久的将来，定能普遍解决水的问题。不论拟定的措施多么复杂，实现这些措施是能解决人类这一最重要的水问题的；因此，在这方面的一切努力都是正确的。

工业废水是我国水环境的最大污染源，必须予以正视。对工业污染源的治理应作为水污染防治的重点。要采取各种技术措施保护水环境质量，彻底解决已经污染了的水资源，使污水资源化。

防止水污染的最好途径是加速建立环境保护产业和推行清洁生产技术。环境保护产业是指其产品和劳务用于防治环境污染、改善生态环境、保护自然资源等方面的产业部门，其中包括环境保护机械和环境保护用品的制造业。清洁生产技术是指将污染尽量消灭于生产过程之中的生产方式与技术。如改革原料路线和产品种类，采用高效低耗的生产工艺及设备，使原料、材料、能源的消耗减至最少，使生产的废物量减至最小，并使废料、废物尽可能地"变废为宝"。

除了积极预防水污染外，对已经污染了的水资源的治理也是绝不可缺少的。这些废水都需妥善治理。治理的目的是使废水的水质改善，保护水体环境不受污染，或使污水资源化被重新利用。因此，治理和预防是同样积极的措施和不可缺少的。尤其是在许多江河湖泊已经受到严重污染的现实条件下，对水污染的防治就更应受到重视。

要管好、保护好水环境，应明确水资源产权，理顺管理机构，由目前条块分割的管理方式逐步过渡到集开发、利用和保护于一体的企业化管理体制；根据水体功能，制定合理的水质目标和相应的地方水环境质量标准、污染物排放标准；推行总量控制和排污许可证制度，运用市场机制，实行有偿使用，制定合理的水资源价格政策、排放交易政策、配套法规和标准；同时，还要加强水资源持续利用的基础和技术研究。

第二章　水资源的可持续发展

第一节　可持续发展战略的由来

一、《人类环境宣言》

1992 年，联合国人类环境会议在斯德哥尔摩召开，这是人类对环境问题的正式挑战，来自世界 113 个国家和地区的代表汇聚一堂，共同讨论环境对人类的影响问题。这是人类第一次将环境问题纳入世界各国政府和国际政治的事务议程。大会通过的《人类环境宣言》宣布了 37 个共同观点和 26 项共同原则。它向全球呼吁——现在已经到达历史上这样一个时刻，我们在决定世界各地的行动时，必须更加审慎地考虑它们对环境产生的后果。由于无知或不关心，我们可能给生活和幸福所依靠的地球环境造成巨大的无法挽回的损失。因此，保护和改善人类环境是关系到全世界各国人民的幸福和经济发展的重要问题，是全世界各国人民的迫切希望和各国政府的责任，也是人类的紧迫目标。各国政府和人民必须为着全体人民和自身后代的利益而做出共同的努力。

作为探讨保护全球环境战略的第一次国际会议，联合国人类环境大会的意义在于唤起了各国政府共同对环境问题，特别是对环境污染的觉醒和关注。尽管大会对整个环境问题认识比较粗浅，对解决环境问题的途径尚未确定，尤其是没能找出问题的根源和责任，但是，它正式吹响了人类共同向环境问题挑战的进军号。各国政府和公众的环境意识，无论是在广度上还是在深度上，都向前迈进了一步。

二、《里约环境与发展宣言》

从 1992 年联合国人类环境会议召开到 2002 年的 20 年间，尤其是 20 世纪 80 年代以来，国际社会关注的热点已由单纯注重环境问题逐步转移到环境与发展二者的关系上来，而这一主题必须由国际社会广泛参与。在这一背景下，联合国环境与发展大会（UNCED）于 2002 年 6 月在巴西里约热内卢召开。共有 183 个国家的代表团和 70 个国际组织的代表出席了会议，102 位国家元首或政府首脑到会讲话。会议通过了《里约环境与发展宣言》（又名《地球宪章》）和《21 世纪议程》两个纲领性文件。《里约环境与发展宣言》是开展全球环境与发展领域合作的框架性文件，是为了保护地球永恒的活力和整体性，建立一种新的、公平的全球伙伴关系的"关于国家和公众行为基本准则"的宣言。它提出了实现可持续发展的 27 条基本原则。《21 世纪议程》则是全球范围内可持续发展的行动计划，它旨在建立 21 世纪世界各国在人类活动对环境产生影响的各个方面的行动规则，为保障人类共同的未来提供一个全球性措施的战略框架。此外，各国政府代表还签署了联合国《气候变化框架公约》等国际文件及有关国际公约。可持续发展得到世界最广泛和最高级别的政治承诺。

以这次大会为标志，人类对环境与发展的认识提高到了一个崭新的阶段。大会为人类高举可持续发展旗帜、走可持续发展之路发出了总动员令，使人类迈出了跨向新的文明时代的关键性一步，为人类的环境与发展矗立了一座重要的里程碑。

三、全球《21 世纪议程》

自 2002 年 6 月在巴西里约热内卢召开的联合国环境与发展大会以后，可持续发展的实践活动也开始在全球范围内普遍展开。全球《21 世纪议程》正是贯彻实施可持续发展战略的人类活动计划。

全球《21 世纪议程》指出，人类正处于一个历史的关键时刻，世界面对国家之间和各国内部长期存在的经济悬殊现象，贫困、饥荒、疾病和文盲有增无减，赖以维持生命的地球生态系统继续恶化。如果人类不想进入这个不可持续的绝境，就必须改变现行的政策，综合处理环境与发展问题，提高所有人、特别是穷人的生活水平，在全球范围更好地保护和管理生态系统。要争取一个更为安全、更为繁荣、更为平等的未来，任何一个国家不可能只依靠自己的力量取得成功，必须联合起来，建立促进可持续发展的全球伙伴关系，只有这样才能实现可持续发展的长远目标。

《21世纪议程》涉及人类可持续发展的所有领域，提供了21世纪如何使经济、社会与环境协调发展的行动纲领和行动蓝图。整个文件分四个部分。

第一部分，经济与社会的可持续发展。包括加速发展中国家可持续发展的国际合作和有关的国内政策，消除贫困，改变消费方式，人口动态与可持续能力，保护和促进人类健康，促进人类地区的可持续发展，将环境与发展问题纳入决策进程。

第二部分，资源保护与管理。包括：保护大气层；统筹规划和管理陆地资源的方式；禁止砍伐森林；脆弱生态系统的管理和山区发展；促进可持续农业和农村的发展；生物多样性保护；对生物技术的环境无害化管理；保护海洋，包括封闭和半封闭沿海区，保护、合理利用和开发其生物资源；保护淡水资源的质量和供应——对水资源的开发、管理和利用；有毒化学品的环境无害化管理，包括防止在国际上非法贩运有毒废料、危险废料的环境无害化管理；对放射性废料实行安全和环境无害化管理。

第三部分，加强主要群体的作用。包括：采取全球性行动促进妇女的发展；青年和儿童参与可持续发展、确认和加强土著人民及其社区的作用；加强非政府组织作为可持续发展合作者的作用，支持《21世纪议程》的地方当局的倡议；加强工人及工会的作用，加强工商界的作用，加强科学和技术界的作用，加强农民的作用。

第四部分，实施手段。包括财政资源及其机制；环境无害化（和安全化）技术的转让；促进教育、公众意识和培训、促进发展中国家的能力建设、国际体制安排；完善国际法律文书及其机制等。

第二节 可持续发展的含义

联合国本着必须研究自然的、社会的、生态的、经济的以及利用自然资源过程中的基本关系，确保全球发展的宗旨，于1993年3月成立了以挪威首相布伦特兰夫人任主席的世界环境与发展委员会（WCED）。联合国要求其负责制定长期的环境对策，研究能使国际社会更有效地解决环境问题的途径和方法。经过3年的深入研究和充分论证，该委员会于1997年向联合国大会提交了研究报告《我们共同的未来》。在此报告中，布伦特兰是这样定义可持续发展的："既满足当代人的需求，又不对后代人满足其自身需求的能力构成危害的发展。"这一概念在1999年联合国环境规划署（UNEP）第15届理事会通过的《关于可持续发展的声明》中得到接受和认同。即可持续发展系指满足当前需要，而不削弱子孙后代满足其需要之能力的发展，而且绝不包含侵犯国家主权的含义。联合国环境规划署理事会认为，可持续发展涉及国内合作和跨越国界的合作。可持续发展意味着国家内和国际间的公平，意味着要有一种支援性的国际经济环境，从而导致各国，特别是发展中国家的持续经济增长与发展，这对于环境的良好管理也具有很重要的意义。可持续发展还意味着维护、合理使用并且加强自然资源基础，这种基础支撑着生态环境的良性循环及经济增长。此外，可持续发展表明在发展计划和政策中纳入对环境的关注与考虑，而不代表在援助或发展资助方面的一种新形式发展需求。以上论述，包括了两个重要概念：一是人类要发展，要满足人类的发展需求；二是不能损害自然界支持当代人和后代人的生存能力。

可持续发展是20世纪80年代以来人类对生存与发展的一种最新认识，是认识上的质的飞跃。因为一个国家的经济增长虽然是一个国家发展的重要因素，但这并不是它的目的，发展的真正目的是改善人民的生活质量。各个国家为发展制定的目标可能不尽相同，但改善人类的生活条件、提高人类的生活质量的目标是一致的。因此，可持续发展战略的提出是建立在人口、资源、环境和社会、经济相互协调、良性循环的基础上，寻求一种新的经济增长方式。利用现代的高科技来发展经济，通过高科技和人才开发、人力资源来推动经济增长，力求资源的高效和永续利用，实现经济增长、社会发展和人口增长相互协调；其宗旨是保护其资源能满足世世代代延续不断发展的需要，使人口的数量和生活方式，保持在地球的承载能力之内。从其内涵来看，可持续发展必须处理好近期目标和长远目标、近期利益和长远利益的关系。评价经济发展的标准不仅仅是数量，而且还应包括其质量，这就要求国家在制定发展战略和政策时，其经济增长方式必须由粗放型向集约型转变，所以，可持续发展和经济增长方式的转变是不可分割的一个整体。目前，我

23

国的经济增长方式已经进入了一个由粗放型经营转变为集约化经营的时期。粗放与集约是两种不同的经营方式，从粗放型向集约型转变就是要求整个经济运行过程的各个环节和各个方面都要注重经济增长的质量和效益。

可持续发展的物质基础是资源的持续培育与利用。缺乏或失去资源，人类将难以生存，更不可能持续发展。因此，可持续发展的关键，就是要合理开发和利用自然资源，使再生性资源能保持其再生能力，非再生性资源不致过度消耗并能得到替代资源的补充，环境自净能力能得以维持。随着工业化、城市化的快速进程以及人口的不断增长，人类对自然资源的巨大消耗和大规模的开采，已导致资源基础的削弱、退化、枯竭，如何以最低的环境成本确保自然资源的可持续利用是可持续发展面临的一个重要问题。

可持续发展是一个涉及经济、社会、文化、技术及自然环境的综合概念。它是一种立足于环境和自然资源角度提出的关于人类长期发展的战略和模式。这并不是一般意义上所指的在时间和空间上的连续，而是特别强调环境承载能力和资源的永续利用对发展进程的重要性和必要性，它的基本思想主要包括以下几个方面。

一、可持续发展鼓励经济增长

它强调经济增长的必要性，必须通过经济增长提高当代人福利水平，增强国家实力和社会财富。但可持续发展不仅要重视经济增长的数量，更要追求经济增长的质量。数量的增长是有限的，而依靠科学技术进步，提高经济活动中的效益和质量，采取科学的经济增长方式才是可持续的。因此，可持续发展要求重新审视如何实现经济增长。要达到具有可持续意义的经济增长，必须审计使用能源和原料的方式，改变传统的以"高投入、高消耗、高污染"为特征的生产模式和消费模式，减少经济活动造成的环境压力。环境退化的原因产生于经济活动，其解决的办法也必须依靠经济过程。

二、可持续发展的标志

可持续发展的标志是资源的永续利用和良好的生态环境经济和社会发展不能超越资源和环境的承载能力。可持续发展以自然资源为基础，同生态环境相协调。它要求在严格控制人口增长、提高人口素质和保护环境、资源永续利用的条件下进行经济建设，保证以可持续的方式使用自然资源和环境成本，使人类的发展控制在地球的承载力之内。可持续发展强调发展是有限制条件的，没有限制就没有可持续发展。要实现可持续发展，必须使自然资源的耗竭速率低于资源的再生速率，必须通过转变发展模式，从根本上解决环境问题。如果经济决策中能够将环境影响全面系统地考虑进去，这一目的是能够达到的。但如果处理不当，环境退化和资源破坏的成本就非常巨大，甚至会抵消经济增长的成果而适得其反。

三、可持续发展的目标

可持续发展的目标是谋求社会的全面进步。可持续发展不仅仅是经济问题，单纯追求产值的经济增长不能体现发展的内涵。可持续发展的观念认为，世界各国的发展阶段和发展目标可以不同，但发展的本质应当包括改善人类生活质量，提高人类健康水平，创造一个保障人们平等、自由、受教育和免受暴力的社会环境。这就是说，在人类可持续发展系统中，经济发展是基础，自然生态保护是条件，社会进步才是目的。而这三者又是一个相互影响的综合体，只要社会在每一个时间段内都能保持与经济、资源和环境的协调，这个社会就符合可持续发展的要求。显然，在新的世纪，人类共同追求的目标，是以人为本的自然—经济—社会复合系统的持续、稳定、健康的发展。

第三节　水资源保护与可持续发展

要促使我国发展的可持续性，必须克服严重存在的以牺牲环境求得经济增长的现象。传统的发展观念仅重视资源开发、维持简单的扩大再生产，忽略了资源、环境、生态、自然的调节功能。只有正确处理资源开发利用、治理与保护、节约与配置的关系，才能解决水资源可持续发展的问题。

同时，水资源开发利用不当和水污染的日益严重更加剧了水资源紧张的形势。水污染的严重和水资源的短缺已成为制约我国水资源可持续利用的两大障碍。因此，水资源保护和水污染防治已成为人类社会持续发展的一项重要课题。可持续发展的理念应贯穿水资源保护的全过程。

可持续发展是从自然资源角度提出的关于人类长期发展的战略和模式。并重点着眼于自然资源的长期承载能力，不仅要满足当代人类生存与发展需要，而且要满足未来人类生存与发展的需要。可持续发展的基础问题是自然资源的可持续开发利用，而水资源在自然资源中对人类的生存和发展有着特殊的和不可替代的地位。当今水资源短缺已经影响到人民生活的安定，影响到经济社会可持续发展，要求国家、社会和个人必须采取资源节约型的生活方式，这是我们唯一的抉择。当然要实现这一目标就必须依靠法律、社会、经济和技术措施的有效结合；必须有一个全方位的社会行动，有赖于全体公民做出响应，有赖于社会各方面的支持和参与。特别是需要国家政府这一级的行动，通过宣传教育动员全体公民兴起一场以保护"水资源"、节约用水为主题的"碧水绿洲"行动，大家都来关心水、保护水、爱惜水，并依靠国家政策性的调整、水资源的优化配置和措施的优化组合以及水的有效管理，把我国建成一个节水型社会。水资源的可持续利用有赖于社会公众的参与。

水是基础性的自然资源和战略性的经济资源。水资源的可持续利用是经济和社会可持续发展的重要保证。由于近年来连续干旱，加上各种人为因素的影响，我国水资源短缺和污染问题突出，已成为我国国民经济和社会发展的严重制约因素。一些地方水土流失，土地沙化、荒漠化、沙尘暴等现象仍在加剧，水环境恶化已危害到民众的身心健康，严重影响经济、社会的可持续发展。2009年以来，北方地区持续干旱，华北、西北等地区缺水程度更加严重，有些城市出现了水危机。由于长期缺水，加之不合理的人类活动，部分地区水土资源过度开发利用，导致下游河道断流、湖泊萎缩、地面沉降、海水入浸、胡杨林枯死、草场退化、沙漠化加剧、沙尘暴频繁发生等严重的生态环境问题。我国水污染状况日益严重，全国工业废水和城镇生活污水年排放总量已从2007年的20多亿t增加到2015年的860亿t。生态环境的恶化和水体的污染进一步加剧了部分地区的水资源紧缺状况，严重影响着经济社会的可持续发展。

除水害、兴水利，历来是治国安邦的大事。对水资源进行合理的开发、高效利用、综合治理、优化配置、全面节约和有效保护六个方面，要特别重视优化配置和节约、保护问题。水资源可持续利用战略的核心是提高用水效率，通过全面节约、有效保护和综合治理等途径，解决水资源不足、水污染问题。增强节水意识和环境保护意识，建设节水防污型的社会，这是改善我国的水环境，实现水资源的可持续利用，支持经济和社会可持续发展的必然。

根据《中华人民共和国水法》，建立水权制度是实现水资源保护的基础，是对各种与水相关的经济社会活动行为的法律约束，是水资源管理的重要依据。科学合理地界定和明晰水权是提高用水效率和节水的关键。以水资源的可持续利用支撑和保障经济、社会的可持续发展。只有保护水资源和水资源的良性循环，才有水资源的可持续利用和经济、社会的可持续发展。

水资源持续利用目标明确，要满足世世代代人类用水需求，这就体现了现代人与后代人之间的平等，人类共享环境、资源和经济、社会效益的公平原则。

水资源持续利用或生态水利的实施，应遵循生态经济学原理和整体、协调、优化与循环思路，应用系统方法和高新技术，实现生态水利的公平和高效发展。

节约用水是生态水利的长久之策，也是解决我国缺水贫水的当务之急。合理用水、节约用水和污水资源化，是开辟新水源和缓解供需矛盾的捷径，非但不会影响生活、生产用水水平，还会减少污染，改善环境，促进生产工艺进步，提高产品产值，提高人民生活质量。这项节水增值措施是生态水利的必走之路和最佳的选择。

水资源持续利用的实现，就是其所在流域（地区）内整个水资源—生态环境—社会经济复合系统功能的体现。可持续发展强调系统组成的协调、合理和系统运转的动态连续，它们集中反映于系统的有序性和稳定性之中。只有水资源复合系统中环境、经济和社会结构合理，才能使整体功能最优化；只有系统有序稳定地演化，才能使系统永续持久地发展。因此，需要建立水资源持续利用的发展模式、优化结构和控制演变，使其不断地朝着有序的良性循环发展。

目前，我国的水资源管理，随着国家经济体制和经济增长方式的转变，正在进行管理体制的改革，但还跟不上经济社会发展形势的步伐；一些地区和各行业的生产部门为追求产值我行我素，不惜浪费水和污染水体。因此，必须加强管理。水资源的管理内容繁多，重点要加强水资源产权管理和全国水资源总体开发利用、保护、防治规划和合理配置水资源等管理，研究制定有关水资源政策、法律、协调机制和水资源产业行业管理等。管理的手段，除行政、法律、宣教外，经济和科技手段的结合将会越来越重要。

水资源的开发利用必须严格执行取水许可、交纳水资源费制度和污水排放许可和限制排水总量的制度。地下水的开发要严格限制超采，规定各地地下水位警戒线和停止抽取界线。要认真贯彻《中华人民共和国水法》《中华人民共和国水污染防治法》等各项规定，依法管水、用水和治水。管水、节水和防治水污染，应请民众参与，既可提高全民对水资源紧缺的危机感和节水的紧迫感，又可加强人们对水的重要性的认识和保护水资源、防治水污染的责任感。

第三章　水质保护的主要内容

　　水质，即水的品质，是指水与其中所含杂质共同表现出来的物理学、化学和生物学的综合特性。水质是由水的物理、化学和生物诸因素所决定的特性。水质是水环境要素之一，其物理指标主要包括温度、色度、浊度、透明度、悬浮物、电导率、嗅和味等，化学指标主要包括 pH 值、溶解氧、溶解性固体、灼烧残渣、化学耗氧量、生化需氧量、游离氯、酸度、碱度、硬度、钾、钠、钙、镁、二价和三价铁、锰、铝、氯化物、硫酸根、磷酸根、氟、碘、氨、硝酸根、亚硝酸根、游离二氧化碳、碳酸根、重碳酸根、侵蚀性二氧化碳、二氧化硅、表面活性物质、硫化氢、重金属离子（如铜、铅、锌、镉、汞、铬）等，生物指标主要指浮游生物、底栖生物和微生物（如大肠杆菌和细菌）等。根据水的用途及科学管理的要求，可将水质指标进行分类。例如，饮用水的水质指标可分为感观性状指标、化学指标、病理学指标和细菌学指标等4类；为了进行水污染防治，可将水质指标分为易降解有机污染物、难降解有机污染物、悬浮固体及漂浮固体物、可溶性盐类、重金属污染物、剧毒化学物、热污染、放射性污染等指标。分析研究各类水质指标在水体中的数量、通量、比例、相互作用、迁移、转化、地理分布、历年变化以及同社会经济、生态平衡等的关系，是开发、利用和保护水资源的基础。

　　水质保护主要内容的基础工作包括：水质监测、水质调查与评价、水体污染物质迁移、转化、降解和自净规律研究、水质模型研究、水环境保护标准研究、制定水质规划、水质预测和水质预报。

　　水质调查与评价主要包括：设立水质监测站和水质监测网，选择分析化验指标，确定水体污染类型、污染程度和污染的范围等。

　　水体污染物质迁移、转化、降解和自净规律研究。主要研究污染物质在水体中存在形式与光照、温度、酸度、泥沙、水流状态等环境因子之间的关系及其通过稀释、吸附、解吸、凝聚、络合、生物分解等物理、化学与生物作用所发生的降解自净过程的机理与规律，为建立水质动态模型、确定水环境容量、制定水环境保护法规与标准，进行水质规划，防止水体污染，提供科学依据。

水质模型研究。水质模型是定量化研究水体污染规律的重要手段，是水质规划、水质预测、水质预报的基础，它能揭示污染物质变化与河流、湖泊等水体的水文因子的关系。

水环境保护标准研究。水环境保护标准是控制与改善水环境的依据，主要包括：水环境质量标准、排放标准和各类用水标准等；水环境保护标准分为国家级、部级的和地区级等。

制定水质规划，提出水污染防治措施。根据水体条件和开发利用要求以及排污情况，提出保护和治理规划以及各种治理工程的优化方案。

水质管理工作包括：宣传教育，立法、制定法规条例、技术标准、规范，运用经济、法律和行政手段，监督和控制任意排污和滥用水资源。水质工程技术措施包括：运用水利工程、污水处理工程、污水资源化技术、非淡水资源的淡化技术等，调节水量和水质 (根据水的不同用途，制定相应的水质标准)；对水体污染源的管理和河流、湖泊等水体环境的管理；水体污染源管理是对污染源排放的污染物种类、数量、特性、浓度、时间、地点和方式进行有效的监督、监测与限制，对其污染治理给予技术指导；水体环境管理采取行政、立法、经济和技术等综合措施，对影响水体环境质量的种种因素施加经济的压力，以促进污染源治理和城市污水的处理。

立法。立法是防止、控制和消除水污染，保障合理利用水资源的有力措施。前苏联于1918年就颁发了第一个保护水源的法令；英国、美国、法国、日本、德国等发达国家均先后制定了水法或水污染控制法；中国于20世纪70年代开始，先后颁布了《中华人民共和国环境保护法》《中华人民共和国水法》《中华人民共和国水污染防治法》《工业废水排放标准》和《地面水环境质量标准》等，使水资源保护工作逐步进入立法管理阶段。20世纪80年代、90年代又陆续进行了重新修订。世界各国水污染防治发展的特点是从局部治理发展为区域治理，从单项单源治理发展为综合防治，即把区域水资源丰度、利用状况、污染程度、净化处理和自然净化能力等因素进行综合考虑，以求得整体上最优的防治方案。例如，英国泰晤士河、美国特拉瓦河等，都是在多年调查研究的基础上，运用系统工程的原理与方法，对复杂的水环境进行综合系统分析与现代模拟，对拟定治理方案进行了优化选择，花费较少的投资与时间，获得了良好的治理效果。

第一节　水质调查

水质调查是指为了解水体水质及其影响因素，对水体进行的现场勘察、采样分析和资料收集工作。水质调查分为一般性水质调查和专业性水质调查。一般性水质调查着重收集现有资料，以了解水体水质历史及现状为主。通常调查面较广，深度较浅，是目前常见的水质调查方式，属于水资源保护前期工作，可为制定水质监测计划、评价水质现状、进行水体污染防治科学研究及管理等提供基本资料。专业性水质调查常是为某种特定目的而进行的，一般历时较长，以便获得系统的数据资料，了解水体水质变化规律及影响因素。专业性水质调查常由专业人员进行，必要时可在现场设置固定观测点，对水体的水质、底质和水生生物进行连续观测分析。

水质调查多采取现场勘察与资料收集相结合的方式。在进行调查时，可携带必要的仪器和器具，如水质速测仪和采样器等，一些水质参数，如pH值、水温、浊度、电导等，可在现场测定；一些水生生物，亦可在现场采集、观察；必要时也可采集水、底质和生物样品等，带回实验室进行分析鉴定。

水质调查的内容根据调查目的而定，一般包括下列几点。

（1）水体自然状况调查，包括水体地理位置，水文特性、地质状况以及水工建筑物情况等调查。

（2）污染源调查，包括工业污染源、生活污染源、农业及交通工具污染源、水致地方病、水污染事故和工程环境对水质的影响等调查。工业污染源调查内容包括工厂企业及矿山的分布、排污口地理位置、工业的产品种类和产量、原材料种类和消耗量、生产工艺及设备、排污及治理情况、排污量及排污方式等。生活污染源调查内容主要包括城镇居民人口及分布，用水量及城镇地下水设施，污水处理及排污口分布情况等。农业及交通工具的污染源调查内容，主要包括农药和化肥的污染，汽车、船舶等交通工具排污造成的污染等。

（3）水致地方病和水污染事故调查，包括泄漏污染物质的种类与数量，污染影响程度及范围，事故发生原因等调查，并提出相应的对策与措施。对于某些原因不明的水体污染现象，尚需进行追踪调查，查清污染物质来源。

（4）工程环境对水质影响的调查，包括污染物质（如重金属和有机氯农药等）在水体中的分布状况，水生物和底质（水底沉积物）情况等调查。通过对底质的调查监测，能了解到水体污染效应。水生物是水质调查的一个极重要内容。生活于水体之中的各种水生物，对污染物质耐受程度不同，故对水生物进行调查，对于了解水体水质状况价值很大；尤其藻类等低等水生物，较鱼类更能表示出水体污染程度。水生物调查专业性较强，调查人员应熟悉藻类、原生动物、无脊柱动物、鱼类和底栖生物等的鉴别与分类。

调查时间与频率可根据调查目的和要求而定。调查的结果应写成水质调查报告。报告的内容包括调查过程、项目、方法和程序，并可用图表表示有关的化学与物理参数、水体水文条件、水生物品名和数量等，建立相应的水质和污染源档案。所有调查资料均应保证其代表性、可比性和精确性。

第二节　水质指标

水中所含的杂质，按其在水中的存在状态可分为三类：悬浮物质、溶解物质和胶体物质。悬浮物质是由大于分子尺寸的颗粒组成的，它们借浮力和黏滞力悬浮于水中；溶解物质则由分子或离子组成，它们被水的分子结构所支承；胶体物质则介于悬浮物质与溶解物质之间。

水中物质含量过多或过少都是有害的；含量的多少需规定水质指标来衡量，而是否有害又需根据这些指标的标准来判定。指标的多少和水的用途有关，所以，水质好坏是一个相对的概念。仅仅根据水中杂质的颗粒大小还远不能反映水的物理学、化学和生物学特性。通常都采用水质指标来衡量水质的好坏。水质指标项目繁多，主要可以分为三大类。

第一类，物理性水质指标，包括：感官物理性状指标，如温度、色度、嗅和味、浑浊度、透明度等；其他物理性状指标，如总固体、悬浮固体、溶解固体、可沉固体、电导率（电阻率）等。

第二类，化学性水质指标，包括：一般的化学性水质指标，如 pH、碱度、硬度、各种阳离子、各种阴离子、总含盐量、一般有机物质等；有毒的化学性水质指标，如重金属、氰化物、多环芳烃、各种农药等；有关氧平衡的水质指标，如溶解氧（DO）、化学需氧量（COD）、生化需氧量（BOD）、总需氧量（TOC）等。

第三类，生物学水质指标，包括细菌总数、总大肠菌群数、各种病原细菌、病毒等。

一、常用的水质指标

水质指标是对水中含有某种物质数量直接或间接的衡量。以下是对水污染防治工作中最常用的一些水质指标的简要说明，常用的水质指标有以下几种。

（一）温度

用温度计测定。温度升高时水中生物活性增加，溶解氧减少。水温超过一定界限时，出现热污染，危及水生生物。人为造成的环境水温变化应限制在夏季周平均最大温升不大于1℃，冬季周平均温升不大于2℃。

（二）色度

纯洁的水在水层浅时是无色的，深时为浅蓝色，水中含有污染物质时，水色随污染物质的不同而变化，如含低铁化合物为淡绿蓝色，含高铁化合物呈黄色。色度是水色的定量指标，它是用除去悬浮物后的水样和一系列不同色度的标准溶液进行比较的方法测定，单位为度。清洁水的色度一般为15 ~ 25度。

（三）臭味：清洁的水没有味道，水中溶解不同物质，会产生不同味道。水体受污染后，常会产生一些臭味。

（四）pH 值

pH 值是检测水体受酸碱污染程度的一个重要指标，pH 值是表示溶液中氢离子浓度的单位。它的定义是以 10 为底的氢离子浓度的负对数，用每升中氢离子的当量数来表示。

pH 反映水的酸碱性质，天然水体的 pH 值一般在 6～9 之间，决定于水体所在环境的物理、化学和生物特性。生活污水一般呈弱碱性；而某些工业废水的 pH 偏离中性范围很远，它们的排放会对天然水体的酸碱特性产生较大的影响。大气中的污染物质如 SO_2、NO_x 等也会影响水体的 pH。但由于水体中含有各种碳酸化合物，它们一般具有一定的缓冲能力。酸性废水、碱性废水破坏水体的自然缓冲作用，妨碍水体的自净功能，不利于人类水上娱乐活动和水生生物繁殖；而且产生腐蚀作用，引起锅炉管道腐蚀碎裂，罐头、水果、饮料变质，长期使用碱性强的灌溉水会使蔬菜作物死亡。弱酸性的污、废水对混凝土管道有腐蚀作用。pH 还会影响水生生物和细菌的生长活动。

理论上说，pH<7 为酸性，pH>7 为碱性，pH=7 是中性。

饮用水的适宜 pH 应在 6.5～8.5 之间。世界卫生组织规定的饮用水标准中，pH 值的合适范围为 7.0～8.5，极限范围是 6.5～9.2。我国地表水环境质量标准规定，饮用水的 pH 值，应在 6.5～8.5 之间，极限范围为 6～9，农田灌溉用水水质标准为 5.5～8.5。

（五）生化需氧量（BOD）

生化需氧量表示在好气条件下，当温度为 20℃时，水体在微生物分解有机化合物的过程中，由于微生物（主要是细菌）的活动，使可降解的有机物氧化达到稳定状态时所需的氧量。消耗溶解氧的量，用 BOD 表示，BOD 以单位体积污（废）水所消耗的氧量（mg/L）表示。BOD 越高，表示水中有机物含量越多。水中有机污染物愈多，生物需氧量就愈高，即水中溶解氧含量就愈少，则水质状况愈差。BOD 采用标准方法测定，测定参数包括温度和天数。BOD 测定时间较长，可用化学需氧量或其他指标代替。

由于温度对微生物的活动有很大影响，BOD 测定时规定了 20℃为标准温度。在有氧的情况下，废水中有机物的分解一般分两个阶段进行：第一阶段称为碳化阶段，主要是有机物转化为二氧化碳、水和氨；第二阶段称为硝化阶段，主要是氨再进一步氧化为亚硝酸盐和硝酸盐。因为氨已是无机物，BOD 一般只包括第一阶段，即碳化的需氧量。

一般有机物在 20℃条件下需要 20 天才能完成第一阶段的氧化分解过程，20 天的生化需氧量可以 BOD20 表示。如此长的测定时间很难在实际工作中应用，目前，世界各国均以 5 天作为测定 BOD 的标准时间，所测得的数值以 BOD5 表示；对一般有机物，BOD5 约为 BOD20 的 70%。

生化需氧量的测定条件与有机物进入天然水体后被微生物氧化分解的情况较相似，因此，能够较准确地反映有机物对水质的影响。但测定生化需氧量需要很长时间，而且，生化需氧量也不能反映微生物降解不了的有机物的量。在实际工作中，通常用被检水样在 20℃条件下，经过 5 天后减少的溶解氧量，来表示生化需氧量，称为 5 日生化需氧量（BOD5），用生化需氧量判断水质。

（六）化学需氧量（COD）

化学需氧量是指在一定条件下，水中各种有机物与外加的强氧化剂作用时所消耗的氧化剂量，又简称耗氧量，以氧量（mg/L）计。最常用的氧化剂为高锰酸钾（$KMnO_4$）、重铬酸钾（$K_2Cr_2O_7$）。氧化剂用重铬酸钾，氧化反应在强酸性条件下加热回流进行两小时，有时还需加入催化剂。由于重铬酸钾的强氧化作用，水中绝大部分的有机物质（除苯、甲苯等芳香烃类化合物以外）均能被氧化，因此，化学需氧量可以近似地反映水中有机物的总量。但废水中无视性还原物质也会消耗强氧化剂，使 COD 值增高。化学需氧量的测定需时较短，所以得到了广泛的应用。该指标能够间接反应水中有机物的多少，用标准方法测定。化学耗氧量测定速度快，但不同的氧化反应条件，测出的耗氧量也不同，并且测定时被氧化的有机物质包括水中能被氧化的有机物和还原性无机物，而不包括化学上较为稳定的有机物，因此，化学耗氧量只能相对反映出水中的有机物含量。

BOD 和 COD 这两项水质指标都是用来表示水中有机物的含量的。天然水中有机物含量极少，废、污水中的有机物排入水体后，将在微生物作用下进行氧化分解，使水体中溶解氧被消耗而减少。当水体中溶解氧降至低于 3～4mg/L 时，鱼类生活将受到影响；当水体中溶解氧被耗尽后，有机物会腐化发臭，影响卫生。有机物又是微生物（包括病原菌）生长繁殖的重要食料，有毒有机物更将直接危害人体健康和动植物的生长。因此，废水中的有机物浓度是一项十分重要的水质指标。

由于有机物种类繁多，组成复杂，要分别测定其含量是很困难的。在水污染防治中，一般采用化学需氧量（COD）和生化需氧量（BOD）这两个综合性的间接的指标来衡量水中有机污染物的量。只有当某些有机物具有毒性，需要加以控制，才分别测定其含量。

（七）溶解氧（DO）

溶解氧是指溶解在水中氧气的含量，常用 DO 表示。它是水体水质优劣的一个重要指标，可用浓度表示，还可用相对单位——饱和度表示。耗氧有机物在水体中分解时会消耗水中大量的溶解氧，如果耗氧速度超过了氧由空气中进入水体内和水生植物的光合作用产生氧的速度，水中的溶解氧会不断减少，甚至被消耗殆尽，这时水中的厌氧微生物繁殖，有机物腐烂，水发出恶臭，并给鱼类生存造成很大威胁。因此，水中溶解氧含量的大小是反映自然水体是否受到有机物污染的一个重要指标，是保护水体感官质量及保护鱼类和其他水生物的重要项目。一般在较清洁的河流中，DO 在 7.5mg/L 以上。DO 在 5mg/L 以上利于浮游生物生长，3mg/L 以下不足以维持鱼群的良好生长，4mg/L 的 DO 浓度是保障一个多鱼种鱼群生存的最低浓度。

溶解氧多，适于微生物生长，水体自净能力强。水中缺少溶解氧时，厌氧细菌繁殖，水体发臭。溶解氧是判断水体是否污染和污染程度的重要指标。

（八）硬度

水中的主要成分有重碳酸根、碳酸根、硫酸根和氯化物以及 Ca^{2+}、Mg^{2+}、Na^+、K^+，这些共占天然水中离子总量的 95% ~ 99%；也包括少量铜、锰、铅、汞、铁等微量元素，也有少量硝酸盐类、有机物和与水中生命活动有关的物质；因此，常利用水中的 Ca^{2+}、Mg^{2+} 在天然水中的量代表水的总硬度，即以单位水体中含有的钙、镁离子总量代表水的总硬度。硬度的表示法很多，有总硬度、暂时硬度和永久硬度等。总硬度最常用，它指水中钙、镁离子的总含量。当 1L 水中含有相当 10mg 氧化钙的钙镁离子量时，称其硬度为 1 度。

（九）矿化度

在 105℃ ~ 110℃温度下，将水分全部蒸发后所得干固残余物的重量与原有水体积之比为矿化度。它表示水中所有离子、分子和化合物的含量浓度。按矿化度为小于 1g/L、1 ~ 3g/L、3 ~ 10g/L、10 ~ 50 和大于 50g/L，可将水分为淡水、微咸水（弱矿化水）、咸水（中等矿化水）、盐水（高矿化水）和卤水五类。

二、天然水中溶存的杂质及污染物

水是一种良好的溶剂，能溶解多种固态的、液态的和气态的物质；水在循环过程中，和大气、土壤、岩石等物质接触，许多物质就会进入水中。从非污染环境进入水中的物质称为杂质，天然水中溶存的杂质按大小或溶存方式分为三类。

（1）溶解物质：包括钙、镁、钠、铁、锰、硅、铝、磷等的盐类或化合物，还包括氧和二氧化碳等气体。它们作为溶质存在于水中，颗粒一般小于 10^{-9}m。

（2）胶体物质：包括硅酸胶体和腐殖质胶体等，颗粒一般为 $10^{-9} \sim 10^{-7}$m。它们在水中呈高度分散状态，不易沉降。

（3）悬浮物质：为 $10^{-7} \sim 10^{-3}$m 的物质，包括泥、碎片、浮渣、油沙、黏土、细菌和藻类等，有的肉眼可见或其他引起感官不快的物质。它们悬浮于水中，使水浑浊。悬浮固体可以利用重力或其他物理作用与水分离，它们随废水进入天然水体，则易形成河体沉积物。悬浮物的化学性质十分复杂，可能是无机物，也可能是有机物，还可能是有毒物质。悬浮物质在沉淀过程中还会挟带或吸附其他污染物质，如重金属等。

水中的污染物质种类相当多，主要概括为6种。

（1）病原微生物。病原微生物是指进入水体的病菌、病毒和动物寄生物。这些病原微生物主要来自生活污水、畜禽场污水以及制革厂、生物制品厂、洗毛厂、屠宰场、医院等排放废水和污水的部门，致使水体受到细菌污染，含有大量的各种病原体，容易传染疾病。目前，用作水体水质病菌指标的是大肠菌群。我国地面水环境质量标准规定，为防止地面水被污染的最低水质要求为，大肠菌群必须少于 50000 个 /L。

（2）需氧物质，包括碳水化合物、蛋白质、油脂和木质素等。这些物质本身没有毒性，但在微生物的生物化学作用下容易分解。分解过程中要消耗水中的溶解氧，影响水生生物生长，并促使有机物在厌氧菌作用下分解，产生毒物及臭气。

（3）植物营养物质含量高时，浮游生物和水生植物大量繁殖，水色变黄，发出腥臭味，植物腐烂产生有害的硫化氢气体。水生生物也由于氮、磷两元素在天然水体的藻类细胞中的浓度相对较低，大量富含氮、磷的污水排入水体，日益成为藻类生长的控制元素。各类金属阳离子和酸性阴离子过多的营养物质，氮、磷、钾、硫等化合物进入天然水体将恶化水质，形成污染。此外，工业废水、生活污水的排放、农业施肥都使大量的含氮、磷元素的营养物质进入水体，导致各类藻类大量繁殖，使水体严重缺氧，产生异臭和毒性，加速水体向富营养化阶段发展。

（4）石油类物质，危害水生生物生长，使水产品出现油臭，不能食用。

（5）有毒化学物质，主要是重金属、农药和某些有机物质。这些物质不易消失，通过食物和水进入人体后引起慢性中毒，还会危害鱼类、鸟类，甚至使它们中毒死亡。其中以汞、镉、铝、酚和有机氯农药危害最大。污染严重的重金属主要指汞、铅、铬以及重金属砷等生化毒性显著的元素，也包括具有毒性的锌、铜、钴、镍、锡等；重金属以汞毒性最大，镉次之，铅、铬、砷也有相当毒性，俗称为五毒。采矿和冶炼是向环境中释放重金属的主要污染源，此外不少工业部分也通过三废向环境中排放重金属。重金属污染物的主要特征是在水体中不能被微生物降解，而只能发生各种形态之间的相互转化，以及分散和集富的过程。重金属在水体中的迁移，一是通过沉淀作用，即重金属生成氧化物或硫化物、碳酸盐等而沉淀，并大量聚集在排水口附近的底泥中，成为长期的次生污染源；二是通过吸附作用，重金属吸附在水中的悬浮物和各种胶体物质上，被水流搬运；此外还有氧化还原作用（如三价铬被氧化为六价铬）、铬化合作用等。

（6）放射性物质，可附着在生物表面或通过食物链在生物体内富集，可能引起癌症和遗传变异。

第三节　水质标准

为了保护水资源，控制水质污染，维持生态平衡，各国对不同用途的水体都规定了具体的水质要求，即水质标准。

　　水质标准是评价水体是否受到污染和水环境质量好坏的准绳，也是判断水质适用性的尺度，它反映了国家保护水资源政策目标的具体要求。水质标准分为水环境质量标准、污染物排放标准和用水水质标准。

一、水环境质量标准

　　水环境质量标准是为保障人体健康、保证水资源有效利用而规定的各种污染物在天然水体中的允许含量。它是根据大量科学试验资料并考虑现有科学技术水平和经济条件制定的。

　　我国在20世纪80年代以来制定的国家水质标准还有《地面水水质卫生要求》《海洋水水质标准》《生活饮用水卫生标准》《农田灌溉水质标准》《渔业水质标准》和《景观娱乐用水水质标准》，我国对地表水环境质量标准进行了修订。在《地面水环境质量标准》中规定，地面水水域可按其使用目的和保护目标划分为Ⅴ类，分别是：

　　Ⅰ类：主要适用于源头水和国家自然保护区；

　　Ⅱ类：主要适用于集中式生活饮用水水源地一级保护区，珍贵鱼类保护区及游泳区，鱼虾产卵场等；

　　Ⅲ类：主要适用于集中或生活饮用水水源地二级保护区，一般鱼类保护区及游泳区；

　　Ⅳ类：主要适用于一般工业用水区及人体非直接接触的娱乐用水区；

　　Ⅴ类：主要适用于农业用水区及一般景观要求水域。

　　国家规定的各行业水质标准，是为保证水源能长期满足需求而定的各种水质成分的浓度范围，意思是各种物质只要在此规定范围内，就可有安全保证。

　　在2004年水利部颁布的《地表水资源质量标准》中，把地表水资源质量标准仍分为五级。

　　第一级：水质很好。既无天然缺陷又未受人为直接污染，不需要任何处理，可广泛适用于多种用途和国家一级自然保护区。

　　第二级：水质良好。适用于集中式饮用水源地、鱼类生活区，大体相当于现行《生活饮用水卫生标准》和《渔业水质标准》。

　　第三级：水质尚可。能符合通常最低水质要求，如一般的工业用水和一般的鱼类生活区，经处理后可满足高一级的用途。

第四级：水质不好。即该水体存在某些天然缺陷，或者受到人为轻度的直接污染，适用于某些一般工业用水及非直接接触用水。

第五级：水质很不好。即该水体具有严重的天然缺陷或者已受到人为的重度污染，只适用于农灌用水，大体相当于现行的《农田灌溉水质标准》，或适用于一般景观用水。

二、污染物排放标准

为了实现水环境质量标准，对污染源排放的污染物质或排放浓度提出的控制标准即是污染物排放标准。一些地方和行业，还根据本地的技术、经济、自然条件或本行业的生产工艺特点，制定了专用的排放标准。

排放标准多用排放浓度表示，这有利于统一要求、管理方便，但在排放标准中没有考虑河流的自净能力。事实上，对小河流或封闭性水域，水体自净能力差，如按规定浓度排污，水体质量仍达不到环境质量的要求，对自净力强的河流，还可以提高排污浓度。

科学的方法，应按水体用户的分布、用水量与河流水文状况，计算水体的自净能力和可承受的污染负荷，再推求出各厂矿的排污浓度。这需要做作大量研究工作，并需要较高的管理水平。

为了控制对环境的污染，国家环保局制定《污水排放标准》。第一类污染物，指能在环境或动植物体内蓄积，对人体健康产生长远不良影响者，含此类有害污染物质的污水，一律在车间或车间处理设施排出口取样。第二类污染物，指其长远影响小于第一类的污染物质，在排污单位排出口取样。

三、用水水质标准

用水水质标准中包括的指标很多，不同用户对水质要求差异很大，所要求的水质标准需要分别制定。我国已制定的标准有生活饮用水水质标准、农田灌溉水质标准、渔业水域水质标准等。生活饮用水卫生标准反映了人体健康和饮用习惯对水质的要求。标准是指经过必要的净化处理和消毒后要求达到的水质指标。

对饮用水源水质的要求如下。

（1）若水源水只经过加氯消毒即供作生活饮用，要求水源中大肠菌群平均每升不超过 1000 个。经过净化处理和加氯消毒后供作饮用的水源水，大肠菌群平均每升不超过 10000 个。

（2）工业用水的水质取决于工业类型和工艺要求，对产品质量的影响往往很大。但工业种类繁多，不可能制定出统一的水质标准。水处理工作者应从厂矿技术部门了解水质对产品和设备的影响情况，结合厂矿具体情况，制定厂矿的用水水质标准。

第四节　水质监测

水质监测是为了掌握水体质量动态，对水质参数进行的测定和分析。水源保护的一项重要内容是对各种水体的水质情况进行监测，定期采样分析有毒物质含量和动态，主要应包括以下 11 项：pH、COD、DO、氨氮、酚、氢、砷、汞、铬、总硬度、氯化物。依监测目的可分为常规监测和专门监测两类。常规监测：为了判别、评价水体环境质量，掌握水体质量变化规律，预测发展趋势和积累本底值资料等，需对水体水质进行定点、定时的监测。常规监测是水质监测的主体，具有长期性和连续性。专门监测：为某一特定研究服务的监测。通常，监测项目与影响水质因素同时观察，需要周密设计，合理安排，多学科协作。

为了保障城镇居民用水安全，监控排污的实时监测系统通常设置自动装置，对某综合性指标如水温、pH 值、电导率和溶解氧等进行自动连续监测。

水质监测站是为掌握水质动态，搜集水质基本资料而设置的测站。水质监测网是按一定原则布设的水质监测站体系。水质监测站网的密度及其布局对整个水质保护工作有极其重要的影响。

水质监测站根据设置的目的、任务和要求，一般分基本站、辅助站和专用站。基本站是为了长期掌握水系水质的历年变化，搜集和积累水质基本资料而设立的，其测定项目和次数均较多。在布设各水系的基本站时，需有 1～2 个能确定本水系水质自然本底值的测站，为水质评价和水质变化规律研究搜集参证资料。辅助站是配合基本站,进一步掌握污染状况而设立的,其测定项目和资料视污染状况和水情而定。专用站是为某种专门用途而设置的,其监测项目和次数根据站的用途和要求而确定。

根据运行方式,水质监测站可分为固定监测站、流动监测站和自动监测站。固定监测站是利用桥、船、缆道或其他工具,在固定的位置上采样。流动监测站是利用装载检测仪器的车、船或飞行工具进行移动式监测,搜集固定监测站以外的有关资料,以弥补固定监测站的不足。自动监测站主要设置在重要供水水源地或重要打破常规地点,依据管理标准进行连续自动监测,以控制供水、用水或排污的水质。

根据管理目标,水质监测站又可分为全球监测站、国家监测站和地方监测站。在苏联,根据水系污染程度,将水质监测站分为若干级别。

为客观反映水系的水质基本情况,水质监测站应尽量与水文站结合。我国地表水水质监测站,以观测和积累河流、湖泊、水库库存等天然水体的水化学资料为目的。由于水污染日趋严重,水利、卫生等部门开始对水系污染进行监测。环境保护部门依据部颁标准《水质监测规范》,进一步完善了地表水水质监测站网的布设,我国在重点流域首批建立了 43 个水质自动监测站,计划建成 100 个以上。开展水质监测的测站有 2718 多个,其中与水文结合的水质监测站占各类水质监测站总数的 62.3%。为反映各重要水域的水质,有 140 个重点水质监测站定期发布水质公报。卫生部门参加了全球环境监测系统的水质监测,长江(武汉段)、黄河(济南段)、珠江(肇庆段)和太湖(无锡市)均设置了定期监测站,并按规定提供资料。目前,监测的数据表明,各流域的水源普遍不能达标——水质劣于三类水。松花江、长江、黄河的水质相对较好,达标率较高,而辽河、海河与滇池的水质状况依然令人担忧。

水质监测的基本工作有下列几项。

(1)站网规划(包括设站布点)。建立水质站网应具有代表性、完整性。站点密度要适宜,以能全面控制水系水质基本状况为原则,并应与投入的人力、财力相适应。

(2)采样。包括采样工具、采样方法、采样频率等。我国水利部门规定,基本测站至少每月采样一次;辅助测站每两个月采样一次;湖泊(水库)一般每两个月采样一次；污染严重的水体，每年应采样 8～12 次；底泥和水生生物，每年在枯水期采样一次。

（3）确定测定项目和分析方法。全球环境监测系统规定，水质测验项目分为 3 类：基本测定项目、有全球意义的项目和任意选定项目。美国地质调查局将河流水质监测网测定项目分为 6 类：野外调查、一般溶解成分、主要营养成分、微量元素、有机物和悬浮物。我国将水质测定项目分为必测项目和选测项目。水质分析方法一般均按照有关技术规范执行。近年来，国际标准化组织正在协调各成员国制定水质分析标准方法，使水质分析朝着国际标准化方向发展。凡参加全球监测系统的水质测站，分析方法一般均执行联合国环境规划署等单位推荐的《全球环境监测系统水质监测操作指南》。对水质进行实验室分析是保证监测数据可靠性和准确性的一种科学管理方法，是水质监测工作中必不可少的组成部分。

（4）数据处理（包括对原始数据的整理、统计、分析、整编等过程）。20 世纪 80 年代以来，水质数据处理已逐步实现计算机化。

中国水质监测规范由环境保护、水利、卫生、农业等部门根据各自业务特点分别制定。

一、现代化水质监测技术实例

随着国民经济持续快速的发展，水资源供需矛盾将愈来愈突出，水质恶化现象日益严重，水资源的短缺和水环境污染严重已成为影响经济持续、健康发展的制约因素。改善水环境已成为各地区面临的一项重要的工作，保护水资源，实现水资源保护、水质监测技术与管理工作的现代化是一条必由之路。现代化水质监测技术包括：数据库技术、地理信息技术、网络技术和评价分析软件。通过建立水质自动连续监测站、网络综合数据库、评价分析软件、预测模型、网络发布系统，来记录、查询、评价各类水体水环境监测结果，系统能够根据水质变化情况进行实时分析，把变化规律及其预测趋势反映在计算机图形上，并给出一个直观的结果。以北京市的水质自动监测系统为例对此予以说明。

北京市水文总站在我国率先建立了水体水质自动监测与评价系统，从而，为以后进行此项工作的人们提供参考和借鉴。

北京市境内城近郊区清河、坝河、凉水河、通惠河都为超Ⅴ类水体。城市用水量剧增造成城近郊区的地下水严重超采,水质恶化,较差水质、极差水质占监测井总数的47.31%,地下水已受到相当严重的污染。这些问题正在引起各级政府以及社会各界的普遍关注,作为水资源保护有效手段的水环境自动监测技术起到了十分重要的作用。

在水体水质自动监测与评价系统建立之前,水环境监测信息的来源主要依附于各级水环境监测实验室,而水环境监测、管理部门间信息的传递、处理和管理均为人工方式,信息处理速度慢,管理水平和工作效率低,所获得水质数据难以及时反映水质情况,无法发现突发的污染事故,远远满足不了多方位、多信息、高速度、高水平的管理要求。

北京市水体水质自动监测与评价系统的建立,是利用国外高新传感器技术监测实时水质数据,自己研制存储和传输设备,利用有线电话、手机、卫星等通信手段把数据传输到控制中心,通过计算机技术及多媒体技术对水环境常规监测数据、自动监测数据及水环境相关信息进行分析评价、预测。实时快速地反映水质变化,在防止突发污染事故,及时了解情况,为有关部门提供科学决策依据等方面起到重要作用,也为将来向社会发布水质公报创造条件。

二、北京市自动水质监测站的布设

根据北京市水质及海河流域水环境治理规划中对省界间污染物进行总量控制的要求,及时掌握入境水、出境水、境内水的水质、水量变化情况,在已有人工水质观测资料基础上进行综合分析,科学合理地选择能代表北京市地表水、地下水水质总体状况的站点,建立地表水、地下水水质自动监测站和评价系统。

北京市入境水主要来自潮白河、永定河,其入境水量约占全部入境水量的80%,来水的好坏与多少直接影响市内水资源的质、量和开发利用。潮白河来水直接进入密云水库,永定河来水直接进入官厅水库,密云水库、官厅水库是北京市的重要水源地;因此,及时掌握这两个水库的水质、水量变化,基本可以反映入境水的质和量,为此把入境水的自动监测站点定在潮河的下会和白河的张家坟、白河堡水库及出库的白河电站、水源九厂取水口、永定河的八号桥及官厅水库出口等处。

境内水中的城市河道水质好坏直接影响到全市居民的正常生活，以及首都的国际形象，所以在长河的麦钟桥、北护城河的松林闸、永引渠的玉渊潭、南护城河的右安门、龙潭闸建立多参数探头式水质监测站。京密引水渠是北京的重要供水渠道，计划在京密引水渠上怀柔水库出口、龙山管理所建立多参数探头式监测站，恢复团城湖监测站。出境水选择通惠河的高碑店闸和北运河的榆林庄建立监测站点。

北京市的地下水供水量占全市总供水量的60%，地下水受地表水水体的影响较大。为了及时掌握地下水水质变化，了解地表水回灌对地下水的影响，实现地表水、地下水联合调蓄，地下水水质自动监测站点在平原地区布设40个。

三、自动水质监测仪器与监测项目的选择

水质连续自动监测系统是指在一个水系或一个区域设置若干个装有连续自动水质监测仪器的监测子站与计算机控制中心，组成采样和测定的网络。20世纪70年代初，日本及欧美一些国家在一些水系建立了水文和水质连续自动监测系统及污染源水质连续自动监测系统。我国主要是近10年开始进行这方面工作。

（一）监测仪器选择

目前，世界上水质自动监测仪器主要分为两种。一种是固定式，由三个基本部件组成：①采样和传感器装置；②电子信号调节器装置；③数据记录传输装置。采用这种方式可以安装在特制集装箱内或自己建立的站房内。另一种为多参数探头式，此种仪器把传感器和电子信号调节器集成在一起，可以直接悬挂在水中，不用采样泵和过滤系统，pH、电导率、水温、浑浊度、溶解氧这些项目比固定式方法更准确，但氨氮、硝酸盐氮精度要比固定式低一些。

广泛调查研究国际国内知名厂商水质监测传感器及分析仪器的测量分析方法、实际使用情况（现场应用条件、测量精度、稳定性、实用性及运行维护费用等）、有针对性地优选工作可靠、经济实用的传感器，是建立自动水质监测系统的重要工作。

地表水、地下水水质监测要求的项目很多，某些项目监测较简单，如水位、水温、电导率、pH 等，国内知名厂商的这类传感器可满足监测的需要，可通过试验后，择优用于地表水、地下水水质监测系统。某些工艺复杂、国内工艺水平还难以满足实用要求的传感器和分析仪，如溶解氧、浊度、氨氮、COD、总磷等设备，通过深入了解分析国外各厂家的设备特点和工作原理，选择可靠性、设备适应性强、价格及运行维护费用相对低廉的设备从国外引进。利用自己的研究开发力量，构成综合参数采集系统，可大大减少全套系统引进的费用。

(二) 监测项目选择

北京市地面水主要受生活污水的影响，污染类型主要是有机污染，地下水主要受城市生活污水及工业废水和城市垃圾影响，根据其污染特点及类型，合理选择监测参数，以准确反映地表水、地下水水质状况。

地表水水质监测站拟监测的项目有：水温、水位、pH 值、电导、溶解氧、浑浊度、化学需氧量、氨氮、总磷、悬浮物等参数。

地下水水质监测站拟监测的项目有：水温、水位、pH 值、电导、浑浊度、硝酸盐氮、氯化物、全盐量等。

地下水水位监测站只监测水位参数。

四、监测站系统结构及功能

根据各站的通信条件，对比选择合适的通信方式（如公众电话、卫星通信等），建立水质监测数据通信系统。重要站点可选用一种以上的通信方式保证数据的可靠传输。

(一) 设备及系统

监测自动化系统集数据自动采集和系统控制为一体。各监测站可根据设定独立工作，按要求自动采集水质参数和设备状态、自动记录并向中心站传输。中心站接收、存贮和处理遥测数据，并控制管理各监测站，如查询监测站的数据和各种状态、设定监测站工作方式、控制仪器开／停等。中心站还担负数据统计、报表生成、图形化界面显示等工作。

(二) 监测站

监测站由传感器、分析仪、数据采集通信控制器及通信设备组成。传感器、分析仪和通信设备采用国内或国外成品，根据我国的特点，研制高性能、低成本的数据采集通信控制器。

数据采集通信控制器主要完成如下功能。

（1）供数字输入／输出接口及电流电压信号接口，采集水位、水温、pH值、电导、溶解氧等传感器参数和设备状态参数（如供电状态、设备故障等）。

（2）供电流或电压接口，或通过RS232/485接口接入水质分析仪，完成通信协议转换。

（3）监测参数及设备状态数据自记。

（4）提供通信线路接口以构成水质监测在线系统。

（三）水质监测中心站

水质监测中心站由计算机系统、通信设备及相关软件构成。

水质监测中心站完成如下功能。

（1）数据通信研究开发数据通信软件，为水质监测中心站与各水质监站之间数据通信提供协议。在此基础上，实现监测命令、数据的实时传输及系统管理等功能。

（2）实时数据库在水质监测中心站建立实时数据库。水质监测系统是水环境信息空间管理系统的子系统，不依赖于上级系统而单独存在，系统涵盖了通信技术、数据库技术、网络技术等；能实现监测站诸多监测指标的自动测报，为水环境信息空间管理系统自动监测部分提供数据源。

实时数据库保存当前最新的水质数据、系统设备状态及报警，对监测站的监测数据进行统计，制作出包含平均值、最大值、最小值、出现时间等内容的各种表格以及水质过程线图，用于支持实时动态图形化显示、实时数据报表输出等。

（3）报警判断当前水质数据是否满足报警条件，如有报警则生成报警记录，写入实时数据库、历史数据库，驱动报警输出。

（4）实时监测界面研究开发图形化的实时监测界面，界面与实时数据库的数据同步更新。主要功能包括：

①在实时界面上用曲线图实时显示自动监测站某监测指标的值；

②即时用图形和声音信号实现监测指标数值超标报警；

③即时用图形和声音信号实现监测指标变化率超标报警；

④即时用图形和声音信号实现设备故障报警；

⑤在实时界面上实现操作员指令的下发；

⑥在实时界面上反映当前站点的路由信息。

5.安全管理由操作系统提供安全管理。在人机界面上设置口令，仅允许有权限的操作人员进行操作，记录操作人员的登录情况。

五、水环境信息管理系统总体设计

水环境信息管理系统要实现的功能是以北京市水利局、市环境保护局采集、化验分析的水质数据为基本的数据来源，以数据库技术、地理信息系统技术和网络技术为载体，通过建立北京市水质综合数据库和根据水质分析指标项数据标准，可以记录和查询北京市各类水体、水环境监测结果及水质类别，并根据其变化情况分析水质变化规律，预测其趋势，为上级领导部门决策提供可靠依据。

(一) 网络综合数据库

网络综合数据库系统包括的水环境信息内容有：降水水质、地表水水质(包括自动监测站数据)、地下水水质、水底沉降物、污染源、排污口以及污染事件等，通过综合数据库和信息管理软件，能够以逻辑组合和空间关系组合等方式记录、查询、检索、分析这类数据。数据库包含几十张各种表格，表结构设计主要是如何以最优化的方式反映出各种信息的全部，实际应用中每张表格如何与其他表格建立合理的关系，表结构设计是数据库建立的核心工作。

(二) GIS 模型库及图形库

在永定河水系根据历史数据，运用水化学公式、水动力学公式建立数学模型，预测官厅水库在不同出库水质、水量的情况下，三家店及城区河道水质变化情况，直接找出污染程度的临界值和最佳控制点；最后利用基础数据库、预测模型结果，通过水系图形的动态显示，直接观察到河流每个控制单元的水质情况，变静态的数据表格为动态的图形输出；在水系画面的基础上，随着数据的变化，水质状况也会随之变化，反映到图形上的颜色和画面也随之变化。

主要工作内容包括：

（1）根据水体功能和污染特点确定预测因子；

（2）根据污染物的迁移变化规律，建立数学模型；

（3）数学模型的参数确定及敏感性分析；

（4）模型的验证；

（5）GIS 应用软件的开发。

（三）分析评价软件编制

要充分发挥地表水及地下水水质自动监测系统的作用，及时全面了解水质状况，并做出下一步决策，数据处理及分析评价预测处于极其重要的位置。该部分有以下工作内容。

1. 统计分析。对数据库的监测数据进行统计，制作出包含平均值、最大值、最小值、出现时间、超标值、超标倍数、河长等内容的各种形式的表格，以及水质变化过程线图、柱状图等。

2. 水质评价。对监测数据根据国家地表水环境质量评价标准和地下水水质评价标准及其他相关评价标准，运用极指数、内梅罗指数等评价方法，对不同水体进行自动评价，反映出水质的类别，并列出评价表格、评价图形。把地图信息和数据信息完整地统一起来，实现图形的任意组合显示、查询统计、制作专题图、综合分析及决策图表输出等功能。

（四）水质监测站码方案制定和站码的编制

目前我国还没有统一的水质监测站码编制方案，所以在制定方案时遵循下面三个原则。

（1）尽可能与全国统一，以利推广。

（2）北京市水质监测站点分类多，有其自身特点。

（3）考虑与水文站网编码方案结合。水质监测站网编码统一由 14 位数字组成，覆盖所有水质站的站码。分为两类系统：

①水质监测站有干支流概念的，如地表水、排污口、污染源等为一套方案；

②水质监测站无干支流概念的，如降水、地下水等硬性划分为行政区的为一套方案。

（五）网络发布系统

网络发布系统数据来源为水文数据库、水质数据库、相关数据库、中间结果数据库，可以向北京市相关单位、北京水利局局域网、水利部相关单位、社会公众发布信息。

系统基本功能如下。

（1）从各数据来源库中找出所需的数据，输出到各个不同的出口，定期更新或实时更新。

（2）根据不同的数据要求，输出相应的图表。

（3）可以对输入、输出结果进行审核。

（4）完成与各种不同类型通信设备的连接及通信。

（5）对各个不同的数据表采用不同的安全级别。

（6）在程序库中进行各种数据的运算处理，只能从数据库中调数据。

（7）输出表与输入表的关系是可以改变的。

六、建设自动水质监测与评价系统时应注意的问题

应用水质自动监测传感器、现代通信技术、计算机图形可视化技术的水环境监测、管理、分析系统，能及时准确地处理大量的、随时间和空间不断变化的环境信息，为决策者进行水环境问题的分析提供了简单易行的技术手段。

同时，通过系统的运行，北京市水文总站的研究人员发现有如下几个问题需要在建设自动水质监测与评价系统时注意。

（1）布设站点时应选择好控制点，不宜贪多。自动水质监测站一次性投资大，数据量大，运行维护费用较高，所以在选择站点时应选在流域或省界断面以及水质变化幅度较大的重要取水口，便于污染物总量控制的需求和供水安全调度。应尽量做到既节省资金，又满足使用需求。另外站点选择在有水文站或闸坝的地方。

（2）选择监测仪器时，应将大型固定站和小型多参数探头站相结合。固定站监测项目多，精度较高，所以适宜建立在流域或省界断面以及水质变化幅度较大的重要取水口；小型多参数探头站参数相对较少，适宜建立在一般河道站点，可以通过监测常规水质参数来反应水质变化的趋势。这样固定

站和多参数探头站可以通过很好地结合，来综合反映一个区域的水质变化情况。

（3）在城区或能够安装电话的地方建站，数据传输最好使用有线通信。在城区，移动电话及 BP 机网络繁多，功率大，所以无线通信干扰大，保证率低。而有线通信干扰小，运行费用低，保证率高，在重要站点可以选用一种以上通信方式，如公众电话网 GSM、卫星通信等。

（4）目前，水质连续自动监测技术的发展，首先是监测那些能够反映水质污染综合指标的项目，如 pH、电导率、浑浊度、溶解氧、COD、TOC（总有机碳）等项目，以便及时发现水质是否被污染，然后逐步增加具体污染项目的连续自动监测，并确定具体污染物的污染程度。但在后一步尚未过关前，仍需采用实验室方法取样测定。故当前水质连续自动监测，仍应以监测水质综合性指标变化为主，再逐步扩宽到具体污染物。即使有了各种污染物的连续自动监测仪器，现场取样回实验室进行分析的手段仍然是一种必要的补充，而不能完全被自动监测取代。

（5）在固定站前处理系统设计时不能千篇一律，要根据各站的水质情况，选择不同的前期处理设备。

七、水质生物监测

为了保护水环境，需要进行水质监测。监测方法有物理方法、化学方法和生物方法。化学监测可测出痕量毒物浓度，但无法测定毒物的毒性强度。由于污染物种类极多，若全部进行监测，不仅技术上有困难，而且也不经济。加之多种污染物共存时的各种复杂反应，以及各种污染物与环境因子间的作用，会使生态毒理效应发生各种变化。这就使理化监测在一定程度上具有局限性。生物监测与理化监测同时进行，可弥补理化监测的不足；因为当水体被污染后，会影响生物个体、种群、群落及整个生态系统，使生态系统发生变化，这些变化代表水污染（包括理化监测项目及未知因素）对生态系统的综合影响。

生物监测是系统地根据生物反应而评价环境的质量。在进行水环境生物监测时，首先遇到的问题是对哪些生物进行重点监测。我国的监测部门最初用的试验生物是鱼类，后来逐渐认识到用微型生物或大型无脊椎动物进行监测更为合理。微型生物群落包括藻类、原生动物、细菌、真菌等。为什么利用微型生物进行水体生物监测是科学的、合理的，而且具有许多优点？就试验而言，因为微型生物类群是组成水生态系统生物生产力的主要部分；微型生物容易获得；可在合成培养基中生存；可多次重复试验；其世代时间短，短期内可完成数个世代周期；大多数微型生物在世界上分布很广泛，在不同国家有不同种类，易于对比等。由于以上种种优点，以微型生物进行生物监测就具有试验方便、研究周期短、成本低等优点。

一般在水生物监测中，常用藻类和原生动物作为指示生物（藻类约占25%，原生动物约占17%），这是因为以下几个原因。

（1）藻类与水污染的关系密切，进入水体的 N、P 负荷增多，会引起某些藻类的过量增多，甚至形成"水华"，形成"富营养化"，所以监测水体富营养化趋势时，需要监测藻类。

（2）在水体自净或某些水处理过程中，藻类的光合作用可放出氧气，并利用 CO_2 作为碳源，与细菌形成共生关系。所以藻类也是监测水的净化过程所不可忽视的指标之一。

（3）藻类对水体中毒物的耐受力不同。因毒物种类及浓度不同，会引起藻类在种类、形态、生理、数量方面的变化，所以监测藻类的变化，可反映出水质的变化。在利用藻类进行水质监测时采用各种指标和标准，例如：指示生物或指示种类；优势种群；藻类污染种数；藻类多样性等。其中指示生物是过去广泛采用的生物监测方法，指示生物包括藻类、原生动物、微型后生动物等。这种评价标准和方法已在国内外广泛采用。数十年来有不少学者做了大量研究，发表了许多论文。当然，近年来研究发现，这种方法有一定缺陷，但仍被公认为一种经典方法。

（4）以原生动物为指示生物的原因，除了原生动物具有微型生物进行监测的一般优势外，还因为原生动物对环境的变化十分敏感。而且原生动物本身就是一个群落，它具有群落级的结构和功能特点，很适于做监测生物。

用水中微型生物进行水污染监测有一个由初级向高级逐步发展的过程。20世纪初开始以指示生物的种类去评价水质；约60年代以后，开始将水中微型生物视为群落，所以逐渐发展为用水中微型生物的群落结构来评价水质；最近又逐渐发展为以水中微型生物的群落结构和群落功能来评价水质。

水中微型生物的群落结构可反映出不同种类及其数量的差别，而水中微型生物的群落功能则可反映出微型生物生命活动的特点。将结构与功能结合起来分析，可更全面地了解水质污染的状况和变化趋势。

第五节　水质评价

　　为表示某一水体水质污染情况，常利用水质监测结果对各种水体质量进行科学的评定。水质污染是随着工业发展和人口增长同时出现的。世界上一些河流水质日趋恶化，水生物生存和发展受到影响，用水安全得不到保证，水资源供需矛盾加剧，水质问题越来越受到人们的重视，水质评价工作也随着发展起来。20 世纪末，德国开始利用水生物评价水质，随后，英国提出以化学指标对水质进行分类。各国相继提出了各类水质综合评价指数的数学模型。我国自 1993 年以来，在一些大中城市、流域及海域陆续开展了环境质量评价工作。1994 年提出了综合污染指数，1995 年提出了水质质量系数，又不断完善了水体质量评价指数系统，并就质量评价与污染治理的关系进行了深入研究。但这不能表示出水质总的污染情况。如何能综合各种污染物质，有代表性地从整体上评价水质受污染的程度；即如何从各种水质参数简单量的概念出发，通过综合分析以求得从整体上说明水质是否受到污染、污染的程度和广度等质的定量指标，则还在探索之中。

　　目前常用方法有两类。一是污染指数法，求出各种污染物的相对污染值。例如水中污染物质的污染指数（P），是各种污染物质的检出值 Ci 与其允许值 C0（如地面水中有害物质最高允许浓度）之比，即 P=Ci/C0。而且还假定各污染物质之间互不联系，因而各种污染指数能在特定的数学模式中加以综合而得出水质质量评价。计算参数和分级标准，还因水体的具体要求预定，如对饮用水为主的水库，常用五大毒物为代表作为参数，面对有机污染较严重的水体则选用溶解氧、生化需氧量等作为参数。二是分级法，即将各参数的代表数值，用某分级标准（例如上述）逐个对比、分级，定出水质优劣。

　　此外，某些生物类群在种类和数量上对水体污染状况的反应，水生生物监测的定性或定量指标，对水体底部的底质进行监测也是评价水体质量的重要方面，一般是根据水体所在地区土壤的一般正常值（本底值）作为标准，参照水质评价中污染指数的原理计算底质污染指数作为评价指标。

对水体环境质量进行综合评价时，常利用上述水质质量评价指标和生物监测指标、底质监测指标。为保护健康和生活环境，各国多结合本国的具体情况，制定各自的水质标准。一般制定水质标准多以水体的现实状态为出发点，包括其本底状态及受人为污染的影响，并根据水体的功能和评价的目标分别制定。

一、水质评价分类

水质评价分类：水质评价按时间分，有回顾评价、预断评价；按水体用途分，有生活饮用水质评价、渔业水质评价、工业水质评价、农田灌溉水质评价、风景和游览水质评价；按水体类别分，有江河水质评价、湖泊（水库）水质评价、海洋水质评价、地下水水质评价；按评价参数分，有单要素评价和综合评价；对同一水体又可分别对水、水生物和底质进行评价。

二、水质评价步骤

水质评价步骤一般包括：提出问题、污染源调查及评价、收集资料与水质监测、参数选择和取值、选择评价标准、确定评价内容和方法、编制评价图表和报告书等。

（1）提出问题。包括明确评价对象、评价目的、评价范围和评价精度等。

（2）污染源调查及评价。查明污染物排放地点、形式、数量、种类和排放规律，并在此基础上，结合污染物毒性，确定影响水体质量的主要污染物和主要污染源，做出相应的评价。

（3）收集资料与水质监测。水质评价要收集和监测足以代表研究水域水体质量的各种数据。将数据整理验证后，用适当方法进行统计计算，以获得各种必要的参数统计特征值。监测数据的准确性和精确度以及统计方法的合理性，是决定评价结果可靠程度的重要因素。

（4）参数选择和取值。水体污染的物质很多，一般可根据评价的目的和要求，选择对生物、人类及社会经济危害大的污染物作为主要评价参数。常选用的参数有水温、pH 值、化学耗氧量、生化需氧量、悬浮物、氨、氮、酚、氰、汞、砷、铬、铜、镉、铅、氟化物、硫化物、有机氯、有机磷、油类、大肠杆菌等。参数一般取算术平均值或几何平均值。水质参数受水文条件和污染源条件影响，具有随机性，故从统计学角度看，参数按概率取值较为合理。

（5）选择评价标准。水质评价标准是进行水质评价的主要依据。根据水体用途和评价目的，选择相应的评价标准。一般地面水评价，可选用地面水环境质量标准；海洋评价可选用海洋水质标准；专业用途水体评价可分别选用生活饮用水卫生标准、渔业水质标准、农田灌溉水质标准、工业用水水质标准以及有关流域或地区制定的各类地方水质标准等。底质目前还缺乏统一评价标准，通常可参照清洁区土壤自然含量调查资料或地球化学背景值来拟定。

（6）确定评价内容及方法。评价内容一般包括感观性、氧平衡、化学指标、生物学指标等。评价方法的种类繁多，常用的有生物学评价法、以化学指标为主的水质指数评价法、模糊数学评价法等。

（7）编制评价图表及报告书。评价图表可以直观反映水体质量好坏。图表的内容可根据评价目的确定，一般包括评价范围图、水系图、污染源分布图、监测断面（或监测点）位置图、污染物含量等值线图、水质、底质、水生物质量评价图，水体质量综合评价图等。图表的绘制一般采用符号法、定位图法、类型图法、等值线法、网格法等。评价报告书编制内容包括评价对象、范围、目的和要求，评价程序，环境概况，污染源调查及评价，水体质量评价，评价结论及建议等。

三、水质评价方法

目前，用于水质评价的方法种类繁多，大体上可分为生物学评价法、一般统计法、综合指数法、数理统计法、模糊数学综合评判法、浓度级数模式法、Hamming 贴近度法以下对这些方法作详细介绍。

在多数情况下，需要对水体环境质量给予综合评价，以便了解其综合质量状况，这就需要选定合适的水质评价方法才能实现这一目的。因此，只有选择或构建了正确的评价方法，才能对水体质量做出有效评判，确定其水质状况和应用价值，从而为防治水体污染及合理开发利用、保护与管理水资源提供科学依据。

水质生物学评价法：水生物的种类、数量和群落结构随环境而变。利用这种变化信息来评价水质，可以反映水体污染多因子综合效应和历史状况。生物学评价对其他评价结果的验证有重要意义。

用生物学方法对水质及其变化趋势的评价。水生物的变化是水环境中各种因素综合作用的结果，能较客观地反映水质状况。

指示生物对水体污染物会产生某些反应或信息，故可借以评价水质。例如河流污染后，不同河段会出现不同的生物种；根据生物种在污水生物系统中所在"带"的位置，就能判断该河段的污染程度。这种方法适用于评价流速缓慢而较长河流的水质。

自20世纪50年代起，人们提出了一系列用以评价水质的生物指数，例如贝克生物指数、特伦特生物指数、钱德勒记分系统等，来反映不同水质状况下生物种群或群落结构的变化。贝克生物指数在美国应用较多，主要是依据生物对污染物的耐性，将采集到的底栖大型无脊椎动物分成两大类：Ⅰ类是缺乏耐性的种类；Ⅱ类是有中等程度耐性的种类。Ⅰ类和Ⅱ类的种类数目分别以 n_I 和 n_{II} 表示，则生物指数 $BI = n_I + n_{II}$。当指数值为0时，表示水体严重污染；指数为 $1 \sim 6$ 时，表示中等污染；若指数大于10，则属清洁水体。

20世纪60年代以后发展了一类以群落优势种为重点，通过群落结构变化的数理统计公式来评价水质的"种类多样性指数"，例如马加利夫多样性指数、辛普松多样性指数、香农—韦弗多样性指数、劳埃德多样性指数、凯恩斯多样性指数等。

采用底栖大型无脊椎动物的多样性指数来评价水质状况比较成功。我国在研究长江、湘江等水体时均已应用。但也有人认为，影响多样性指数变化的因素是多方面的，仅以一种多样性指数来评价水质并不可靠。此外，多样性指数对于表达生物单个种类的特征也较困难。

水质生物评价还可以通过群落结构、差异指数、个体重量、生物比重、毒性试验、生物体残毒测试等方法进行。由于生物评价难以确定水体污染物的种类和浓度，故需要用理化监测方法配合。生物评价具有连续、累积、灵敏和综合性等特点，一直受到人们的重视。

模糊数学评价法。20世纪70年代，开始使用模糊数学理论评价水质。这种方法是首先对各单项参数评价，用隶属函数描述水质分级界线，得到m个参数指标对i级水的隶属度，可写出一个m×n的矩阵数。考虑参数在总体污染中的作用，配以适当权重系数，组成1×m的矩阵A，引用模糊矩阵复合运算功能，对A和R矩阵进行模糊复合运算，求出总体水质对各级水的隶属度按模糊贴近原理，隶属度最大的水质级别即为综合评价结果。这一评价方法注意了实际水质分级界线上的模糊性，使评价结果更接近客观实际。

不同水质状况下特有的生物群落的特征，称为水质等级生物特征。生物及其群落都要求在适宜的环境条件下生存和生活，其种类、数量、群落组成与结构随环境条件而变。在特定的水体中，往往生长某些占优势的生物种群；当水质变化后，原有的生物种群消失或衰落，代之兴起的是另一些优势种群。德国学者 B. 科尔克维茨和 M. 马松发现，有机污染河流的不同污染带，存在着表示这一污染带特征的生物群落。

水生生物的采样生物监测方法很多。下面介绍"污化指示生物及污化系统"和"PFU法"两种方法。

(一) 污化指示生物及污化系统

在水体中找到一些能指示水体污染程度的水生生物，以这些指示生物去预测水体的污染，实用上是有一定价值的。国内外对此进行了大量的研究工作，已提出几种关于污化指示生物的分类系统，但还没有建立一种完善的、普遍采用的系统。目前，采用观测污化指示生物并配合化学分析的方法，可以比较全面地评价或预测水体的污染程度。

一种称为污化系统的分类法在欧洲大陆应用得较广泛，在美国、英国等国家应用得还不普遍，这可能是因为这种系统在观测时较繁琐的缘故。污化系统(也可称为有机污染系统)一般根据以下原理分区。当有机污染物质排入河流后，在其下游的河段中发生正常的自净过程，在自净中形成了一系列连续的"带"。因为各种水生生物需要不同的生存条件(物理、化学环境，营养物的种类和数量等)，对各种有害物质也有不同的耐力。所以，随着水体自净程度的变化，各个"带"中都可找到一些有代表性的动植物。污化指示生物包括细菌、真菌、原生动物、藻类、底栖动物、鱼类等。常用来指示污染的底栖动物有颤蚓类、寡毛类、软体动物以及一些水生昆虫。底栖动物个体较大，生命周期较长，在其生境中相对位移较小，便于缺少专门仪器的非专业人员采集和观察，所以，在开展群众环境保护工作中有较大的价值。

污化系统中各个"带"的划分及其特点如下。

1. 多污带

此带在靠近污水出水口的下游，水色一般呈暗灰色，很浑浊，含有大量有机物，细菌最多时每 1mL 水中有 100 万个以上，其中主要有浮游球衣菌和贝氏硫细菌等。由于环境恶劣，所以多污带水生生物的种类很少。动物以摄食细菌的原生动物占绝对优势，以变形虫、纤毛虫类居多，但无太阳虫、双鞭毛虫和吸管虫，也无硅藻、绿藻及高等植物。水螅、淡水海绵、小型甲壳类、贝类和鱼类，均不能在此带中生存。在有机物分解过程中，则产生 H_2S、SO_2 和 CH_4 等气体。几乎全部是异养性生物，无显花植物，鱼类绝迹。

多污带有代表性的指示生物是细菌。细菌的种类很多，数量也很大，有时每毫升水中有几亿个细菌。其中有一部分硫磺细菌，能分解水中的 H_2S。多污带的水底被沉降下来的悬浮物所覆盖，在沉积淤泥中有大量寡毛类蠕虫。

多污带有代表性的指示生物如下：贝日阿托氏菌、球衣细菌、颤蚯蚓、摇蚊幼虫、蜂蝇幼虫。

2. α–中污带

此带中细菌仍较多，每 1mL 水中有 10 万个以上。动物仍以摄食细菌为主，肉食动物增多，原生动物中出现太阳虫、吸管虫类，但无双鞭毛虫。有大量绿藻、接合藻、硅藻，但无淡水海绵。贝类、甲壳类、昆虫和鱼类中的鲤、鲫、鲶等在此带中栖息。中污带在多污带下游，可分为两个亚带，α–中污带和 β–中污带，前者污染得更严重些。

α–中污带的水色仍为灰色；溶解氧仍很少，为半厌氧状态，有氨和氨基酸等存在。这里，含硫化合物已开始氧化，但还有 H_2S 存在，BOD 已有减少，有时水面上有泡沫和浮泥。

中污带的生物种类比多污带稍多。细菌含量仍高，1mL 水中约有几千万个。水中有蓝藻和绿色鞭毛藻，出现了纤毛虫和轮虫。在已经部分无机化的水底淤泥中，滋生了很多颤蚯蚓。

α–中污带有代表性的指示生物如下：天蓝喇叭虫；美观单缩虫；椎尾

水轮虫；臂尾水轮虫；大颤藻，菱形藻；小球藻。

3. β - 中污带

此带中细菌减少，每 1mL 水含量在 10 万个以下。有双鞭毛虫出现，有多种硅藻、绿藻和接合藻，是鼓藻的主要分布区，并有多种淡水海绵、水螅、贝类、小型甲壳类、昆虫、两栖类和鱼类等出现。此带中绿色植物大量出现。水中溶解氧升高，有机物质含量已很少，BOD 和悬浮物的含量都较低，蛋白质的分解产物氨基酸和氨进一步氧化，转变成铵盐、亚硝酸盐和硝酸盐，水中 CO_2 和 H_2S 含量很少。

β - 中污带中生物种类变得多种多样。由于环境不利于细菌生长，故细菌的数量明显减少，1mL 水中有几万个。藻类大量繁殖，轮虫、甲壳动物和昆虫也很多，可发现生根的植物，也可看到泥鳅、鲫鱼和鲤鱼等鱼类。

β - 中污带有代表性的生物如下：水花束丝藻；梭裸藻；变异直链硅藻；短棘盘星藻；前节晶囊轮虫；腔轮虫；卵形鞍甲轮虫；蚤状水蚤；大型水蚤；绿草履虫；帆口虫；鼻节毛虫；聚缩虫；隐端舟形硅藻；卵形龙骨硅藻；静水椎实螺；肿胀珠蚌；蚤状钩虾。

4. 寡污带

此带中细菌数很少，每 1mL 水含量在 100 个以下。水中藻类少，着生藻类多；动物多种多样，但鞭毛虫和纤毛虫类少，昆虫幼虫多。在寡污带，河流的自净作用已经完成，溶解氧已恢复到正常含量，无机化作用彻底，有机污染物质已完全分解，CO_2 含量很少，H_2S 几乎消失，蛋白质已分解成硝酸盐类，BOD 和悬浮物含量都极低。

寡污带的生物种类很多，但细菌数量很少，有大量浮游植物，显花植物也大量出现，鱼类种类也很多。

寡污带的代表性指示生物如下：水花鱼腥藻；玫瑰旋轮虫；平突船卵水蚤；窗格纵隔硅藻；圆钵砂壳；黄团藻；大变形虫。

评价水质时可根据不同条件下的水中生物状况，以及绘制的水质与生物相变化图和生物学水质等级图，来评价水质。但是，生物在水中一般呈连续性分布，不存在截然的分界线。同时，水中生物分布除受污染因素影响外，还受多种环境因素和地理因素的影响，故在利用水中生物监测和评价水质方面尚有不同意见。

应当注意，上述的污化系统只能反映有机污染的程度，不能反映有毒工业废水的污染。

这种根据水生生物种类的更迭来评价水体污染程度的方法也缺乏定量的概念，所以又有根据水生生物的数量求出某种"指数"，并用以评价水体污染程度的研究。

（二）微型生物群落监测——PFU（Polyurethane Foam Unit）法

1. 与 PFU 法有关的基本知识

（1）岛屿生物平衡模型。1963 年 Mac Arthur 和 Wilson 首次提出岛购生物群集模型（Colonization Model）的理论。他们认为，岛屿各有不同的，独立的地理环境，其动植物区系也有不同。当物种由外部迁入，又称群集的初期，各种物种间没有相互影响，群集速度只受迁入物种的扩散能力和迁出规律的影响。只有当迁入物种的群集速度与消失速度相同时，种数就达到了平衡点。此时群落内就会产生捕食、被捕食、竞争等种间的相互作用，这种作用决定岛屿的生物组成，就显出群落的统一性。岛屿生物群落的这一特性就是 Mac Arthur–Wilson 岛屿生物平衡模型（Equilibrium Model of Island Biography）的要点。

（2）PFU。

根据岛屿生物平衡模型，学者认为，相同生境中若有孤立的、有机体难超越的小生物，也可以认为这类小生物是"岛"。所以各种水体中的石头、沉水的木块，甚至某些人工基质（如载玻片）等，也可以从生态学角度认为是一个"岛"。1969 年，美国 Cairns 提出用 PFU 作为采集微型生物群落的"岛"。PFU 是 Polyurethane Foam Unit 聚氨酯泡沫塑料块的缩写。试验研究表明，空白 PFU 挂在水中，对水中的生物来源，它像块小岛。由于 PFU 孔径只有 150μm 左右，故只有超微型浮游生物、微型浮游生物、小型浮游生物才能迁入或迁出 PFU 块。研究表明，最优的 PFU 的尺寸为 50mm × 65mm × 75mm。可收集到细菌、真菌、藻类、原生动物和小型轮虫，有自养者、分解者、弃养者，构成了微型生物群落。对原生动物而言，可收集到 85% 种类，具有环境真实性。

2. 微型生物群落监测——PFU 法

Cairns 发表微型生物在 PFU 上的群集过程后，证实了这种人工基质群集特性符合 Mac Arthur–Wilson 岛屿生物平衡模型；其后 Cairns 及合作者继续用 PFU 法对水体进行野外监测和室内毒性试验。中国科学院武汉水生生物所沈锡芬研究员赴美与 Cairns 合作研究应用微型生物群落预报污染物的环境效应，PFU 法在我国开始应用与研究。我国学者对此方法进行了改进、验证和推广，主要的改进有如下几点。

（1）将 PFU 悬挂水中 1 ~ 3 天，可获满意结果，能反映出 1 ~ 3 天内水质的连续变化。

（2）将多样性指标引入参数中。

（3）引入植鞭毛虫种数占原生动物总种数的百分比，可反映出水体中自养型微生物的演替，从而能更客观地评价水质。

经我国学者的努力，已将 PFU 法发展成一种快速、经济、准确地用微生物监测水质的方法，并得到国内外的认可。我国 2002 年 4 月公布该方法为国家标准《水质微型生物群落监测 –PFU 法》。

国内现行水质评价方法很多，各地使用的方法不尽相同，下面介绍几种方法，其他方法可参考有关书籍。

污染指数法是根据评价指标（或参数）的实际资料，进行数学上的归纳与统计，求出其参数的评价指数，以判别该项污染物对河流水体的污染程度。

3. 有机污染综合评价法

有机污染综合评价法采用有机污染综合评价值作为评价水质的指数，综合地说明水质受有机污染的情况，适用于受有机物污染较严重的水体。

例如，在评价黄浦江水质时，由于水体污染主要是由有机物质引起的，因此应采用"有机污染综合评价值"进行评价。

有机污染综合评价值 A 按下式计算：

$$A = \frac{BOD_i}{BOD_0} + \frac{COD_i}{COD_0} + \frac{NH_3 - N_i}{NH_3 - N_0} - \frac{DO_i}{DO_0}$$

式中 BOD_i、COD_i、$NH_3 - N_i$、DO_i ——实测值；

BOD_0、COD_0、$NH_3 - N_0$、DO_0 ——规定的标准值。

上式分母各项为 BOD、COD、NH_3–N 和 DO 四项指标的地面水水质卫生要求的标准值，或根据评价水体的具体情况定出允许的标准值。根据黄浦江的具体情况，规定 BOD 和 DO 为 4mg/L，NH_3-N 为 1mg/L，COD 为 6mg/L。

当 BOD、COD 和 NH_3-N 的实测值均超过各自的卫生要求或规定的允许标准，而 DO 的实测值又低于其卫生要求或规定的允许标准。因此，取 A > 2 作为有机质影响下，黄浦江水质开始受到污染的标志。

水质评价是一项复杂的综合性工作，上述各类评价方法都有一定的局限性。一个全面的水质评价，理应反映出水体的污染程度、污染范围和污染历时等三方面内容。但已有的评价方法大都仅在一定程度上反映水体的污染程度，而对其他两个方面反映得很不够。因此，水质评价的发展方向是不断完善综合评价法和生物学评价法，以及在水资源开发利用中采用水质和水量统一的评价方法。

四、水质警报及水质预报、预测

随着工农业生产的发展，江河湖库的水污染日益加重，已严重影响到水资源的开发利用和国民经济的可持续发展。为了加强水资源的统一监督管理，有效保护水资源，及时做出水质警报及预报势在必行。为此，《水文情报预报规范》将水质警报及预报纳入本规范，做出了把水质警报及预报列为水文情报的一项重要内容的规定。

水质预报是根据污染物进入江河水体后水质的物理、化学和生物化学迁移以及转化规律，预测水体水质时空变化情势。由于各地排放到水体的污染源种类各不相同，发生突发性污染事故时，水质要素的变化更为复杂，因此，水质警报及预报的要素应根据具体情况和要求加以选择。

水质警报及预报是当水质在短时间内发生重大的变化（如发生突发性污染事故）时，为提前采取相应防范措施而发布的，具有很强的时效性。所以，在发布警报及预报的同时，要进行跟踪调查和监测，并及时发布修正预报。

编制水质预报方案要依据预报的水质要素（某项或几项水质指标）、污染源状况和水文要素（如水位、流量、流速、蓄水量等），以及河道特性等情况来选定所采用的方法或数学模型。

水质预报中的经验相关方法包括水质——流量相关法、上下游水质相关法和多元线性相关法等。

水质模型是模拟污染物在水体中运动变化规律的数学函数或逻辑关系。水质模型按系统信息完备程度可分为黑色、白色和灰色三种，按输入—输出变量间的数学关系可分为确定性模型和随机模型，按使用参数的时变性质可分为稳态模型和动态模型。

按污染过程的变化性质，水质预报模型可分为生化模型、纯输移模型、纯反应模型和输移与反应模型以及生态模型。

在制作水质预报方案时，要根据具体情况和要求经过充分论证，选择适用的方法或模型。鉴于目前水质预报尚处于起步阶段，因此其误差评定标准比洪水预报略宽。

预报水质在某个时段的变化。水质预报的主要内容是，水体的污染状况，包括水体枯水期的污染，工矿、船舶事故引起的突发性污染。及时发布水质预报，便于水质管理机构采取防护措施。

为了做好水质预报工作，水质监测站要装设自动连续监测装置。水质污染连续自动监测的项目有水温、溶解氧、pH 值、电导率和浑浊度等。

水质预报除了要有现场的水质数据外，还需要有与其相应的水量预报数据。水质预报的方法和水质预测方法基本相同，需要利用已有的水质、水量资料，建立水质预报模型，预先编制水质预报方案。对于枯水期水质严重污染的河流，可利用水文站和自动监测站，获得河段上断面逐时（日）的水量水质数据和污染源排污量，根据预报程序，进行计算，发布水质预报。

水质预测是推测水质在未来一定时间内的变化。水质预测对水质规划、控制具有十分重要的意义。进行水污染防治规划，需要预测将来不同排污水平下水体水质的变化，以便制定出合理的水污染防治规划方案。进行工程建设项目的环境影响评价，需要预测拟建厂矿或水利工程建成后，因增加厂矿排污或改变水体环境条件而引起的水体水质变化。确定新排污口的合理位置，改造现有的排污口，了解水体沿岸现有厂矿与城镇排污对水体污染的定量关系，估算水环境容量，确定河流容许污染负荷量、湖泊（水库）容许污染负荷量，制定排放标准，改善与控制水体污染等，均需要进行水质预测。

水质预测发展概况：20 世纪 20 年代中期，美国为公共卫生工程进行的河流溶解氧沿程变化的估算，是现代水质预测历史的开端。70 年代以来，水质预测有了较大发展。美国、联邦德国、日本等国家开展了一些河湖水质预测(多数是点源污染)。2017年我国水利电力部和国家环境保护局共同组织完成了《2020年中国江河污染预测》,并对主要湖泊污染预测进行了研究。

(一)水质预测程序

(1)调查、实测和预测水体污染物的初始含量和污染源排污量。例如,河流的水质预测,需要掌握初始时河段上断面来污量和旁侧排污量作为输入数值,来预测下游某一断面的水质变化。

(2)根据水污染物进入水体发生的物理、化学和生化效应,建立水质模型。

(3)根据上述资料,运用水体水质模型进行水体水质预测。

为了做好水质预测工作,需要按照一定要求,布设水文、水质站点,监测水质变化情况,积累资料。由于水质和水量密切相关,做水质预测时对模型中要求的水量,需利用水文学方法进行计算(如用水文频率计算法来推求水量特征等)。

(二)水质预测方法

点源污染的水质预测方法:建立相关统计模型进行水质预测。将水质系统的运行状态作为一种"黑箱",不考虑其运行机制的细节,只建立水质与其因子间历史资料的统计相关。这种方法带有经验性与地区性特点,例如采用水质和河流水文要素(如流量等)建立关系,做河段水污染变化的预测;利用上下游水质存在的关系(多无相关)及混合物质平衡原理建立水质预测模型,求解确定性水质模型进行水质预测。根据水体水质的物理、化学与生化作用的性质,运用模型求解(解析解或数值解)后,用实测资料确定模型参数,进行验证和误差分析,做出水质预测。此法应用较普遍。此外,还有采用随机性水质模型来进行水质预测的。

非点源污染的水质预测方法:调查和实测降雨、径流冲刷所产生的污水及其成分,研究产流、产污特性和流域面上汇流、集流过程,以及污水进入水体的运动演化规律,然后进行水质预测。非点源污染的预测比较复杂,难度较大,尚处于研究探讨阶段。

河流水体水质评价是判断河流水体的污染程度,划分污染等级,确定污染类型,为水资源开发利用及水源保护提供依据。

第六节　国内外水质保护范例

　　为了有效地保护水质，通常的做法是划分水资源保护区，消除或尽可能减少地面水及地下水水源受到污染或引起水质变化而影响其供水功能，在水源地周围设立的保护区。对地面水水源要求：（1）取水点周围半径不小于100m 的水域内，不得依靠船只和游泳等污染活动，并应设明显标志；（2）取水点上游1000m 至下游100m 水域不得排入工业废水和生活污水，沿岸不得堆放废渣垃圾、污水灌溉、施用剧毒农药等。对于地下水源：（1）取水点防护范围应根据当地水文地质条件确定；（2）在取水井影响半径范围内，不得使用污水灌溉、施用剧毒农药、修建厕所、堆放废渣、铺设污水渠道，并不得从事破坏深层土层的活动。要求对水源保护区周围地区经常进行水源保护的监视及采取防止污染的措施。

　　由于人口和经济迅猛发展，从而对水量水质的需求越来越高，一方面是水资源日益枯竭，另一方面是水体污染日趋严重，因此必须建立有效的监督管理制度，对管辖范围内水资源的开发利用、河道的水质和水量进行监督和保护。监督水的利用和保护，定期对地下水、地面水的状况进行分析，检查用水计划的合理性，控制污水排放，并向司法机关对破坏水资源肇事者提出诉讼等，实现保护地表水和地下水免受污染的目的，防治、减轻直至消除水体污染，改善和保持水环境质量。

　　设立水源保护管理机构，可根据有关环境保护法律和控制标准，协调和监督各部门和工厂企业的发展规划，执行奖惩制度，以保护水体。在水体污染的预防和治理关系上，强调以预防为主的方针，对污染物的排放总量进行控制，使污染物总量不超过水体的自净能力。另外，应促进建设城市的和区域性的污水处理厂，杜绝工业废水和城市污水任意排放，减少和消除废水排放量，有计划地治理已经被污染的水体，如清理河床等，以充分利用现有水源，确保人类健康。

　　有关水质保护的成功的经验，国内外有许多值得我们借鉴，以下是国内外保护水质的范例。

一、国内水质保护现状

现代人类活动大量开采利用水资源，不可避免地会在不同程度上改变水源原来的径流条件，从而影响于其化学动态；小到可以影响局部水源的水质，大到可通过水文循环而影响地质循环，形成环境水利问题。现代大城市的兴起和工业、农业生产的发展所产生的"三废"在这方面所引起的问题更为突出。如大气中 CO_2 含量的大量增加可引起热平衡的改变，从而影响于水文气象条件；饱含吸和 SO_2 的雨水，pH 值降低到 5.5～5.6，这种高酸性的水将使地表酸化，容易冲蚀土壤；尘埃的大量增加，可改变降水的水化学成分；污水对于水体的污染已成为公害；暴雨径流形成的土壤侵蚀物中携带着种类复杂的污染物，如重金属、农药、盐碱等，在一个流域或一条河流区域内，可造成整个流域或河流水体的污染。

水体被污染后危害十分严重，而污染的水体治理又十分困难。因此利用天然或人工植被、森林来保护水源、防止水污染已越来越被人们所关注。根据 1992 年在湘西八大公山林区水文状况的调查和测定各项水质指标，如游离 CO_2 溶解 O_2、Ca^{2+}、Mg^{2+}、K^+、$+Na^+$、Cl^-、SO^{4-}、CO_3^{2-}、矿化度、总硬度、总碱度、耗氧量、阳离子总量、阴离子总量、pH 值、有毒物质含量等，林区水质符合饮用水标准，其指标值均低于常规标准，可见森林具有很强的溶化水质作用。在海南岛失蜂蛤林区，通过对径流水的化学特性的研究发现，林外径流的化学流失量远大于林内径流，林外比林内大 240～260 倍，可见森林对径流具有一定的物理过滤作用和化学调节作用，所以一般化学物质的浓度都是林内低于林外，也就是森林可以减小地表径流的化学侵蚀。

对于河川径流中的化学成分，在水质评价中尚需统计河流的离子径流量及其模数。离子年径流量是河川年径流与河水年平均矿化度的乘积，常以每年吨（t/a）计。河流年离子径流模数是单位面积上的年离子径流量，其地区分布趋势是湿润地区大、干旱地区小，与年径流深的地区分布趋势相似。河流水化学成分也呈年内和年际的变化。汛期因河川流量大，河水的矿化度和总硬度也相对较低，枯水季则较高。河水矿化度及总硬度的年际变化小于河川径流的变化。

二、国外水质保护范例

（一）日本

日本是工业发达国家，工业废水和生活污水排放量大，20世纪70年代以前由于忽视了污染治理，所有江河湖泊受到不同程度污染。70年代初到80年代前期，开始加强江河湖泊治理，使水质得到全面改善。但是近年来，由于排污量大而治理量有限，水污染仍不能完全控制，部分湖泊已出现富营养化，流经城市河流的水质继续恶化，因此，加强水资源保护、改善水质成为水资源开发利用的重要任务。

日本在防治水污染、保护公用水域方面的要求和主要措施有以下几方面。

第一，对于工业污废水，要求根据排放标准，在工厂及企业内部进行污水处理。处理中根据污染物种类特性和各行业要求进行处理，有的采取了全封闭循环供水系统。经过处理的水可重复使用，如用于环境及对水质要求不高的生活用水（如卫生间用水、洗浴、洒水）。

第二，建立下水道终端污水处理厂，一般用于生活污水处理。

第三，在河川和水库等地区建设入流污水净化和供水净化设施，防治供水水域污染。利用河川和水库的调节，使坝下及河川下游维持一定的环境用水流量，以保持鱼类、航运、旅游的需要。为了防治污水进入水域，在河流两岸的河漫滩地有的建设了排放污水渠道，使污水与河水分流。

第四，建设水源涵养林与水土保持林，调节径流，控制泥沙淤积。日本国民十分喜爱山清水秀的环境，因此特别重视河流及水库周围营造森林、涵养水源，防止土壤侵蚀工作，并加强全面规划管理。

（二）英国

英格兰和威尔士的公共供水约有35%用的是地下水，其中由白垩纪地层供给55%，二叠至三叠纪砂岩供给25%。白垩纪大部分位于英格兰人口稠密的东部各郡之下，这里的许多地区全靠打在白垩纪中的钻孔供水。二叠至三叠纪砂岩大部分位于高度工业化的中部地区，并与北英格兰彭奈恩山脉的侧翼相接。与欧洲大陆和美国的许多含水层不同，英国的主要含水层全部是裂隙含水层，这就使它们特别容易受到污染。Eisen 和 Anderson 对城市影响地下水水质的各种方式的特征做了研究。这些方式可归纳为下列 4 种：①民用和工业排放垃圾的处理；②污水和阴沟污泥的处理；③地表排水，各种物质的溢流和贮存；④开挖和采矿活动。

据估计，英国 1994 年民用排放的垃圾量约为 1800 万 t，埋掉的工业排放垃圾量为 2300 万 t，另外还有数百万吨的液体和泥浆废液。所估计的这些垃圾数字没有包括采煤和采石或发电站产生的约 3 亿 t 的废弃物。

民用排放的垃圾绝大部分可以通过生物分解作用加以消除。如果把水排掉，家庭垃圾将会分解得很慢，产生的溶滤产物也就很少；但是如果让水进入充填物，就可能产生污染性很高的溶滤产物，它们的污染强度大概要比民用污水大 10 倍。如果在这些废弃物中把工业排放的垃圾也包括进去，这种溶滤产物的污染能力还会大大增加。工业排放的垃圾包括金属软泥、各种酸类、油料、柏油废弃物、酚、制药废弃物以及许多其他物质，其中一些物质可能对地下水水质产生有害的影响。

把未加处理和部分处理的污水排入地下，可能使附近的抽水井遭到微生物和氨的污染。有关私人井由于受污水污染而不能使用的报告很多。这通常是由于管道破裂或污水坑渗漏而造成的。由于污水溢流，泉水也受到危害，特别在下过暴雨以后。

英格兰和威尔斯有 5% 的居民不使用主排水系统，依靠的只是化粪池和污水池。位于渗透性能好的地层上面的化粪池的溢流物，通常用渗滤的办法进行处理。而污水池只是贮存污水并定期用污水车运走。英国有些地方为小城镇和乡村服务的污水厂采用多级办法处理污水。污水通过渗滤坑渗入含水层。在汉普郡，在英格兰中南部有八个这样的处理厂（这些处理厂位于白垩纪地层的露头处）。其中最大的一个厂为一个拥有 3 1000 人口的城镇服务，该厂在天气晴的情况下处理量为 570 万 L/d。仅在一个或者两个浅井中发现有明显的污染。一般来说，消除细菌的效果相当显著。

污水处理厂的污泥处理是一个长期没有解决的问题。英国每年有大约 2600 万 t 阴沟污泥，包括约 130 万 t 的干的固体污物。其中 4% 烧掉，22% 在海洋中处理，25% 利用卫生填坑处理，其余的作为可用的有机肥料运到乡下。这种做法由于消除了细菌以及对有机物质的生物分解（通常是在土壤和非饱和的基岩以上几米处进行），一般不会造成严重的危害。

由居民住宅排出的垃圾可能包括来自公路的污物、溢流的油料以及民用供暖系统的泄漏物。此外，城市废弃物还包括来自商店和工厂的垃圾以及从负荷过量的或破裂的污水管道流出的污水。因发展工业而产生的废物可以包括各种各样的有机物质和有毒物质。这类物质可采用渗滤坑具有孔隙的管道处理，有时也可采用钻孔处理。

含水层同样会受到从工厂、燃料储存罐和管道流出的污物，以及公路输送各种化学药品产生的污物的污染。防止公路结冰用的岩盐堆是另外一种潜在的污染源。南沃里克郡水委员会（1992）曾提议在砂岩中打一个钻孔，由于污染的原因，使该钻孔中氯化物的含量在9年的时间里从30mg/L增加到375mg/L。

英国每年开采12010万t煤，这就要产生大约5500万t废渣，其中有很大一部分倾倒在陆地上。如果这些废渣的渗透性能足以使入渗的雨水与未风化的岩石发生反应，就会产生含氯化物、硫酸盐、铁、锰和重金属的高矿化的滤液。如果把这些废渣堆放在含水层的出露处，那么滤液便有可能在几年的时间里进入到含水层中去，从而造成长期的严重污染。在1906和1993年间，在东肯特地区，由于把含盐的矿化水排入到白垩纪地层的表层，造成了大面积污染。含水层的污染面积达27km^2，这类含水层不适于用作饮用水供水。研究表明，消除污染需要花费30年以上的时间。

英国每年大约采掘9100万t陆地上的砂砾石并用白垩纪、石灰石和黏土生产出201万t的水泥。尽管工程本身不会使地下水受到污染，但是，燃料和其他材料的储存，固定的和活动的工厂废料的排放，污水的就地处理，都对含水层造成严重的危害，特别是会使污染物直接进入到地下水面。因此，采取积极的预防措施可以把污染的危险降低到最低程度。

在火力发电厂，每年产生900万t燃料尘埃，其中约有300万t要在老的矿井巷道和泻湖中处理。燃料尘埃尽管被认为是惰性物质，但含有约2%的可溶解物质和微量元素。在北肯特地区，由于水泥窑的燃料尘埃降落在被废弃的白垩纪采石场，致使附近施工的开挖工程（在1990～1993年间）氯化物的含量从260mg/L增加到37000mg/L，污染波及1km以外的用于工业目的的钻孔。

法律控制和技术标准结合起来，可以保护含水层和地下供水水源免受污染。英国为保护含水层建立的法律中，最重要的进展是 1974 年制定污染控制法。其中，第一部分谈到了废物处理地点的批准手续。废物处理部门首先要得到对排放地点的准许，与有关水管理部门协商以后方，可规定有关处理地点的条件以及防止含水层污染的措施。

污染控制法从 1993 年 7 月份起分阶段生效的第二部分规定，排放有毒的、有害的或污染的物质，或者未经水管理部门批准，把任何污物或污水排放到水管理部门明文规定的地下水中，都是违法的。法律中的其他保护措施授权环境国务秘书，根据水管理部门的请求，规定一些地区，在这些地区内禁止或限制可能导致内陆水或地下水污染的活动。

在南部水管理部门所管辖的地区，约有 250 处供水用的地下水水源，这些地下水水源的供水量占每天供水量的 75%，约 120 万 m^3。根据有关当局提出的关于可能造成含水层污染的建议的反馈情况，为了给废物处理部门、规划部门、私人开发者及实业家等等提供指导，在污染控制法中规定了废物处理场地的批准制度，这对制定含水层保护政策十分重要。在制定含水层保护政策指导原则时，水管理部门考虑了欧洲其他国家和英国其他水管理当局采用的方法。南部水管理部门遵循欧洲采用的办法，提出建立 50 天不受细菌和病毒污染的供水水源保护区，以及允许用物理的、生物化学的和稀释的方法将以液体方式存在的化学品浓度减少到可接受的程度。

水质保护指导原则采用建立在地层性质和污染的化学和生物源基础上的双重标准，规定了五个保护区。第一个保护区包括水管理部门 15% 的地区。如上所述，该保护区为所有公用的和大量私人用的供水源提供了保护的最高水平。随后依含水层重要性的大小又划分出四个区。第二个保护区包括相互具有水力联系的白垩和位于其上部的海绿石砂，以及位于上覆第三系地层下面的一条狭窄的白垩带，这就形成了一个厚 7m 的不透水盖层，马瑟认为它足以阻止滤液向下运动。该保护区包括水管理当局 18% 的地区。第三个保护区包括水管理当局管辖地区内的最重要的一些稳状含水层，例如，河谷和河滩的砾石层和一些下部的白垩系砂岩层。第四个保护区包括那些对供水不重要的粒状含水层，例如高原砾石层和第三系的某些砂质地层。第三和第四个保护区分别占南部水管理部门管辖地区的 20% 和 22%。水管理部门的政策是在可能污染地下水的地区，鼓励利用这些特有的地层。最后，第五个保护区包括禁止人类活动或地表水有污染危险，才需采取措施的不透水的黏土地区。

保护含水层免受污染的指导性措施包括从最严格的第一保护区到最不严格的第五保护区。其中关于固体和液体废物处理的某些措施在废物处理的许可证上可作为一些条件征税，而涉及一般性的开发和采矿活动的其他控制措施则可写进规划批准书中。一旦污染控制法的有关部分生效，便可通过水管理部门或环境保护局颁发的批准书，控制特定的含水层处理和排放污染物质。但是，目前仍有许多潜在的污染活动没有得到控制。在水管理部门没有找到污染控制法指定的地下水水源之前，必须通过协商和说服的办法实施包括在水质保护指导原则中的规定。水质保护指导原则日趋完善，并在下列两个方面已经取得成效：1. 为水管理部门管辖的地区提供了统一的标准；2. 使得工作人员有可能集中精力解决更困难的问题。

（三）法国

法国因农业活动引起的硝酸盐在地下水中的富集，在供居民饮用的地下水中，硝酸盐含量的不断增加，已引起法国有关卫生部门的关注。除了有规定条件的用水以外，法国的有关条例对公共引水网所分配水中的硝酸盐含量未做强制性的限制，而借用 1990 年 7 月 15 日欧洲经济共同体 CEE778 号决定中的一些具体规定。CEE778 号决定要求共同体各成员国用 5 年的时间，即到 1995 年 8 月，居民的全部饮用水水质必须符合决定中的一些具体规定。从 1995 年 8 月起，只要水中下述物质的含量或其中的一项超过最大值，水便不能输送出去：NO_3 50mg/L；NO_2 0.1mg/L；NH_4 0.5mg/L。在 1995 年 8 月以前的过渡阶段，配给水中的硝酸盐容许含量可在 50 ~ 100mg/L 之间，但条件是必须对孕妇和婴儿采取相应的保护措施。

为准备执行欧洲经济共同体 1990 年 7 月 15 日的决定，法国卫生部 1999 ~ 1991 年对全国所有公共配水网配给水的硝酸盐含量做了一次系统调查，调查结果已于 1992 年 5 月公布。

在调查中还发现，有 100 多万人饮用的水中，硝酸盐含量在 40 ~ 50mg/L 之间。如不采取相应的措施，很快就会接近极限值。在硝酸盐含量超过 50mg/L 的配给水中，有 90% 的水来源于地下。这种情况令人担忧，需要尽快采取非常积极、有效的预防政策和根治措施，尽可能使变化的趋势向相反的方向发展。

通过不同规模配水单元水中硝酸盐含量分布情况的分析，证明硝酸盐含量超过 50mg/L 的配水单元中，有 2/3 是农村配水网（每个配水网负责给1000 人以下的居民供水）；另外 1/3 大都属于市镇间委员会管辖下的、负责数量不等的农村行政单位供水的配水网。

根据水中硝酸盐含量过高而又涉及大部分居民区的地理分布情况分析发现，法国本土 95 个省中，有 15 个省的情况是令人焦虑的。这 15 个省中，78.5% 的人饮用硝酸盐含量超过 50mg/L 的水，其中 97.5% 的人饮用的水系由配水网供应，其硝酸盐的含量超过 75mg/L。这些省份有一些共同的特点，即其农业特别高产（如塞纳 – 马恩省、埃纳省、瓦兹省、厄尔省、卢瓦尔省，特别是卢瓦雷省），或大量实行集约耕作（如菲尼斯泰尔省的时鲜蔬菜种植区），或家禽业、养猪业十分发达（如菲尼斯泰尔省），或者同时具有上述各种特点，而且人口密度高、为便于讲究个人卫生而居住比较分散（尤以诺尔省和加莱海峡省为突出）。对那些出现不利变化、但目前问题尚不突出的地区所进行的研究亦得出了类似的结果。

上述情况表明，农业活动无疑对地下水中硝酸盐含量的增加起着值得评价和不可忽视的作用。人类的其他活动，特别是城市团体单位的固体或液体废物排放也起着同样的作用。为此，在农业活动中，要积极采取一些必要的预防措施。

农业活动对氮运移平衡产生一定的影响，法国本土氮的年运移量约为900 万 t。

在建立氮运移平衡时，应该考虑到一个由生物循环组成的封闭体。这个封闭体从外部（大气和矿物肥料）得到的氮（380 万 t）和向系统外部释放出的氮之间，必然是平衡的。从而发现需要注意的问题是，通过气体损失的氮最多（占 63%），其中有 1/6 来源于（废物排放评价地点上游的）地表水，其余部分则来自土壤和施播前的动物粪便（两者损失量相等，各为 100 万 t）。后一种情况最值得人们注意，因为减少这些损失量就可以限制输入量。经地表水向海洋排放的氮的损失量来源于城市排出的污水和工业排出的废水，来源于含水层的天然排泄以及不断增加的农业排水。损失量的最终平均值虽只有4.6mg/L，但能使排放地点地下水的硝酸盐含量局部性地大幅度升高。在这类局部地区以外，氮平衡中这一项的明显增值，不会引起大的麻烦。

氮平衡中的最后一项是对法国农业活动造成含水层中硝酸盐含量增加氮的数量进行近似计算。如果不算园林面积和森林面积，而只按农业耕种面积计算，则每年每公顷氮的储存量在 17kg 以下。为控制目前受威胁的含水层中硝酸盐含量增加而采取的预防措施，就可以以这一因素为基础。

对有关农业耕地的氮含量进行分析，结果引起人们对植物摄取硝酸盐氮的条件的关注。在植物迅速生长的阶段，土壤溶液中的硝酸盐含量应该高，根据不同情况，在 50 ~ 201mg/L 之间。任何引起土壤水垂向排泄的雨水期灌溉水都会使氮向深部地层运移。实际上，从破坏植物自身生长条件以提高产量时起，在施肥土壤中，不管肥料形态如何，甚至在不施无机肥的情况下，都不可避免地会出现这种现象。虽然氮向深部地层运移，地下水中的硝酸盐含量并无明显增加，因为土壤中氮的吸收量被大部分浅层含水层或冲积层含水层经地表水系排泄掉而处于平衡状态。硝酸盐在地下水中的富集并不一定都是垂向运移的必然结果。但是，当垂向运移量超过当地极限值时，硝酸盐会突然在地下水中富集起来。硝酸盐浓度增高的事实说明，植物、土壤和水之间的平衡关系遭到了破坏，其原因应从耕作系统的氮平衡方面去寻找，而不应预先判定产生这种不平衡的决定性因素的性质。在制定任何预防政策时都应考虑这一事实。

从数量上看，深部地层和含水层的氮储存量占氮的年垂向运移总量的 1/2。需要进行的工作是如何尽量缩小这个比例，而不是要根本消除运移现象。如果氮的平衡余量为 100 万 t，即占氮输入量的 20%，则工作的目的在于使这个数值尽可能逐渐接近 50 万 t，即占氮输入量的 10%。同时，考虑到经地表水排出的硝酸盐，除特殊情况外，从起作用的数量来看，不足以使人担忧。在土壤溶液中所观测到的硝酸盐浓度增高的现象，有 60% 是由有机物的腐烂分解引起的。这一现象不能为农业活动所控制，因为腐殖土的矿化作用提供了 2/3 的带入量。而占其余 1/3 的动物粪便在施播量和施播时间可调节的情况下，也只能得到部分控制。有机氮矿化作用的发生时间实际上变化很大，这是由于微生物的活动主要取决于温度，因此，它具有明显的季节性。这说明秋天的大雨能使大量氮产生运移，而并不是施肥在起主要作用。面向土壤溶液提供 40% 硝酸盐氮的矿物肥料的优点，在于能通过调整施播时间而得到很好的控制，因为矿物肥料提供的硝酸盐氮可直接利用，而不依赖于某种随机现象。

饲养的动物粪便的管理活动以及矿物肥料的使用方式，不仅在技术上是可能的，而且是最敏感地区的一种工作手段；在那里，这些因素必定会产生一些消极作用。

农业生产，即种植业生产或养殖业生产，其经济状况在任何情况下都不会放弃强化政策。因为，无论是全国的情况还是涉及农业的社会经济资料，都表明不可能以降低效益的代价去减少氮的总供给量。除这种假设外，从政府的选择阶段开始，所有的努力都应该旨在如何合理地使用氮，以便尽可能好地调节植物的需氮量，从而限制雨水作用下的垂向排泄可能带走的氮的过剩部分。这是一项能更好地使用动物粪便，减少矿物肥料的使用量，而又不诱发限制生产效率提高因素的管理活动。这种做法的最终目的是提高肥效。

因此，基本的预防措施应该是系统地实施肥料预测平衡法，其结果将通过农艺学观测得到控制。农艺学观测能了解在耕作系统中采用预测方法所确定的氮平衡的有效期限。建立预测性平衡应该考虑到植物体能得到的矿物氮储存的初始情况、腐殖土矿化作用的评价、动物粪便的带入量、上述植物体残余的带入量，以便必要时根据一定的时间，通过提供无机肥和动物粪便来确定要满足的补充需要量。最终目的是使土壤溶液中的硝酸盐氮的含量发生变化，以满足植物的生理要求，同时防止硝酸盐氮含量偏高。这一方法已广泛用于发展粮食生产，尤其是小麦生产，且已成为农艺学积极研究的课题，即如何把这一方法用于发展其他主要作物生产，特别是玉米的生产。主要的困难是需要在肥效预测的基础上做出施肥量预报，因为与施肥量计算结果相对比，任何气候条件的突然变化都会降低肥效，从而造成过剩的氮往深部地层运移的危险。农业气象学在目前还不能解决这个问题。

土壤用途的改变，特别是把天然牧场转成诸如玉米等作物种植园的变化，都会产生特殊的危险。这会使氮大量地释放出来，从而需要采取特殊的预防措施并对氮平衡进行极严格的监控。

合理施用集中饲养动物的粪肥，是预防硝酸盐在地下水中富集工作的一项主要内容。与耕地相比，专业生产场地中过剩的氮量往往很大。人们为了充分利用土壤的净化能力，尽可能地大量施用肥料，而不考虑植物的需要量，其结果是使过量的硝酸盐向含水层运移。因此，集中饲养区也属于最敏感的地区之一。根据氮在集中饲养场地"粪便库"范围内的运移情况，合理地施用肥料，是预防硝酸盐在地下水中富集的基本内容。

此项研究工作证实，硝酸盐在地下水中的富集不具有必然性，不能因此而放弃集约经营。从现在起，人们已经能够采取有效的预防措施。这些预防措施要求人们在农艺学研究、开发研究、农业工人技术培训、技术援助、设备补充和组织等方面做出巨大的努力。

(四) 德国

在德国这样高度工业化和人口稠密的国家，在进一步研究地下水补给时，必须着重考虑水质状况。德国卫生局水、土壤、空气卫生研究所与其他研究单位一起进行各种研究。研究项目有大气降水的化学研究 (与黑森州林业研究院森林水文研究所合作)，污水入渗地区地下水补给时的水质状况研究 (与柏林自由大学地质系合作)，河岸入渗过程中地下水补给的研究以及利用污染的地表水补给地下水的研究。

随着地下水水质污染及其威胁的日益严重，要求进行各种研究和评价。从各种不同类型的研究成果中，可以清楚地看出，在地下水补给范围内，有何种特殊的净化能力以及此时何种污染超过了允许的界限。

保护地下水水质最重要的先决条件是，保护安装的过滤器(特别是在土壤带、包气带以及过渡带中) 免遭污染，这对维护过滤器的功能是必要的。以下介绍的雨水、污水入渗和河岸入渗的研究成果，对此是很有意义的。

在水、土壤、大气卫生和林业水文研究所进行研究和对参考文献评价的基础上，对德国研究区内的居民用水所允许的最高浓度做了比较。大气降水可引起无机污染，这些污染往往在规定的、允许的最高浓度和数量级内。值得注意的是，包括150个测量点的19个黑森州森林水文测量区所测得的平均值，表明铅污染很严重。个别测量站测定的其他参数，如镉、铝、镍的最大值已达到最高浓度值。

对饮用水的研究证明，黑森州饮用水水质相当好，这表示地下水补给过程中已消除了化学污染。将来在这些研究区进行类似的地下水化学机理研究，将能提供更详细的资料。

按地区进行的雨水和地下水的研究表明：1993 年，地下水补给过程中重金属含量大大下降了（特别是铅、铜和锌）。柏林雨水和柏林地下水之间的水质的进一步对比表明，铅特别是镉明显下降。

为获得或增大地下水补给而采取的人工补给措施，一般指人工补给和河岸入渗。作为补给水的地表水或污水，其污染程度要比雨水污染程度高。

研究天然补给水和人工补给水在地下运动过程中的水质变化，可以查明地下水补给时的水质变化情况。

自 20 世纪初就在西柏林郊区，亦即加罗林高地地区内的净化污水场，以各种不同的规模，将以机械方法净化过的城市污水入渗。这些入渗的污水灌入由更新统砂岩构成的巨厚含水层中。该含水层被漂砾泥灰质黏土所分割，在地表则被风化的残余漂砾泥灰质黏土所分割。柏林（西）城界把过去互相连着的净化污水场分割成为两部分，即位于德国的水流上游的部分和位于水流下游的柏林部分。地下水流从净化污水场出来，经过表面没有受影响的地区到达哈韦尔河。

为了清楚地了解水质状况，对市郊用各种开采井抽取的不受污水入渗影响的地下水（这些开采井还从类似的地下水含水层中开采地下水）进行了研究。了解污水入渗前的水化学特点，研究通过沉淀池（该沉淀池直接与净化污水场相连）前后的情况。净化污水场接收来自德国的地下水入流补给，这些地下水入流受到那里的净化污水场的影响。另外，还对柏林净化污水场的中部和来自净化污水场的水流进行了研究。根据特殊的水文地质条件，还可对柏林（西）研究区中部某一上层滞水含水层中出现的地下水进行研究。

入渗量约 1000mm/d（1990 年约 2010mm/d，1969 年约 7000mm/d）、经机械方法净化的污水，明显地反映在地下水化学特点的各种参数上。特别明显的是，传导性增大了，硝酸盐、磷酸盐、钠、钾、氯以及铜含量提高了。经过采取长期的补救措施，磷酸盐和铜含量明显下降，甚至下降到没有影响的程度。对于多数参数，没受污水影响的地下水与通过污水入渗补给的地下水之间没有特别或重要的明显差异。环境条件的变化（Eh、pH 值等）的影响也是明显的。

根据化学分析结果的参数可以发现，在净化污水场下面存在的和流向排泄区的地下水，其大部分化学特点明显地受到入渗水的影响。地下水中只有氨、硝酸盐和锰明显超过了最高浓度，而氯、钠、钾和铁超过的比较少。此外，根据地下水流的过程可以估计出，通过各种不同的净化过程也可使这些值降低到最高浓度值以下。除了环境变化及其造成的生物化学的后果外，使这些参数降低的首先是稀释作用。

在利用污水补给地下水时，为了杜绝传染疾病的发生，要求研究随之而来的细菌和病毒。对大肠杆菌进行的 100mg/L 阴性试验和对地下水流中的大肠杆菌状细菌的阴性试验结果表明，如同水流中较少的菌群数一样（琼脂培养基，37℃），补给的地下水具有传染疾病的特性。同样，通过用高蛋白营养基提高菌群数（用明胶培养基）发现，柏林区径流范围内的菌群数至少已达到饮用水所规定的标准值。

通过对出现的肠道病毒的研究，得出了良好的卫生结果。所有的地下水分析结果均为阴性，而沉积物质研究表明，病毒的大量出现被限制在深度为 0.6m 的地表以下的土壤层中。除了例外情况外，对包气带范围内的沉积物质研究均为阴性结果。

对于利用污水入渗补给地下水时的有机化合物状况还没有系统的认识。由此，还没有发现在净化污水场范围内这些物质有什么重要的影响。

为了了解地下水补给，特别是利用污染的水补给地下水时的各类有机物质，应该对国外已有的研究中所描述的各种各样的研究成果进行分析，特别是要分析有关河岸入渗过程的研究成果。由于对河岸和水井入渗的消除有机物质的研究是在生物活动带内进行的，所以已首先近似地指出了包气带和饱和带内的地下通道的消除效果。

对地下水中的可消除的物质做的首批少量分析表明，通常在地下水补给过程中，由于到处存在的污染形成了背景含量值，在污染不严重的地区该值为 0.5mg/L。就我们到目前为止所分析的一些样品来看，在居民稠密区和工业集中区内的取样地点范围内，所研究的大多数物质的背景值几乎没有提高。在此有机物质含量可能超过 10kg/L，但一般来说低于 5mg/L。在由特殊的个别污染源造成的污染范围内，所观察到的有机物质含量值往往明显地增加到 5mg/L 以上。

第四章 水资源合理开发利用

水资源保护包括：防止水污染，水质、水环境的保护和合理开发利用水资源，防止水资源量枯竭的水量保护。在水资源量保护方面，主要是对水资源统筹规划，涵养水源，调节水量，科学用水，适度开采，节约用水，建设节水型工农业和节水型社会。水资源量保护的具体工作内容是，水量调查和水量评价，用水调查，水资源合理开发利用，节约用水和水资源的高效利用等。

第一节 水量调查及用水调查评价

一、水量调查与水量评价

(一) 水量调查

水量调查是通过区域普查、典型调查、临时测试、分析估算等途径，在短期内收集与水量评价有关的基础资料的工作。它是长期定位观测、常规统计及专门试验的补充。

我国从 1958 年大量兴修水利工程时开始，就开展了水量调查。20 世纪80 年代初，进行第一次中国水资源评价时，普遍进行过水量调查。我国水资源总量为 2.81 万亿 m^3，多年平均河川年径流量为 2.71 万亿 m^3，居世界第6 位。但水资源量不是一个衡定值，随着水资源的开发利用、气候的变化和人类活动影响，流域产流和地下水补给条件发生了明显变化，导致了流域水资源量的衰减。为正确评估现有水资源量，水利部和国家计划发展委员会于2012 年 3 月 15 日联合发出通知，要求用 3 年左右的时间，在全国范围内进行水资源调查，开展水资源综合规划编制工作。

（二）水量评价

水量评价是水资源评价的一个方面。水资源评价就是对某一地区水资源的数量、质量、时空分布特征和开发利用条件做出的分析估价。它是合理开发利用和保护管理水资源的基础工作，是为国民经济和社会发展提供供水决策的依据。

水量评价可分为地表水和地下水两大部分。

（1）地表水量评价。以河流、湖泊、水库等水体作为评价对象。对于一个流域来说，河川径流量就是全流域可利用的地表水资源量。河川径流量在时程上不断变化，但在较长的时间内可以保持动态平衡，故通常可以用多年平均的河川径流量作为地表水资源量。为了充分有效地利用水资源，应对不同保证率的干旱年份的可利用水量做出评价。

（2）地下水量评价。应从地下水的补给量、储存量、可开采量三方面进行评价。评价时根据水文地质条件，划分水文地质单元，对各项补给量、排泄量进行均衡计算。在地表水和地下水相互转化明显的地区，如岩溶地区、山前平原区，应把地表水和地下水作为统一的循环系统进行评价。地下水的评价，需要有足够的水文地质勘探资料、地下水位的动态观测资料。

二、用水调查

用水调查就是通过实地访问、临时测试、分析估算、向有关部门搜集资料等方式获取用水资料的过程。用水资料是地表水天然资源量和地下水补给量的计算、需水量的计算与预测、制定合理利用和保护水资源的措施以及提高水资源管理水平所必需的资料。用水涉及国民经济各部门及城乡人民生活、生态环境等广泛的领域，用水情况复杂。因此，除了实行定时定位的用水观测与用水报告制度外，还需要定期进行用水调查，以弥补用水观测资料的不足。在没有开展系统的用水观测与调查工作的地方，需要通过临时性的用水调查获取用水资料。

（一）用水调查的内容

用水调查可以概括为消耗性用水与非消耗性用水调查。非消耗性用水指水力发电、航运、渔业、娱乐等河道内用水，在用水过程中，水量与水质所受的影响较小。消耗性用水指农业、工业、生活等河道外用水，在用水过程中，水质一般会受污染而发生明显变化；一部分水量会因为蒸发，成为产品或农作物的组分，人畜的消耗或其他原因而至少在一定时期内脱离原来的水环境。因此，消耗性用水是用水调查的重点，不仅需要调查取水量，也需要调查排水量或消耗水量、水质变化等。节约用水的状况，如节水措施、节水成本、水的重复利用率等，也经常是消耗性用水调查的重要内容。

(二) 用水调查的方法

进行用水调查可以采用典型调查或普查的方法。居民生活用水一般通过典型调查确定的人均日用水量与人口总数进行计算。农业灌溉用水主要利用不同农作物的实际灌溉面积和通过典型调查或估算确定的单位面积灌溉水量进行计算。在工业用水、城市公共设施用水方面，如果人力、物力条件许可，每隔数年进行一次普查，可以比较准确地掌握用水的情况，但是，仍然需要每年进行典型调查以掌握用水的年变化情况。普查与典型调查相结合是调查工业用水、城市公共设施用水的好方法。具体的调查方法包括查阅供水单位的统计报表、用水单位的财务付款记录、水泵的运行记录、用水设施和设备的设计文件或铭牌等。对缺乏资料的单位可以采用水平衡测试法进行必要的调查。

第二节　合理开发利用水资源

水资源的短缺已成为我国经济社会可持续发展的严重制约因素，影响到生存与发展的各个领域。特别是缺水的华北和西北地区，尽管各地加大了节水力度，还是不得不依靠过度开发利用地表水、大量超采地下水、挤占农业和生态用水来维持经济的增长，使得水资源短缺与污染并存、供水不足与浪费并存、水源不足与供水结构不合理并存的现象长期存在，导致了生态环境的严重破坏，其中海河流域更是面临着"有河皆干、有水皆污"的严峻局面。黄河、海河流域的水资源开发利用率分别高达67%和90%以上，远远超过了国际社会公认的40%的合理限度，使得该地区成为我国水资源与社会经济最不适应、供需矛盾最突出的地区。

因此，合理开发利用水资源，缓解水资源供需矛盾，以水资源的可持续利用促进经济社会的可持续发展，是我国当前水资源保护工作的主要任务。

一、科学划分水功能区，有效保护水资源

当前，我国面临的水资源短缺、水污染和水环境恶化等严重水问题，已成为制约国民经济可持续发展和直接影响到人民健康的重要因素。由于没有明确各江河湖库水域的功能，造成供水与排水布局不尽合理；开发利用与保护的关系不协调；水域保护目标不明确；水资源开发利用、保护管理的依据不充分；地区间、行业间用水矛盾难以解决等问题。因此，为促进经济社会可持续发展，加强水资源保护，根据流域的水资源开发利用现状，结合社会需求，确定各水域的主导功能及功能顺序，科学合理地划分水功能区，已是当务之急。为此，水利部从2010年2月开始启动《中国水功能区划》工作，以七大流域（七大流域包括长江流域、黄河流域、松辽流域、海河流域、淮河流域、珠江流域和太湖流域）为单元，编制水功能区划，并于2012年4月18日正式试行。它标志着中国的水资源保护和合理开发利用工作进入新的发展阶段。

水功能区划就是从合理开发和有效保护水资源的角度出发，依据国民经济发展规划和有关水资源综合利用的规划，结合区域水资源开发利用现状和社会需求，以流域为单元，科学合理地在相应水域划定具有特定功能、满足水资源合理开发利用和保护要求，并能够发挥最佳效益的区域（即水功能区），确定各水域使用功能，明确水功能区的水质保护目标。在水功能区划的基础上，提出近期和远期不同水功能区的污染物控制总量及排污削减量，为水资源保护提供依据。

我国水功能区划分采用两级体系，即一级区划和二级区划。水功能一级区分保护区、缓冲区、开发利用区、保留区四类；水功能二级区划在一级区划的开发利用区内，进一步划分为饮用水源区、工业用水区、农业用水区、渔业用水区、景观娱乐用水区、过渡区、排污控制区七类。一级区划宏观上解决水资源开发利用与保护的问题，主要协调地区间关系，并考虑可持续发展的需求；二级区划主要协调用水部门之间的关系。

《中国水功能区划》报告对全国2069条河流、248个湖泊水库进行了区划，共划分水功能一级区3397个，区划总计河长21.4万km。在全国1333

个开发利用区中，共划分水功能二级区 2813 个，河流总长约 7.4 万 km。区划中确定了各水域的主导功能及功能顺序，制定了水域功能不遭破坏的水资源保护目标；将水资源保护和管理的目标分解到各功能区单元，从而使管理和保护更有针对性；通过各功能区水资源保护目标的实现，保障水资源的可持续利用。

《中国水功能区划》体现了水资源优化配置和有效保护的需要，是全面贯彻《中华人民共和国水法》，实践新时期治水思路，实现水资源合理开发、有效保护、综合治理和科学管理的极为重要的基础性工作。水功能区划的提出对我国经济社会可持续发展和环境建设具有重大意义。

二、合理开采地下水，限制地下水超采

长期以来，因地表水供给不足，一些地方只能采用地下水。自 20 世纪 80 年代以来，由于我国经济的高速增长，人口的增长，加之连年干旱，造成全国地下水普遍超采，局部地区地下水大量超采，形成地面沉降。调查资料显示，多年平均超采水量 74 亿 m^3，超采区共有 164 片，超采区面积达 18.2 万 km^2，其中严重超采区面积占 42.6%。辽宁、山东、河北等省的一些沿海城市与地区，地下水含水层受海水入侵面积在 1500km^2 以上；北京、天津、上海、西安等 20 多个城市出现地面沉陷、地面塌陷、地裂缝；西北内陆一些地区因地下水位不断下降，荒漠化及沙化面积逐年扩大，已影响这些地区的城乡供水、城市建设和居民生存。

地下水是人们的主要饮用水源，必须加强地下水资源的开发和保护。首先应进行区域水资源开发利用规划，依据地下水可开采量、容许开采量，进行国民经济各用水部门用水量优化配置。在地下水超采地区，推广雨水、洪水利用或再生水利用，人工回灌地下水，以增加地下水库储水量，使地下水位逐渐回升。

三、雨水利用

随着城市化的发展，城市建筑区面积不断扩大，道路的铺装使地表不透水面积不断增加，下垫面的变化改变了自然状态下的水文循环，改变了自然状态下的产流和汇流条件。径流系数提高，汇流速度加快，峰现时间提

前，城区洪水出现峰高量大、陡涨陡落的流量过程。为了保证城市的可持续发展，在城市规划建设中应考虑增加雨水蓄渗的措施，以减少径流量，一方面降低城市化引起洪水危害，另一方面对增加地下水的补给量有着积极的作用。

城市雨水是城市区域内自产的水源，城市雨水资源的利用相对于大规模修建水库引水、调水工程投资要少，而且无地区和部门利益之争。从可持续发展的角度出发，城市雨水资源的利用，对于改善城市生态环境，补充涵养土壤水、地下水、增加城市备用水源，实现水资源补给与调节，以丰补歉，减缓水资源危机，都具有事半功倍的长远意义。

雨水利用尤其是城市雨水的利用，主要是随着城市化带来的水资源紧缺和环境与生态问题而引起人们的重视。在水资源奇缺的以色列，雨水资源利用率达85%以上。德国早在1999年就出台了雨水利用设施标准，对住宅、商业和工业领域雨水利用设施的设计、施工和运行管理，过滤，储存，控制与监测4个方面制定了标准。现在德国雨水利用技术已很成熟，从屋面雨水的收集、截污、储存、过滤、渗透、提升、回用到控制，都有一系列的定型产品和组装式成套设备。

而我国由于过去治水认识上的局限和偏差，缺乏统筹规划，许多地方水资源极度紧缺，却未能有效利用好宝贵的雨水资源，造成了水资源的浪费。大多数城市注重投资建设管网、排水设施，在雨季尽快将雨水排河入海了事；但是，由于汛期河水位的迅速上涨，往往使下水道排水受顶托，造成排水不畅、城区大面积积涝成灾。在一些缺水的农村，由于缺乏雨水利用的意识，更是让雨水白白流掉。因此，切实搞好雨水资源的利用是水资源紧缺形势的要求，是城市发展的要求，也是社会进步的要求。

通过修建雨水集蓄设施，汇集贮存雨水，经过适当处理，多用于回灌地下水；还可以用作冲洗、绿化、农业灌溉、工业用水等。如美国的"水银行"工程。美国加利福尼亚州南部处于干旱、半干旱地区，该州近年来推行的"水银行"工程，就是利用地下含水层，在雨季和丰水年将地面水通过渗透层灌至地下，就像是把富余的钱存入银行一般；到旱季或缺水年，储存在地下的水被抽出，解决缺水矛盾，这就像是从银行提出所需的款项一样。河海大学的江宁校区建立了雨水收集系统，将雨水存入校园广场、空地下的地下蓄水池内，供整个校园绿化、喷洒等用水。在瑞典南部城市马尔摩、隆德等城市，城市建筑物都建设了屋面雨水汇集贮存装置，屋面雨水经雨水斗和雨水立管，注入快速入渗坑内，补充地下水，或者注入贮水池，经过适当处理后，由水泵送至专为冲洗、洗涤和庭院浇灌用水而设置的管网，直接利用。这样做在一定程度上缓解了水资源紧缺的矛盾。

雨水利用在近20年来有了很大的发展，并逐步形成水工业的一个分支领域和市场；但在许多方面还不成熟，需要更多的关注和深入研究，在应用中不断总结完善。

四、污水、再生水的利用

我国北方一些城市不仅水资源十分短缺，而且水污染十分严重，按传统的方式开发当地的水资源已无潜力，从周边地区调水来解决水资源紧缺的问题的可能性也微乎其微；如果从东南部水资源丰富的地区引水，引水距离将达到上千公里，不仅工程十分浩大，还有生态环境因管理不善导致破坏的隐患。所以，利用再生水资源就成为开源的重要途径。实行污水资源化，综合利用城市污水，是缓解城市水资源短缺与治理水污染相结合的一项综合性战略措施。工业及生活废水是一种数量可观的水资源，如利用得当，将是对水资源的重要补充。

（一）我国的污水利用状况和前景

我国城镇供水的80%转化为污水，经收集处理后，其中70%可以再次循环使用。这意味着通过污水回用，可以在现有供水量不变的情况下，使城镇的可用水量增加50%以上。统计表明，2016年城市污水排放量已达465亿 m³，但污水处理率不到30%，而发达国家已达70%以上。

目前，北京、大连等城市在污水处理和回用方面已取得成功经验。北京市每年产生13亿 m³ 的污水，这些污水处理后，可以用于工业冷却用水、洗涤与冲厕、绿化、灌溉、建筑等。北京市规划建设30多座污水处理厂，到2015年，全市90%的污水可以得到处理。高碑店污水处理厂是北京市最大的污水处理厂，中水回用工程总设计规模为47万 t/d，二期已形成了100万 t/d的规模，补充替代河水，供第一热电厂冷却用水，部分经深度处理后的中水供南郊工业区及南城地区市政使用。北京市已采取措施，鼓励企事业单位、新建社区使用中水，目前大部分家宾馆、饭店、学校开始使用中水冲洗卫生间。

有意识地利用污水灌溉的研究和应用在我国尚属起步阶段，对污水灌溉尚缺乏完善的理论与认识。目前，大众对食用由污水灌溉生产出来的粮食和果菜，在观念意识上还不能接受。但是，西方发达国家已经有了许多成功的实例。

污水回用之所以能不断发展而且势在必行，一方面是由于利用再生水的造价比远距离引水便宜；另一方面它是宝贵的水源、难得的肥源。

为了充分利用污水资源，应当对城市近郊一些灌区进行配套和改造，充分利用现有的渠系进行输水，并在田间采用节水灌溉技术和措施。利用再生水灌溉的地区，应当逐步减少机井取水量，尽可能不再增加机井数量。通过降低地下水开采，使地下水得到保护。

基于安全的目的，再生水灌溉的对象应先从近郊生态林、草坪、草场、花园等观赏性植物开始，这样既可以节省淡水，又容易被人们接受。在掌握一定规律的基础上，再逐渐向粮食作物和果菜类植物发展。

（二）国外污水回用水应用

国外在城市污水回用方面发展很快，已有很多污水回用的成功例子。

在美国，回用水成为城市水资源的重要组成部分。美国自 20 世纪 50 年代起，就开始着手这方面的工作，美国 2015 年污水回用率高达 72%，357 个城市实现了污水回用，其中回用于农业占 55.3%，回用于工业占 40.5%；仅加利福尼亚州的污水回用量就为 8.64 亿 m^3。

日本早在 1962 年就开始污水回用的实践，20 世纪 70 年代东京、名古屋和大阪等城市就已将城市污水处理后回用于工业；日本 2005 年污水回用率为 77.2%，其中石油和化学工业 2016 年的回用率分别为 89.5% 和 83%。

莫斯科东南区设有专用的工业水系统，有 36 家工厂使用处理后的城市污水，每日污水回用量达 55 万 m^3。

南非不但工业使用再生水，而且在约翰内斯堡市，每日自来水的 85% 加入的是城市再生水，开创了使用污水回用到饮用水的先例。

以色列是严重缺水的国家，目前城市污水回用率已达 90%。此外，西欧各国、印度、纳米比亚的污水回用事业也很普遍。

　　污水回用用途很广。在农业灌溉方面，一是将废水经过处理回灌地下水，使其渗透到含水层，含水层能够对其进行深度处理，然后再从井中抽水，用于灌溉；二是将处理后的回用水作为供水，直接灌溉农作物或园艺作物等。在城镇生活方面，回用水一般用于城镇和居民景观，补给观赏性湖水，冲洗汽车，消防补给水，冲洗办公楼、居民、学校卫生间等。在工业回用水方面，一般用于工业冷却水、钢铁生产等。另外，回用水还用于补给水源，如回灌地下水，以抬高地下水位；排放到河流和湖中，以增加河流和湖水的基流量等。

　　国际上通常采用的技术有微滤、反渗透等，如纳米比亚采用双膜过滤技术生产出可接受的饮用水水质的回用水。澳大利亚对回用水进行微滤和反渗透膜处理，获得所需的水质。阿拉伯联合酋长国采用生物活性污泥处理法，再通过双层砂滤料和砾石的重力滤池过滤和氯消毒得到深度处理。新加坡采用微滤和反渗透的双膜工艺再接紫外线消毒的处理方法，向高技术和半导体工业供给经深度处理达到高纯度的水。

五、海水淡化

　　全球水储量共约 13.86 亿 km^3，但其中只有 2.5% 是淡水，而人类能够享用的仅是其中的 0.3%，其余 2.7% 的淡水难以为人类所利用。但包括海洋水在内的全部咸水储量占总储量的 97.5%。目前世界上淡水供应危机重重，随着科学技术的进步，淡化海水将为全球淡水供应开辟广阔的前景。

　　目前，海水淡化已在全球 120 个国家进行，全世界已有 1.36 万座海水淡化厂，每天生产淡化海水 2600 万 m^3。世界上通用的两大海水淡化技术是蒸馏和反向渗透。蒸馏是将海水煮开后让其蒸发冷却，反向渗透技术是强迫海水通过细密的薄膜，把盐分从水中分离出来。如果将蒸馏和反向渗透技术结合起来，可大大降低海水淡化的成本。

　　国外海水淡化成本目前为 70 美分 $/m^3$，对于我国现在的经济状况，费用还是相当高的，不可能大规模投入；但对于有能源、电力和资金的地区，完全可以依靠淡化海水保障自身的淡水供应。中东一些国家淡化海水已占淡水总供应量的 80% ~ 90%。

　　我国海水淡化技术已取得突破性进展。由中国科学院长春应用化学研究所研制成功的"高效膜法海水、苦咸水淡化技术"，已与企业合作，开始产业化。这项技术运用高性能反渗透复合膜进行纯水、高纯水制备和污水处理，为解决水资源短缺、改善水质提供了科学高效的方法。

六、加强取水许可监督管理

以监管取水许可为核心，通过规范取水许可的登记、申请、发证与审查，强化水资源管理；促进流域内水资源的优化配置、节约使用和有效保护，进而以水资源的可持续利用保障流域内经济社会的可持续发展。在这方面，长江水利委员会水政水资源局的经验值得提倡。

首先，合理核定取水许可量，使流域内水资源得到优化配置。同时，在取水许可管理年报统计基础上，对取水许可证有效期满的取水户近年来的实际用水和产品、产量以及生产结构和工艺的变化情况，进行用水合理性分析，重新核发取水许可证。

其次，实行用水定额管理和计划用水制度。严格考核年度用水状况，认真下达年度取水计划，提出节水要求。同时，在取水户上报年度取水用水总结时，要求他们上报国家认定有资质证书的单位出具的废水排放水质、水量等有关资料；对废水排放水质未达到要求的，责令其限期改正，促进用水户废水、污水排放的达标。

七、保护供水水源地

供水水源地的保护主要是防止水源枯竭。一些地方擅自围垦，不合理侵占水源地，或过量开采水源，致使原有的湖泊、河道水域面积缩小，甚至造成水源枯竭，严重影响了当地水资源的供给安全，恶化了生态环境，也制约了该地区的经济发展。如洪泽湖地区的围垦，使其蓄水量减少11亿 m^3，而洪水期间水量太大，无处蓄贮，加重防洪负担。

其次是防治水源地污染。根据水功能区划，建立水源地保护区，在保护区内严禁上污染型的项目，科学使用农药、杀虫剂、化肥等化学药品，提高化学肥料的使用效率，减少农业面状污染源对水体的污染，防止湖泊等水体的富营养化。

因此，要避免水源过量开采，防止水源枯竭；重点要保护好饮用水源，确保居民生活饮用水安全。

第三节　节约用水和水资源的高效利用

干旱缺水、水环境恶化让人们越来越认识到，高效利用和节约用水是缓解水资源短缺问题的重要途径。从我国的水资源开发利用过程中先后经历的"开源为主、提倡节水"，"开源与节流并重"，"开源、节流与治污并重"等几次战略性调整也可看出，节水已被放到解决我国水资源缺乏的重要位置。朱镕基总理在国务院召开的南水北调工程座谈会上，特别强调"务必做到先节水后调水，先治污后通水，先环保后用水"的水资源开发利用与保护方略，也充分肯定和强调了节水的重要性。

但是长期以来，大多数人形成的"水是取之不尽，用之不竭的"观念已根深蒂固，用水浪费现象非常严重。如许多地方农田灌溉仍然是大水漫灌，农业灌溉用水的利用率仅为 0.43，而发达国家可达 0.7~0.8；工业生产耗水量过高，2010 年，我国万元工业产值用水 78m³，是发达国家的 5~10 倍。城市生活用水浪费惊人，一是供水跑、冒、滴、漏现象普遍，据专业部门调查，全国城市供水漏失率为 9.1%，有 40% 的特大城市供水漏失率在 12% 以上；二是节水器具和设施少，用水效率较低。

用水浪费不仅加剧了水资源的供需矛盾，还增加了水污染。一般来讲，废污水排放量与取用水量是成正比的，用水量大，意味着排污量将增加，可以说节水的力度决定污染的速度和治污的程度。因此，节约用水不只是水量保护措施，还是重要的水质保护措施，它是水资源保护工作的重点之一。

为了强化节约用水，水利部于 2012 年部署建立"可靠的水资源供给与高效利用保障体系"，就是要在积极多渠道开源的同时，大力推行节约用水，推动节水型社会建设。

一、农业节水

我国农田总面积现有 1.3 亿 hm²，其中灌溉耕地 5173 万 hm²，旱耕地 7827 万 hm²，年粮食总产量约 5000 亿 kg，农业用水约占总用水量的 80%。

到 2030 年，随着工业和城市化的发展，农田总面积还会减少，能保持在 1.2 亿 hm² 左右，而人口增加到 16 亿，需要年产粮食约 7000 亿 kg，还有其他农产品。为了增产，需增加一定的灌溉耕地面积，但在目前的供水条件下，农业用水量不可能增加太多，今后农业用水比例还要削减；因此，在水资源短缺及粮食需求增长的矛盾状况下，发展节水农业势在必行。

多数人认为，发展节水农业就是发展喷灌、滴灌、微灌。其实，这只是节水农业的一个方面。从广义上讲，节水农业可分为灌溉农业和旱地农业，灌溉农业还可以分为充分灌溉和非充分灌溉两种。充分灌溉是指灌溉用水充分满足作物生育期的需水；非充分灌溉方式是指灌溉用水不充分满足作物需水而获得一定的产量，如有的作物亩产达到 500kg 要灌溉 300m³ 水，而达到亩产 350kg 只需灌溉 150m³；这就要研究灌溉的边际效益，要找到产量和用水的最佳结合点。

在农业用水方面，不仅要考虑灌溉农业，而且要考虑依赖天然降水的旱地农业。因为在现在和未来，我国的灌溉农业和旱作农业几乎都是各占一半。目前，我国研制出的一系列高效"抗旱保水剂"已广泛应用于农业生产，抗旱增产效果十分明显。

总体来说，节水农业技术有工程措施和非工程措施两大类。工程节水农业技术主要有渠道防渗、低压管道输水，喷灌、滴灌、微灌、改进的地面灌溉技术（小畦灌、膜上灌、沟灌、隔畦灌）等。非工程节水农业技术主要有优化种植结构、优化轮作制度、节水灌溉制度、选育节水抗旱高产作物品种、秸秆或地膜覆盖技术、水肥耦合技术、化学试剂调控技术、耕作栽培技术、秸秆还田和培肥改土技术等。由此可见，节水农业从广义上来理解，绝非仅仅喷滴灌，而且从我们的国情而言，喷灌、滴灌也不可能大面积推广。对于经济欠发达地区，相对效益较低的大田作物，应当提倡优先采用投资少、见效快、农民易于掌握的以改进地面灌溉方法为主要内容的常规节水技术。

二、节约工业和城市用水

中华人民共和国成立初期，由于工业和城市用水较少，供水不紧缺，对节约用水未加注意。随着工业和城市的发展，人们逐渐发现水资源紧缺了，用水浪费了，要提高水价，大力节约用水。

事实上，我国工业节水潜力相当大，如生产1t钢，我国用水量为23～56m³，而工业化国家如美国、日本、德国等只需要6m³的水；我国生产1t纸至少要用水450m³，而工业化国家只用不到201m³的水。又如我国工业用水万元产值平均用水量为130～150m³，最高的超过300m³，而发达国家只用10m³左右。因此，在工业节水方面，要树立"以供定需、以水定发展"的思路，依靠科技进步，调整产业结构，推广节水设备、工艺和技术，增加水的重复利用率，降低万元产值用水量。

我国城镇用水量增长迅速，预计到2030年，我国城市化率达到60%，人口达到16亿，城镇年用水量由目前的500亿m³增加到1100亿m³。这必将加重城镇水资源危机，因此，在城镇生活节水方面，要加强计划用水和定额管理，大力整修管网，全面推行节水型器具，减少城镇用水的跑、冒、滴、漏。

总之，我国城市和工业用水，要从不重视节水、治污和不注意开发非传统水资源，转变为节流优先、治污为本、多渠道开源的城市水资源可持续利用战略。

三、建立节水型社会

节水能够提高水资源的利用效率，能够减少污水排放；节水关系到水资源优化配置，关系到水资源保护；因此，必须建立节水型社会，提高全社会的节水意识。

建立节水型社会主要是建立节水型农业与节水型城市。从农业节水看，当前存在的问题是重视抓节水灌溉单项措施，不重视采取节水综合措施；重视工程措施，不重视管理措施。大部分地区节水流于口头表态，已做的节水工程有不少实际上不是为了节水，而是为了管理方便，根本没有把节水与宏观水资源利用、农业、经济社会发展全局有机联系起来。从城市节水看，公共用水量大，特别是学校、宾馆、机关团体等单位，还没有一个良好的约束机制。

因此，必须转变"水是廉价的、取之不尽用之不竭的、可以任意使用的自然资源"的观念，建立水资源短缺的忧患意识，建立以节约水为荣、浪费水为耻的水价值观。

四、优化配置水资源

水资源既是重要的自然资源，又是基本的环境要素，在保障社会经济可持续发展中具有不可替代的作用。如何处理好水资源与社会经济发展和生态环境的关系，使水资源在整体上发挥最大的经济效益、社会效益和环境效益，关键在于搞好水资源优化配置。

水资源优化配置，从宏观上讲，就是根据社会经济的发展，按各个地区不同的发展程度，对水的需求去进行配置。从微观上讲，包含水资源的开发和利用两方面的优化配置。在水资源的开发方面，主要对地表水、地下水、大气水、土壤水、主水、客水、海水和污水等统筹考虑，优化水资源的开发顺序和规模；在水资源的利用方面，主要根据生态环境用水、农业用水、工业用水、生活用水等不同的用水需求，加以区别对待，保证重点，优化水资源的利用效益和数量。

对水资源进行优化配置，必须建立在节水和水资源保护的基础上，同时实行流域和区域的水资源统一管理，特别是流域水资源的统一管理。这样才能更好地对当前面临的水资源短缺、水污染和水环境恶化等水问题实行统筹规划、综合治理。但要妥善处理上下游、左右岸、干支流、城市与乡村、流域与区域、开发与保护、建设与管理、近期与远期等各方面的关系。

实现水资源优化配置，既有利于满足经济社会发展对水资源的需求，又有利于实现水资源的可持续利用，来支撑经济社会可持续发展。因此，我国水资源工作已从原来单纯注重开发、利用、治理，转为更加注重配置、节约、保护。

(一) 经济结构调整

优化产业结构和种植结构是优化配置水资源的基础，按照量水而行、以水定发展的原则，调整产业结构和工业布局，建立与水资源状况相适应的经济结构。缺水地区严格限制高耗水工业和农作物的发展，严禁引进高耗水、高污染工业项目，鼓励发展用水效率高的高新技术产业；水资源丰沛地区高用水行业的企业布局和生产规模要与当地水资源、水环境相协调；严禁淘汰的高耗水工艺和设备重新进入生产领域。

2003—2009年是我国产业结构调整的时期，我国万元GDP用水量从1501m³减到683m³，仅为原来的46%，而工业产值大幅度增加。有些地方减少耗水多、效益低的作物的种植面积，增加用水效益高的作物种植，使农民收入大大增加。这些说明经济结构调整促进了水资源的优化配置，使有限水资源能发挥更大效益。

（二）跨流域调水和南水北调

随着我国城市化进程的加快，通过跨地区、跨流域的调水工程实现水资源优化配置，将是21世纪初期水利工作的一个重要方面。水利部"十五"规划，我国除尽早开工建设酝酿已久的南水北调工程外，还要建设并完善胶东供水、引松（松花江）入长（长春）、引英（英那河）入连（大连）、引黄入晋、宁夏沙坡头、新疆恰甫其海等调水工程及骨干水源工程和一批中小型蓄、引、提工程。

在流域水资源总量不足的情况下，跨流域调水就是必需的。但调水必须在节流的前提下进行，毕竟调水是有限的，改变不了缺水地区人均水资源紧缺的根本格局；所以只有实现了地区的节流，充分挖掘当地水资源潜力之后，实施调水才是最经济、最合理的。

北方是我国最缺水的地区，南水北调是从根本上解决我国北方地区（主要是黄淮海流域）水资源严重短缺问题的一项重大战略性措施。20世纪50年代以来，围绕南水北调这一战略构想，开展了不同范围、不同层次的勘测、规划、研究和论证工作。包括水利部在内的众多部委、省（市、自治区）和科研教育单位做了大量工作，在50多个不同方案的基础上，经过长期研究比选，分别在长江下游、中游、上游规划了三个调水区，形成南水北调工程东线、中线、西线三条调水线路与长江、黄河、淮河和海河相互连接的"四横三纵"总体格局。可协调东、中、西部经济社会发展对水资源需求关系，达到我国水资源南北调配、东西互济的优化配置目标。

东线调水工程的目的是解决黄淮海平原东部地区的缺水问题。主要目标是提供沿线城镇居民生活和工业用水；提高现有灌区的供水保证率，改善灌溉条件；结合输水，恢复和提高京杭运河的通航能力；利用调水工程设施，提高沿线易涝地区的排涝能力。根据调水方案，东线工程将从长江下游扬州附近抽引长江水，利用和扩建京杭大运河及其平行的河道，逐级提水北送，经洪泽湖、骆马湖、南四湖和东平湖，在位山附近穿过黄河后，经位临运河、卫运河、南运河自流到天津，年供水量130亿～170亿 m^3。

中线工程的调水目的是解决京、津、华北平原中西部及沿线湖北、河南部分地区的缺水问题。主要目标是以解决沿线城市生活和工业用水为主，兼顾农业及生态环境用水。中线调水工程从长江中游北岸支流汉江丹江口水库引水，输水总干渠自陶岔渠首闸起，沿伏牛山和太行山山前平原，京广铁路线西侧，跨越江、淮、黄、海四大流域，自流输水到北京、天津，年供水量130亿～140亿 m^3。

西线工程的调水目的是补充黄河水资源不足，重点解决青、甘、宁、内蒙古、陕、晋六省（自治区）的缺水问题，主要目标是以六省（自治区）工业、城市用水和农林牧业用水为主，兼顾生态环境用水。西线调水工程从长江上游干支流调水入黄河上游，引水工程分别在通天河、雅砻江、大渡河干支流上筑坝建库，积蓄来水，采用引水隧洞穿过长江与黄河的分水岭巴颜喀拉山入黄河，规划年均调水为120亿～170亿 m^3。

五、水资源保护规划

根据国民经济发展规划与江河流域综合规划的要求，《水资源保护规划》把江河湖库划分为不同使用目的的水功能区，提出水功能区各自的保护目标，为国家进行水资源统一管理和宏观决策提供依据。

（一）流域水资源保护规划

近年来，随着生态环境的变化和人们认识的不断提高，流域水资源管理日益受到重视。流域管理突出表现为合理利用流域水资源、流域环境保护和流域生态系统建设等。流域管理的目的是充分发挥水土资源及其他自然资源的生态效益、经济效益和社会效益；以流域为单元，在全面规划的基础上，合理安排工、农、林、牧、副各业用水；因地制宜布设综合治理措施，对水土及其他自然资源进行保护、改良与合理利用，实现可持续发展战略。

1993—1998 年，各流域机构会同省市的水利、环境保护部门先后制定完成了长江、黄河、淮河、松花江、辽河、海河、珠江七大水系的流域水资源保护规划。但随着水资源的开发利用，各大流域水体都受到不同程度的污染，水资源危机日益严重。为此，2010 年水利部部署了七大流域的《水资源保护规划》的修订工作。

1996 年制定的《长江干流水资源保护规划》是我国第一个流域水资源保护规划，以后陆续编制过长江部分支流水资源保护规划，但一直未编制流域水资源保护规划。2012 年 2 月 23—24 日，有关部门主持召开了《长江片水资源保护规划报告》审查会，该规划范围涵盖了长江片 260 余万 km^2 中的重要水域，是规划范围内第一个流域水资源保护总体规划。规划在业已完成的长江片水功能区划工作划分的 681 个一级功能区和 602 个二级功能区的基础上，根据功能区保护要求，分析计算了主要功能区的纳污能力；调查了现状排污量，根据社会发展和技术经济条件，提出了近期和远期不同水功能区的污染物控制总量和排污削减量，并进行了 12 个重要集中式供水水源地水资源保护规划和监测规划，提出了水资源保护措施和建议。

(二) 全国水资源保护规划

从 1993 年开始，水利部门组织进行了第一次水资源保护规划制定工作，对保护水资源起到了重要的作用。近年来，我国水资源的开发利用速度大大加快，水环境发生了巨大变化，水资源短缺、水污染严重的问题日益突出，严重影响着经济社会的可持续发展。为此，水利部在完成水功能区划分、提出水域纳污能力和总量控制以及流域水资源保护规划的基础上，于 2016 年 4 月全面启动和部署了《全国水资源综合规划》编制工作，计划用 3 年左右的时间完成。

这次水资源综合规划编制工作，规划针对我国经济社会发展对水资源的迫切需要，重新评价水资源数量、质量及其时空分布，科学预测近期和远期需水趋势，以水资源可持续利用为目标，以提高用水效率为核心，统筹安排，水资源全面节约、有效保护、优化配置、合理开发、高效利用、综合治理和科学管理的布局与方案。

规划编制突出 6 个重点：一要突出对水资源状况的深入分析，强调水资源及水环境承载能力的提高；二要突出人与自然和谐发展，强调水资源可持续利用的思想；三要突出水资源节约与保护，全面把握开发、利用、治理、配置、节约、保护等 6 个方面，提高水资源利用效率；四要突出水资源合理配置，强调水生态系统的修复和保护；五要突出规划的系统性和综合性，强调与专业规划、专题研究的结合；六要突出规划的实用性和可操作性，强调规划的保障体系建设。

《全国水资源综合规划》将为今后一个时期水资源建设与管理提供依据，缓解我国水资源的供需矛盾，促进人口、资源、环境和经济的协调发展。

六、加强宣传教育和研究

(一) 加大宣传教育，提高水资源保护意识

水资源保护的教育工作应从学龄前抓起，因为这一阶段直接影响着未来成年人的认识观。早在20世纪60年代前，我们一直都认为水资源是取之不尽、用之不竭的，这种观念的形成与我们未受到水资源保护教育有很大关系。直到人们受到水资源不合理开发利用带来的惩罚，人们才意识到水资源是有限的，是需要保护的。

目前，我国的水资源保护教育工作刚刚起步，仅限于大学阶段，有关专业、课程的设置还有待深入研究。水资源保护涉及内容丰富，一些学校学科调整后成立的水资源保护专业根本满足不了需要。应建立独立的水资源保护科学体系和专门的教育基地，在有关大学设立水资源保护系或专业，课程中除自然科学内容外，应加入必要的管理科学内容。

当前最紧要的是建立一个完善的教育培训系统，让各个级别的水利工作者，从地方供水计划的管理者 (包括维修队伍)，到科学、社会、经济和工程专家，以至到上层领导决策者，甚至包括所有人，共同正确认识水问题，使社会决策建立在科学认识的基础上。

教育和培训应该面向需求和实际参与的能力，采用信息和通信技术、远程教学等手段。对大众教育应将教育和培训的重点放在水知识上，因为知识是了解和决策的前提，只有行动者具有正确的知识和技能，决策才能产生有效的管理行动；对水专业人员的培训，应该缩小工程、经济、水文、生态和社会科学等学科之间相互分离的差距。

从长远观点看，要提高人们对水资源的认识，应该遵循以下的教育体制，即思想形成年龄的教育 (小学和中学)、职业培训、大学教育、后续教育和强化研究能力。同时，还应通过大众传媒及各种媒体包括广告，来帮助提高公众意识。

这样，通过正规和非正规的教育和培训，让所有人懂得对水这一有限、

脆弱和宝贵资源的珍惜，可以更好地保护水资源。

(二) 依靠科技进步，加强科学研究

研究工作是一项非常重要的基础性建设，对此应有足够的认识。过去研究与水有关的问题时，焦点一直放在可见的地面水和不可见的土壤水上，放在人为的环境上而非基于水文气候学的环境脆弱性上；这使得一些地区产生了与人类活动有关的特殊问题，如由于土地管理不善，降低了土壤的渗透性，导致干旱状况，甚至发生在一些降雨量高的地区。因此，开展水资源保护的研究，不仅要发展传统的基础科学，而且要发展综合科学、交叉科学；不仅要研究水利工程特别是枢纽工程，而且要研究流域的社会经济状况、生态环境以及相互关系。

应当鼓励大学、研究机构和科学团体，对水问题进行多学科的探讨。同时应完善我国水资源保护科学研究与技术创新体系，制定水资源保护科学研究和技术发展规划。

七、转变认识，实现水资源的可持续利用

从水资源可持续利用的角度看，随着经济和社会的发展，要求人们对水的认识不断转变，在更高的层次上推进水利的发展。这种转变，可归纳为以下几点。

(一) 水是有限的资源

水是一种资源，是有限的资源。随着水资源危机的加重，已认识到水和土地、矿产等其他资源一样是一种有限的资源。既然是一种资源，我们就应该对其进行保护，使其可持续利用。但我们大多数人对此认识还不够，还存在严重的浪费现象，如有人认为城市绿化地采用微喷灌了，就是搞节水了，但据笔者观察，城市大多数绿化地搞微喷灌，一是管理方便；二是节省劳力，根本没有考虑绿地需要多少水，该灌多少水。因此，还需要加大宣传和教育，把我国建设成为一个节水型社会。

(二) 从以需定供转变为以供定需

过去认为水资源可以按水量制定供水量，实践证明是不可行的。水资源的可持续利用必须以供定需，也就是说按水资源状况确定国民经济发展布局和规划。

水资源的开发利用，既要技术上可行，又要经济上合理。根据现在估计，2030年要求供水7000亿~8000亿 m^3，而技术上可行、经济上合理的可用水量为8000亿~9500亿 m^3，要求的供水量已接近可开发利用的水量。因此，如果再按过去的思路，什么项目效益高，上什么项目，根本不考虑当地的水资源承载能力、可纳污能力，当水资源开发利用超过一定的限度就会对生态环境造成很大破坏，严重影响当地的经济和社会可持续发展，这在我国已不乏实例，我们应该引以为戒。

（三）工作重心转向水资源的优化配置、节约和保护

我国水资源存在三大问题，即水多、水少、水脏。现在看来，再经过5—10年的建设，水多的问题，也就是洪涝灾害的问题可基本得到解决，大江大河的防洪标准可以达到与我国经济发展相适应的水平。而水少和水脏的问题，即水资源短缺和水污染的问题将越来越显现，将是长期和主要的心腹之患；而水资源的优化配置、节约和保护是解决水少、水脏的关键措施。因此，今后水资源工作应从重点对水资源进行开发、利用、治理转变为在对水资源开发、利用、治理的同时，要特别强调对水资源的配置、节约和保护。

（四）树立水资源保护理念

我国的水资源保护是在水环境受到污染的特定历史条件下开始并顺势发展起来的。就专门的水资源保护部门而言，工作基本上是围绕水污染防治进行的，"水资源保护即水污染防治"的思想根深蒂固。

这种单纯的纯水质保护意识最少造成6个方面的危害：①认为水污染防治已有专门的法规和制度，不必下大力气建立完善的水资源保护制度；②不科学地限制了工作范围；③过分强调对水污染源的监督管理，加剧了与环境保护部门的矛盾，较少考虑利用自身优势为解决水质问题做贡献；④认为做出成绩是为环境保护部门贴金，积极性不高，主动性不强；⑤跟在环境保护部门后面走，不能明辨水资源保护方向，行动失调，举步维艰；⑥完全意义的水资源保护宣传教育工作严重滞后。客观地讲，这是造成我国水资源保护问题的最主要原因。

因此，要树立水资源保护是质和量统一的理念，缺少任何一方，对水资源保护而言都是不完整的。

八、水资源保护状况

水资源开发的根本目的在于改善人类生存环境，如筑坝建库，在一定程度上防止了洪水的肆意泛滥；引水灌溉，极大地促进了农业的发展等。但水资源的开发利用应适度，超过一定限度，将受到大自然的惩罚，带来灾难性的后果。我国的黄河、黑河、塔里木河就是水资源不合理开发利用有代表性的例子。现在，政府又花巨大人力、物力、财力来治理和保护水资源。2010年通过实施黄河全流域调水和黑河、塔里木河向下游输水，实现了黄河在大旱之年不断流，为改善黑河下游生态系统、全面治理塔里木河流域创造了必要条件。在治水的实践中，我们看到了既要考虑经济用水、生活用水，又必须充分考虑生态环境用水；既要注重水资源的开发利用，又要特别注意水资源的配置、节约和保护。这里仅对黄河、塔里木河水资源开发利用及保护概况作简要介绍。

(一) 黄河的开发利用与保护

1. 水资源开发利用状况

黄河流域面积为 79.4 万 km^2，水资源总量包括河川径流量和地下水资源量两部分。河川径流量多年平均为 580 亿 m^3，地下水资源总补给量为 300 亿 ~ 400 亿 m^3，扣除与河川径流重复后的可开采量为 80 亿 ~ 155 亿 m^3。

自 1955 年全国人大批准通过了《关于根治黄河水害和开发黄河水利的综合规划的决议》，黄河经过 40 多年的大规模治理和开发利用，面貌发生了根本变化。从原来的水多导致洪水泛滥到今天的水少导致黄河断流，黄河成了一条难治的河流。

自 1992 年黄河断流以来，其断流频数、历时和河长，均不断增加。以距河口最近的利津水文断面 (距河口仍有 136km) 为例，20 世纪 70 年代的最长年断流历时为 21 天，80 年代的最长年断流历时为 36 天，进入 90 年代后，该断面的断流历时急剧升高。2007 年的断流历时猛增为 226 天。断流主要原因：一是黄河进入枯水期，降雨量偏少；二是用水量急剧增加，20世纪 50 年代年均用水量为 122 亿 m^3，90 年代年均耗用水量增加到 300 多亿m^3；三是用水管理控制不严，引黄能力远远超过黄河的可供水能力。2012年初，中国地质大学武汉李长安教授研究认为，长江与柴达木水系挤占黄河汇水区，导致黄河源区分水岭内移，汇水面积减少，是黄河断流的主要原因。但不管怎样，黄河水量日趋减少，已严重影响黄河流域的社会生产和经济发展。

黄河下游以黄河为水源的灌溉面积近 4000 万亩（包括引黄补源面积），是全国最大的灌区和重要的粮棉基地。区域内以黄河为水源的大中城市有 14 个之多，这些城市对黄河水的依赖程度大多在 60% 左右。其中，位于河口地区的滨州和东营市，生产和生活用水全部依靠黄河；中原油田和胜利油田的生产和生活用水也全部依靠黄河。因而，黄河断流给下游及全流域乃至全国经济和社会的发展产生了重大影响。仅山东省 2007 年遭受的经济损失就达 135 亿元。

2. 黄河水量保护

2011 年 6 月，水利部部长汪恕诚对新时期治黄工作提出四点要求，即"堤防不决口、河道不断流、水质不超标、河床不抬高"。其中"河道不断流"说的就是保护黄河水量。纵观黄河的三大问题，水资源短缺是矛盾的核心和焦点。防洪、水资源合理利用、生态环境建设无不关系到水资源的多和少。

（二）塔里木河的开发利用和保护

1. 水资源开发利用状况

新疆塔里木河沿中国最大的流动性沙漠——塔克拉玛干沙漠北缘自西向东流淌，原本注入罗布泊地区的台特玛湖。塔里木河是我国最大的内陆河，全长 1321km，流域面积 102 万 km^2。塔里木河流域多年平均径流量 312.5 亿 m^3，流入塔里木河干流的水量约 50 亿 m^3。全流域总人口 780 万人，约占全疆总人口的 1/2，流域内有灌溉面积 115.7 万 hm^2，是新疆主要的石油、粮食、棉花、瓜果、畜牧业等生产基地，是我国石油、天然气新的能源接替基地和西气东输的重要气源地，也是南疆西水东输、维系塔里木盆地东部生态环境的唯一输水通道。塔里木河被当地誉为"母亲河"，塔里木河是保护塔里木盆地北缘重要城镇和绿洲的屏障，是内地通往新疆重要战略要道的绿色走廊。它的兴衰关系到整个塔里木盆地的生存与发展。

长期以来，由于气候原因和对水土资源的不合理开发利用，导致 1992 年以来大西海子水库以下至台特玛湖 320km 河道已断流 20 多年；由于干旱缺水，导致 5.4 万 hm^2 胡杨林枯死，农牧业生产遭受巨大危害，沙进人退的现象日趋加重；台特玛湖干涸，沿河胡杨林带濒临消亡，绿色走廊逐渐衰败，塔克拉玛干和库姆塔格两大沙漠呈合拢态势，两大沙漠一旦合拢，将会给这一地区的生态环境带来灾难性的破坏；而随着沙漠面积的迅速扩展，塔里木河中下游人民群众的生存将受到严重威胁。因此，塔里木河下游亟须增加生态用水。

塔里木河流域生态恶化的主要原因是早年开荒破坏，以后又治理滞后，源流和干流缺乏大型骨干控制性工程，加上干流河道变迁，泥沙淤积，随意挖口引水，致使干流约 40 亿 m^3 的水在上、中游漫流浪费，而到达下游起点卡拉的水量从 20 世纪 50 年代的 10 多亿 m^3，减少到 2007 年的 1.94 亿 m^3。孔雀河下游生态是防止库鲁克沙漠西移的重要屏障，由于孔雀河下游来水量的减少，河道断流，该地区生态严重恶化，无法阻止库鲁克沙漠的西移，加剧了塔河下游生态的恶化和整个塔里木盆地生态的破坏。

2. 水资源保护

塔里木河河道断流、湖泊干涸、林木死亡，生态系统恶化，严重制约了流域内经济社会的可持续发展，并威胁到我国西部地区生态系统。有研究资料表明，塔里木河下游段成为新疆沙漠化土地增加最迅速、缺保护作物面积最广的地区。

第五章　地下水研究

第一节　水文地质测绘

水文地质测绘是指通过对调查区内的地质、地貌、地下水露头和地表水状况的观察分析，从宏观上认识地下水埋藏、分布和形成条件的一种调查手段。水文地质测绘是整个水文地质调查工作的开始，是整个水文地质调查工作的基础。该项工作一般安排在除遥感解译地质工作以外的其他水文地质勘探之前进行。为了更有针对性地进行测绘工作，必须了解测区内已有地质、水文地质的研究程度和存在的问题，且掌握有相同比例尺的地质图、地形图作为底图。

一、水文地质测绘的主要任务

水文地质测绘的主要目的是找出地下水天然或人工露头及与其有关的自然地理、地质现象间的内在联系，用以评价测绘区水文地质条件，为地区规划或者专门性生产建设提供水文地质依据。其主要任务如下。

（1）观察地层的空隙发育规律及其含水性，确定含水层与隔水层的岩性结构、厚度、分布、破碎情况及其变化特征等。

（2）掌握测绘区内的主要含水层、含水带、隔水层及其埋藏分布条件；弄清测绘区内地下水的基本类型及各类型地下水的分布状态、相互联系等情况。

（3）查明地形地貌、地层岩性、构造等对地下水的补给、径流、排泄等条件的影响。

（4）研究区域内地下水的化学成分、水文地球化学特征及其动态变化规律。

（5）掌握区域内地下水开发利用现状，以及对比开采前后水文地质、环境地质条件的变化情况。

二、水文地质测绘的主要内容

水文地质测绘主要内容主要包括基础地质调查、地下水露头调查、地表水体调查、气象资料调查及与地下水、地表水相关的环境地质状况的调查，现分述如下。

（一）基础地质调查

基础地质调查包括岩性调查、地层调查、构造调查、地貌调查等内容。

1. 岩性调查

岩性特征往往决定了地下水的介质类型，从而决定了地下水的类型，并影响地下水的水质和水量。如第四纪松散介质往往赋存丰富的孔隙水，火成岩、碎屑岩地区往往赋存相当水量的裂隙水，而碳酸岩地区则主要分布岩溶水。对于岩土而言，影响地下水水量丰富与否的关键在于岩土介质的空隙特征，而岩土的化学成分和矿物成分则在一定程度上影响着地下水的水质。因此，在水文地质测绘中，要求对岩石岩性观察的内容如下。

（1）对松散地层，要重点观察地（土）层的粒径大小、排列方式、颗粒级配、组成矿物及其化学成分、胶结物等。

（2）对于非可溶性坚硬岩石，对地下水赋存条件影响最大的是岩石的裂隙发育情况，因此需着重调查和研究裂隙的成因、分布、张开程度、延展长度、切割深度和充填情况等。

（3）对于可溶性坚硬岩石，对地下水赋存条件影响最大的是岩溶的发育程度，因此需着重调查和研究岩石的化学、矿物成分、溶隙的发育程度及影响岩溶发育的因素等。

2. 地层调查

地层是构成地质图和水文地质图的最基本要素，也是识别地质构造的基础，也是地下水赋存运移的空间所在。在水文地质测绘中，关于地层的调查方法如下。

（1）若手头无测区地质图，则需要在野外实测并绘制调查区的标准剖面；若手头已备测区地质图，首先完成现场校核和充实标准剖面工作。

（2）在测绘或校核完成标准地层剖面的基础上，准确确定出水文地质测绘时所采用的地层填图单位，即必须填绘出的地层界限。野外测绘时，根据已确定地层的界限，并对其作描述。

（3）根据测区内地层的分布及其岩性，判断区内地下水的形成、赋存等水文地质条件。

3. 构造调查

地质构造不仅对地层的分布产生影响，它对地下水的赋存、运移等也有较强的控制作用。在基岩地区，构造裂隙和断裂带是最主要的储水空间、集水廊道。在水文地质测绘中，对地质构造的调查和研究的重点如下。

（1）对于断裂构造，调查其成因、规模、产状、断裂的张开程度、构造岩的岩性结构、厚度、断裂的填充情况及断裂后期的活动特征，需根据野外证据和前人研究资料，判断断层的性质（正断层、逆断层、平移断层）；查明各个部位的含水性以及断层带两侧地下水的水力联系程度；研究各种构造及其组合形式对地下水的赋存、补给、运移和富集的影响。

（2）对于褶皱构造，应查明其形态、规模及其在平面和剖面上的展布特征与地形之间的关系，尤其注意两翼的对称性和倾角及其变化特点，主要含水层在褶皱构造中的部位和在轴部中的埋藏深度；研究褶皱构造和断裂、岩脉、岩体之间的关系及其对地下水运动和富集的影响。

4. 地貌调查

地貌与地下水的形成和分布有着密切的联系，在野外进行地貌调查时，通常采取形态分析法、沉积物相关分析法、遥感技术等方法，要着重研究地貌的成因类型、形成的地质年代、地貌景观与新地质构造运动的关系、地貌分区等。同时，还要对各种地貌的各个形态进行详细、定性的描述和定量测量，并把野外调查所获的第一手资料编制成地貌图。

（二）地下水调查

1. 地下水天然露头调查

对地下水露头点进行全面的调查研究，是水文地质测绘的核心工作。在测绘中，要正确地把各种地下水露头点绘制在地形地质图上，并将各主要水点联系起来，分析调查区内的水文地质条件。还应选择典型部位，通过地下水露头点绘制出水文地质剖面图。

泉是地下水的天然露头，是极为重要的水文地质点，对泉水的调查主要有以下内容。

（1）泉水出露处的位置和地形、高程。

（2）泉水出露的地质构造条件，分析判断泉的成因。

（3）泉水的补给、径流、排泄条件。包括大气降水渗入、地表水体漏失、岩溶水运动特征、泉水的排泄特点等。

（4）泉水类型。目的是区分出断层泉、侵蚀泉及接触泉等类型。根据补给泉水的含水层位、地下水类型、补给含水层所处的构造类型、部位以及泉水出口处的构造特征等，来分析泉的出露条件。

（5）泉水的动态特征。测量泉的涌水量和水温，并根据泉流量的不稳定系数分类来判断泉的补给情况。

（6）采取水样，可利用同位素及水化学分析方法，分析其循环模式，并可进行水质分析研究。

地下水的人工露头，主要是指民用的机井、浅井以及个别地区少数的钻孔、试坑、矿坑、老窑等。地下水人工露头调查内容包括以下内容。

（1）调查水井或钻孔所处的地理位置，地貌单元，井的深度、结构、形状、孔径，井孔口的高程，井使用的年限和卫生防护情况。

（2）调查水井或钻孔所揭露的地层剖面，选择有代表性的机井、民井标在图上。搜集机井、民井的卡片资料，其中包括井内所揭露的地层和井的结构，确定含水层的位置和厚度。

（3）测量井水位、水温，并选择有代表性的水井进行取水样分析。通过调查访问，搜集水井的水位和涌水量的变化情况。

（4）调查井水的用途和提水设备的情况，了解当地地下水开发利用情况。

2. 地表水调查

对于无观测的较小河流、湖泊等，应在野外测定地表水的水位、流量、水质、水温和含沙量，并通过走访相关部门和当地群众了解地表水的动态变化。对于设有水文站的地表水体则应搜集有关资料进行分析整理。

第二节　水文地质钻探

水文地质钻探是为查明地下水的埋藏条件、补给、径流、水化学特征等水文地质条件，以获取合理开发及利用地下水所需资料而采用的一种主要技术手段，简称水文钻探。该手段不仅可以直接揭露地下水 (含水层)，还可以兼做取样、试验、开采和治理地下水污染之用。

一、水文地质钻探的目的与任务

水文地质钻探的主要目的与任务如下。

(1) 探明地层剖面及含水层岩性、厚度、埋藏深度和水位。

(2) 采取岩土样和水样，确定含水层的水质，测定岩土的物理与水理性质。

(3) 进行水文地质试验，确定含水层的各种水文地质参数。

(4) 查明水文地质边界条件，确定各含水层之间以及地表水与地下水之间的水力联系。

(5) 利用钻孔监测地下水动态或建成开采井。

二、水文勘探钻孔布置的原则

布置钻孔时要考虑水文钻探的主要任务，应明确是查明区域水文地质条件，还是确定含水层水文地质参数、寻找基岩富水带、评价地下水资源或进行地下水动态观测；布置钻孔时要考虑"一孔多用"，并考虑其代表性和控制意义。

就区域水文地质调查和供水水文地质调查任务而言，可将上述原则理解如下。

(1) 为查明区域水文地质条件布置的钻孔，一般都布置成勘探线的形式。主要勘探线应沿着区域水文地质条件 (含水层类型、岩性结构、埋藏条件、富水性、水化学特征等) 变化最大的方向布置。对区内每个主要含水层的补给、径流、排泄和水量、水质不同的地段均应有勘探钻孔控制。如在山前冲洪积平原地区，主要的勘探线应沿着冲洪积扇的主轴方向布置；在河谷地区和山间盆地，主要勘探线应垂直河谷和山间盆地布置；在裂隙岩溶地区，主要勘探线应穿过裂隙岩溶水的补给、径流、排泄区和主要的富水带。

（2）为地下水资源评价布置的勘探孔，其布置方案必须考虑拟采用的地下水资源评价方法。勘探孔所提供的资料应满足建立正确的水文地质概念模型、进行含水层水文地质参数分区和控制地下水流场变化特征的要求。

当水源地主要依靠地下水的侧向径流补给时，主要勘探线必须沿着流量计算断面布置。对于傍河取水水源地，为计算河流侧向补给量，必须布置一条平行与垂直河流的勘探线。

当采用数值模拟方法评价地下水资源时，为正确进行水文地质参数分区、正确给出预报时段的边界水位或流量值，勘探孔布置一般呈网状形式，并能控制边界的水位或流量变化。

（3）以供水为勘查目的的勘探孔的布设，应考虑勘探与开采结合。钻孔一般应布置在含水层（带）富水性最好、经济技术条件可行、成井概率最大的地段。

三、水文地质钻孔的结构和钻孔设计

勘探孔布置要求必须满足查明水文地质条件、地下水资源评价和专门任务需要，尽可能做到一孔多用。要求所有钻孔均编制单孔设计书，钻孔施工采用机械回转钻进，一径到底。设备选用 SPJ–300 型钻机。采用肋骨合金小口径取芯钻进，测井完成后，采用六翼式钻头扩孔成井。钻探取样、孔内试验完成后，钻孔应按设计书要求建成地下水开采井或地下水动态观测孔。钻孔设计书的内容包括：孔深根据钻探任务来确定，一般要求达到揭露或打穿主要含水层。开孔、终孔的直径及孔身变径位置、不同口径井管的下置深度及所选用的井管材料、钻孔中止水段的位置和止水方法、过滤器的类型和过滤器下置深度、对水井中的非开采含水层段，提出井壁与井管之间隙的回填封堵段的位置、使用材料及要求以及钻进方法及技术要求，包括对冲洗液质量、岩芯采取率、岩上水样采集、洗孔及孔斜等的要求，以及对观测和编录方面的技术要求。设计书应附有设计钻孔的地层岩性剖面、井孔结构剖面和钻孔平面位置图。

第三节　水文地质试验与地下水动态研究

水文地质试验是查清水文地质条件、评价地下水资源的重要手段，分为野外和室内试验两种，本节以介绍抽水试验为主，其他几项试验为辅。

一、水文地质试验

(一) 抽水试验

抽水试验是通过从钻孔或水井中抽水，定量评价含水层富水性，测定含水层水文地质参数和判断某些水文地质条件的一种野外试验工作方法。它是以地下水井流理论（主要内容包括孔隙渗流理论基础、河渠附近地下水运动、井附近的地下水运动）为基础，通过在井孔中进行抽水和观测，一般来测定含水层水文地质参数、评价含水层富水性和判断某些水文地质条件的水文地质勘察中最为常用的水文地质试验。

1. 抽水试验的任务

(1) 直接测定含水层的富水程度和评价井 (孔) 的出水能力。

(2) 确定含水层水文地质参数，如渗透系数 K、导水系数 T、给水度 μ，储水系数 μ' 等。

(3) 为取水工程设计或大型城建工程 (地铁等) 提供所需的水文地质基础数据，如单井出水量、单位出水量、井间干扰系数等，并可根据水位降深和涌水量选择水泵型号。

(4) 可直接评价水源地的可 (允许) 开采量。

(5) 查明某些其他手段难以查明的水文地质条件，如地表水与地下水之间及含水层之间的水力联系，以及边界性质和强径流带位置等。

2. 抽水试验分类

抽水试验主要分为单孔抽水、多孔抽水、群孔干扰抽水和试验性开采抽水。

(1) 单孔抽水试验：仅在一个试验孔中抽水，用以确定涌水量与水位降深的关系，概略取得含水层渗透系数。

(2) 多孔抽水试验：在一个主孔内抽水，在其周围设置若干个观测孔观测地下水位。通过多孔抽水试验，可以求得较为确切的水文地质参数和含水层不同方向的渗透性能及边界条件等。

（3）群孔干扰抽水试验：在影响半径范围内，两个或两个以上钻孔中同时进行的抽水试验；通过干扰抽水试验确定水位下降与总涌水量的关系，从而预测一定降深下的开采量或一定开采定额下的水位降深值，同时为确定合理的布井方案提供依据。

（4）试验性开采抽水试验：是模拟未来开采方案而进行的抽水试验。一般在地下水天然补给量不很充沛或补给量不易查清，或者勘察工作量有限而缺乏地下水长期观测资料的水源地，为充分暴露水文地质问题，宜进行试验性开采抽水试验，并用钻孔实际出水量作为评价地下水可开采量的依据。

（二）其他水文地质野外试验

1. 渗水试验

渗水试验是一种在野外现场测定包气带土层垂向渗透系数的简易方法，在研究大气降水、灌溉水、渠水、暂时性表流等对地下水的补给时，常需进行此种试验。野外测定包气带非饱和松散岩层的渗透系数最常用的是试坑法、单环法和双环法。其中双环法的精度最高。

渗水实验是指在一定的水文地质边界以内向地表松散岩层注水，使渗入的水量达到稳定，即单位时间的渗入水量近似相等时，再利用达西定律的原理求出渗透系数（K）值。

渗水实验的双流法是在坑底嵌入两个高约 50cm、直径分别为 0.20m 和 0.40m 的铁环，试验时同时往内、外铁环内注水，并保持内外环的水柱都保持在同一高度，以 0.1m 为宜。双环法渗水试验的试验用品为双环、铁锹、尺子、水桶、胶带、橡皮管。

试验步骤：

（1）选择试验场地，最好在潜水埋藏深度大于 5m 的地方。当某地潜水埋深小于 2m 时，因渗透路径太短，测得的渗透系数不真实，在这种条件下不要使用渗水试验。

（2）往内、外铁环内注水，并保持内外环的水柱都保持在同一高度，以 0.1m 为宜。按一定的时间间隔观测渗入水量。开始时因渗入量大，观测间隔时间要短，稍后可按一定时间间隔比如每 10min 观测一次，直至单位时间渗入水量达到相对稳定，再延续 2~4h 即可结束试验。

由于外环渗透场的约束作用使内环的水只能垂向渗入，因而排除了侧向渗流的误差，因此它比试坑法和单环法的精度都高。

渗水试验方法的最大缺陷是，水体下渗时常常不能完全排出岩层中的空气，这对试验结果必然产生影响。

2. 钻孔注水试验

当钻孔中地下水位埋藏很深或试验层透水不含水时，在研究地下水人工补给或废水地下处置的效率时，或可用注水试验代替抽水试验，近似地测定该岩层的渗透参数。注水试验形成的流场图为地下水天然水位以上形成反向的充水漏斗，正好和抽水试验相反。

对于常用的稳定流注水试验，其渗透系数计算公式的建立过程与抽水井的裘布依 K 值计算公式的建立过程原理相似。

注水试验时可向井内定流量注水，抬高井中水位，待水位稳定并延续到一定时间后，可停止注水，观测恢复水位。稳定后延续时间要求与抽水试验相同。

由于注水试验常常是在不具备抽水试验条件下进行的，故注水井在钻进结束后，一般都难以进行洗井 (孔内无水或未准备洗井设备)。因此，用注水试验方法求得的岩层渗透系数往往比抽水试验求得的值小得多。

3. 连通试验

连通试验的目的主要是查明地下水的运动途径、速度，地下河系的连通、延展与分布情况，地表水与地下水的转化关系，以及矿坑涌水的水源与通道展布情况等问题，这对地下水资源计算、水资源保护、确定矿床疏干、水库水漏失途径，均具重要意义。

连通试验作为示踪试验的一种，主要是查明水文地质条件。其具体指在上游某个地下水点 (水井、坑道、岩溶竖井及地下暗河表流段等) 投入某种指示剂，在下游诸多的地下水点 (除前述各类水点外，尚包括泉水、岩溶暗河出口等) 监测示踪剂是否出现，以及出现的时间和浓度。对试验井点布置及试验方法，在具体操作过程中一般多利用现有的人工或天然地下水点和岩溶通道，只要监测水点设在投源水点下游的主径流带中即可。监测水点应尽可能地多，与投源井距离亦无严格要求。

二、地下水动态调查

所谓地下水动态是指表征地下水数量与质量的各种要素（水位、流量、开采量、溶质成分与水温等）随着时间的变化规律。其变化规律可以是周期性的，也可以是趋势性的。地下水动态调查是指对含水层各要素（水位、水量、水化学成分、水温）随时间的变化特征等现象的记录与描述，具体为选择有代表的钻孔、水井、泉等，按照一定的时间间隔和技术要求，对地下水动态进行监测、试验与综合研究的工作。地下水动态调查的目的是查清含水层系统地下水动态变化规律，在天然条件下，可以依据地下水动态分析，认识地下水的形成、埋藏条件，认识水量、水质的形成条件，区分不同类型的含水层；利用地下水动态资料计算地下水某些均衡要素；可以利用地下水动态监测评价和预测地下水资源，评价其水质水量随着时间的变化规律；对地下水的储存量、最大允许开采量等进行评价，以减少因地下水均衡破坏而引起的环境负效应等；为地下水资源评价提供原始资料。地下水位动态变化最终趋于一种相对较稳定的状态，即地下水均衡状态。

（一）地下水动态调查的目的与任务

（1）查明主要地下水含水层系统的水位、水量、水温和水质的变化规律及发展趋势，并分析其变化影响因素。

（2）查明地下水动态变化特征，确定地下水动态类型。

（3）查明不同地下水含水层系统之间、地下水系统与水文系统之间的水力联系。

（4）为求取水文地质参数进行水资源评价，预测地下水的水量、水质、水位变化。

（5）对各种污染源以及有害的环境地质现象进行监测。

（二）地下水动态调查的内容

地下水调查内容包括地下水水位动态、地下水水量动态、地下水水化学动态及地下水水温动态。地下水动态监测的基本项目都应包括地下水水位、水温、水化学成分和井、泉流量等。对与地下水有水力联系的地表水水位与流量，以及矿山井巷和其他地下工程的出水点、排水量及水位标高也应进行监测。水质的监测，一般是以水质简分析项目作为基本监测项目，再加上某些选择性监测项目(特殊成分污染质、特定化学指标等)。选择性监测项目是指那些在本地区地下水中已经出现或可能出现的特殊成分及污染质,或被选定为水质模型模拟因子的化学指标。为掌握区内水文地球化学条件的基本趋势,可每年或隔年对监测点的水质进行一次全分析。地下水动态资料,常常随着观测资料系列的延长而具有更大的使用价值,故监测点位置确定后,一般不要轻易变动。

(三)地下水动态调查的准备工作及方法

地下水动态调查原则是为查明和研究水文地质条件,特别是地下水的补给、径流、排泄条件,掌握地下水动态规律,为地下水资源评价、科学管理及环境地质问题的研究和防治提供科学依据。

遵循以上原则,地下水动态调查常设以下准备工作:地下水动态监测网点的布设,包括控制性监测网点和专门性监测网点。内容包括各监测点的建设、监测点密度、监测点动态监测项目安排及具体要求。

动态监测网布置技术要求如下。

(1)在充分利用区内已布设的动态监测网点的基础上,根据本次工作任务增设观测点,达到控制全区主要河流和勘查目的层的目的。

(2)地下水动态观测点一般沿地下水区域径流方向布置。在地表水体附近,为调查地下水与地表水的水力联系,观测孔应垂直地表水体的岸边布置。为调查垂直方向各含水层(组)间的水力联系,应设置分层观测孔组。为调查地下水污染动态特征,观测线应垂直污染分界面布置,在分界面附近应加密观测点。对已有水源地的开采地段,宜通过降落漏斗中心布设相互垂直的两条观测线,最远观测点应在降落漏斗之外。为了满足数值法模拟的要求,观测孔的布置应保证对计算区各分布参数的控制。

(3)泉水应按不同类型、不同含水层(组)及大泉(一般选择流量不小于1L/s 的大泉)分别设置观测点。

(4)未设立水文站的主要河流、地表水体应设置观测点,以了解地表水与地下水的相互转化关系。

第六章　地下水允许开采量研究

第一节　地下水资源量的类别

补给量是指天然状态或开采条件下，单位时间通过各种途径进入含水系统的水量。补给量的形成和大小受外界补给条件制约，随水文气象周期变化而变化。补给量是地下水资源的可恢复量，地下水资源的循环再生性，主要体现在当其被消耗时，可以通过补给获得补偿；当消耗的地下水资源不超过总补给量时，会得到全部补偿。通常所说的某地区地下水资源丰富，表明该地区地下水资源补给量充足。因此，可依据地下水补给量的多少表征地下水资源的丰富程度。

补给量按开采前后形成的条件不同可分为天然补给量和开采补给增量。天然补给量是天然条件下形成并进入含水系统的水量，包括降水入渗、地表水入渗、地下水侧向径流补给、垂向越流补给等。目前，许多地区都已有不同程度的开采，保持天然状态的情况很少，通常是计算现状条件的补给量，然后再计算开采补给增量。

地下水开采补给增量又称激发补给量、开采袭夺量或诱发补给量，是开采前不存在，因开采地下水产生水动力条件改变而进入含水系统的水量。常见的补给增量由下列来源组成。

一、来自地表水的增量

当取水工程靠近地表水时，由于开采地下水，水位下降漏斗扩展到地表水体，可使原来补给地下水的地表水补给量增大，或使原来不补给地下水、甚至排泄地下水的地表水体变为补给地下水，形成开采时地表水对地下水的补给增量。

二、来自降水入渗的补给增量

由于开采地下水形成降落漏斗，除漏斗疏干体积增加部分降水渗入外，还使漏斗范围内原来不能接受降水渗入补给的地区（例如沼泽、湿地等），腾出可以接受补给的储水空间，因而增加了降水渗入补给量。此外，由于地下水分水岭向外扩展，增加了降水渗入补给面积，使原来属于相邻含水系统（或水文地质单元）的一部分降水入渗补给量，变为本漏斗区的补给量。

三、来自相邻含水层越流的补给增量

由于开采含水层的水位降低，与相邻含水层的水位差增大，可使越流量增加，或使相邻含水层从原来的开采含水层获得越流补给变为补给开采层。

四、增加的侧向流入补给量

由于降落漏斗的扩展，可夺取属于另一含水系统（或均衡地段）地下水的侧向流入补给量；或某些侧向排泄量因漏斗水位降低，而转为补给增量。

五、人工增加的补给量

人工增加的补给量包括开采地下水后各种人工用水的回渗量增加而多获得的补给量。

补给增量的大小不仅与水源地所处的自然环境有关，同时还与取水建筑物的种类、结构和布局（即开采方案和开采强度）有关。当自然条件有利、开采方案合理、开采强度较大时，夺取的补给增量可以远远超过天然补给量。例如，在傍河地段取水，沿岸布井开采时，可获得大量地表水的入渗补给增量，并远大于原来的天然补给量，成为可开采量的主要组成部分。

但是，开采时的补给增量也不是无限制的。从上述补给增量的来源可以看出，它无非是夺取了本计算含水层或含水系统以外的水量。从整个地下水资源的观点来看，邻区、邻层的地下水资源也要开发利用。这里补给量增加了，那里就减少了。再从"三水"转化的总水资源的观点考虑，如果河水已被规划开发利用，这里再加大开采强度，大量夺取河水的补给增量，则会减少地表水资源。因此,在计算补给增量时,应全面考虑合理的袭夺,而不能盲目无限制地扩大补给增量。

计算补给量时,应以天然补给量为主,同时考虑合理的补给增量。地下水的补给量是使地下水运动、排泄、交替的主导因素,它维持着水源地的连续长期开采。允许开采量主要取决于补给量,因此,计算补给量是地下水资源评价的核心内容。

第二节　地下水允许开采量计算

计算地下水允许开采量是地下水资源评价的核心问题。计算地下水允许开采量的方法,也称为地下水资源评价的方法。允许开采量的大小,主要取决于补给量,局域地下水资源评价还与开采的经济技术条件及开采方案有关。有时为了确定含水层系统的调节能力,还需计算储存量。

目前地下水允许开采量的计算方法有几十种,国内学者尝试对众多计算方法进行分类,有些学者依据计算方法的主要理论基础、所需资料及适用条件进行了分类。在实际工作中,可依据计算区的水文地质条件、已有资料的详细程度、对计算结果精度的要求等,选择一种或几种方法进行计算,以相互印证及择优。本书着重介绍几种主要的计算方法。

一、水量均衡法

水量均衡法是全面研究计算区(均衡区)在一定时间段(均衡期)内地下水补给量、储存量和消耗量之间数量转化关系的方法。通过均衡计算,计算出地下水允许开采量。水量均衡法是水量计算中最常用、最基本的方法。该方法还常用于验证其他计算方法的准确性。

(一)划分均衡区

均衡区的划分依据地下水资源评价的目的和要求而定,在区域地下水资源评价中,应以天然地下水系统边界圈定的范围作为均衡区。局域地下水水量计算的均衡区需人为划分,划分时均衡区的边界应尽量选择天然边界或地下水的交换量容易确定的边界。当均衡区面积比较大时,水文地质条件复杂，均衡要素可能差别较大，还可以按含水介质成因类型和地下水类型进行分区。如果仍感困难，可以按不同的定量指标 (如含水介质的导水系数、给水度、水位埋深、动态变幅等) 进行二级或更细的划分。

(二) 确定均衡期

地下水资源具有四维性质，不仅随空间坐标变化，还随时间变化，因此，水量均衡计算需要确定出计算时间段。时间段的长短可以根据水量评价的目的、要求和资料情况决定。一般以一个水文年为单位，也可以将一个大水文周期作为均衡期，但计算时仍以水文年为单位逐年计算，然后再进行均衡期内总水量平衡计算。也可以将一个旱季或雨季作为均衡期。

(三) 确定均衡要素，建立均衡方程

均衡要素是指通过均衡区周边界及垂向边界流入或流出的水量项。进入均衡区的水量项称为补给项或收入项，流出的水量项统称排泄项或支出项。

不同的均衡区均衡要素的组成不同，应根据均衡区的水文地质条件确定补给项或排泄项。首先确定天然条件下各项补给量和排泄量，然后再分析计算开采条件下可能增加开采补给量和截取的排泄量，以此建立地下水均衡方程。

(四) 计算与评价

将各项均衡要素值代入均衡方程中，计算与 Cb 的差值，检查其与地下水储存量的变化是否相符。若不符合，检查各项均衡要素的计算是否准确，做适当修改后，再进行平衡计算，使方程平衡为止。

评价时，可根据含水层厚度和最大允许降深，将允许开采量作为排泄项纳入均衡方程中。经多年水均衡调节计算，检查地下水位下降是否超过最大允许降深；若超过，则应调整允许开采量，直到地下水位下降不超过并且接近最大允许降深为止。也可以将总补给量作为允许开采量。

进行水量均衡计算，应密切结合均衡区的水文地质条件，根据均衡计算的目的要求，确定最佳计算时段。同时要获得可靠的各类计算所需的参数，保证各个均衡要素计算的精度，才能较准确地计算出地下水允许开采量。

二、数值法

数值法是随着电子计算机的发展而迅速发展起来的一种近似计算方法。地下水运移的数学模型比较复杂，计算区的形状一般是不规则的，含水介质往往是多层的、非均质和各向异性的，不易求得解析解，常用数值方法求得近似解。虽然数值法只能求出计算域内有限个点、某时刻的近似解，但这些解完全能满足精度要求，数值法已成为地下水资源评价的常用方法。

用于地下水资源评价的数值法有三种，即有限差分法、有限单元法和边界元法。有限单元法和有限差分法两者在解题过程中有很多相似之处，都将计算域剖分成若干网格（有限差分法常剖分成矩形、正方形、三角形，有限单元法常剖分成三角形），都将偏微分方程离散成线性代数方程组，用计算机联立求解线性方程组；所不同的是网格剖分及线性化方法上有差别。

边界元法也称边界积分方程法，该方法不需要对整个计算区域部分剖分，只需剖分区域边界。在求出边界上的物理量后，计算域内部的任一点未知量，可通过边界上已知量求出。因此，所需准备的输入数据比有限差分法和有限单元法少。边界元法处理无限边界比较容易。但是，边界元法也有不足，用于求解均质区域的稳定流问题（拉普拉斯方程）比较快速、有效。当用于非均质区，尤其是非均质区域的非稳定流问题，计算相当复杂，优越性不明显。

三、解析法

解析法是直接选用地下水动力学的井流公式进行地下水资源计算的常用方法。地下水动力学公式是依据渗流理论，在理想的介质条件、边界条件及取水条件（取水建筑物的类型、结构）下建立起来的。在理论上是严密的，只要符合公式假定条件，计算出来的开采量就是既能取出又有补给保证的地下水允许开采量。但是，由于水文地质条件的复杂性，如客观存在的含水介质的非均质性、边界条件非规则性等，计算得到的允许开采量常常产生误差；其误差的大小取决于与公式假设条件的符合程度，因此，用解析法计算出来的允许开采量，常需要用水量均衡法论证其保证程度。

第三节　水文地质参数分析与试验

水文地质参数是表征含水介质水文地质性能的数量指标，是地下水资源评价的重要基础资料，主要包括含水介质的渗透系数和导水系数、承压含水层的储水系数、潜水含水层的重力给水度、弱透水层的越流系数及水动力弥散系数等，还有表征与岩土性质、水文气象等因素的有关参数，如降水入渗系数、潜水蒸发强度、灌溉入渗补给系数等。

一、给水度

给水度是表征潜水含水层给水能力或蓄水能力的一个指标。给水度不仅和包气带的岩性有关，而且随排水时间、潜水埋深、水位变化幅度及水质的变化而变化。

二、渗透系数和导水系数

渗透系数（K）又称水力传导系数，是描述介质渗透能力的重要水文地质参数。渗透系数大小与介质的结构（颗粒大小、排列、空隙充填等）和水的物理性质（液体的黏滞性、容重等）有关，单位是 m/d 或 cm/s。

导水系数（T）即含水层的渗透系数与含水层厚度的乘积，常用单位是 m^2/d。导水系数只适用于平面二维流和一维流，而在三维流中无意义。

含水层的渗透系数和导水系数一般采用抽水试验法和数值法反演计算求得。

（一）用抽水试验方法求参应注意的问题

根据抽水试验资料，采用解析公式反演方法识别含水层水文地质参数，分稳定流抽水和非稳定流抽水两类。在利用稳定流抽水试验资料时，常采用稳定流裘布依公式计算渗透系数，但计算结果往往与实际不符。其原因除施工质量（洗孔不彻底，滤水管外填砾不合规格等）外，主要是选用计算公式与抽水引起的地下水运动规律不符，即不符合裘布依公式的假设条件。主要影响因素如下。

1. 含水层的井壁边界条件

如抽水水位降深较大时，井壁及抽水井周围产生的三维流或井周产生紊流、滤水管长度小于含水层厚度等，利用单井抽水试验资料求得渗透系数误差较大，往往是由此原因造成的。即使采用多孔抽水试验资料求渗透系数，也往往会产生利用距井近的观测孔资料求得 K 值偏小、反之偏大的现象。K 值偏小主要是因为观测孔受到了抽水井三维流或紊流的影响；K 值偏大是由于观测孔远离抽水井时，水位降深 S 与影响半径 r 已经不是对数关系或受边界条件影响。

2. 影响半径（R）

裘布依公式的影响半径实质上是含水层的补给边界，在此边界上始终保持常水头。实际含水层很少能满足该条件。在抽水后的实际下降漏斗范围内，理论上只有当观测孔距抽水井的距离 r 小于 0.178 倍的 R 时，水位降深 S 与 r 才属对数关系，当 r 大于 0.178R 后就变为贝塞尔函数关系。贝塞尔函数斜率小于对数函数，这就是前述观测孔越远计算的 K 值越大的根本原因。

3. 天然水力坡度（I）的影响

裘布依公式假定抽水前地下水是静止的，实际上，地下水是在天然水力坡度作用下运动的。利用水流上游观测孔求得的 K 值偏小，下游的 K 值偏大，在潜水含水层中影响较显著。

4. 抽水降深大小的影响

抽水降深小，易获得较准确的渗透系数值，但由于所求得的渗透系数是代表降落漏斗范围内含水层体积的平均值，因此其代表性差。抽水降深大，易获得代表性大的 K 值。在实际计算中，选择抽水降深较大，同时避免井周三维流或紊流影响，又要使 S 与 r 保持对数关系的观测孔资料计算 K 值。

C. V. Theis 公式的重要用途之一是利用非稳定流抽水试验资料反求水文地质参数，在应用中要注意泰斯公式的假设条件。野外水文地质条件不一定完全符合假设条件，在使用单井非稳定抽水试验资料求水文地质参数时，应注意：(1) 承压完整井抽水，当井内流速达到一定程度 (如达 1m/s 以上)，在井附近会产生三维流区，利用主孔资料或布置在三维流区内的观测孔求解时，将产生三维流影响的水头损失，应对实测降深值进行修正；(2) 由于地下水运动存在天然水力坡度，利用观测孔求水文地质参数时，将具有不同方向的数值差异，在地下水流方向的上、下游所计算的参数数值差异较大。解决的方法是在抽水形成的降落漏斗范围内布置较多观测孔，求水文地质参数的平均值，代表该地段的水文地质参数值；(3)注意边界条件的影响。

根据抽水试验资料，可利用地下水动力学公式计算渗透系数和导水系数。

(二)数值法求水文地质参数

随着地下水模拟软件的大量开发使用，地下水动态观测资料的增多、系列的增长，数值法的应用越来越普及。常用数值法反演水文地质参数，数值法求参按其求解方法可分为试估—校正法和优化计算方法。一般采用试估—校正法，这种方法利用水文地质工作者对水文地质条件的认识，给出参数初值及其变化范围，用正演计算求解水头函数，将计算结果和实测值进行拟合比较；通过不断调整水文地质参数，反复多次的正演计算，使计算曲线与实测曲线符合拟合要求，此时的水文地质参数即为所求。求参结果的可靠性和花费时间的多少，除取决于原始资料精度外，还取决于调参者的经验和技巧，可参考数值法反演求参的有关文献。

第四节　地下水允许开采量评价

地下水资源分类的特点之一是允许开采量有明确的组成，可以通过分析天然或开采条件下，补给量、储存量、允许开采量三者在数量上的变化，允许开采量的组成关系，研究地下水可持续利用的途径。

允许开采量由以下三部分组成。

(1)开采补给增量。开采补给增量是开采前不存在、开采时袭夺的各种额外补给量。

(2)减少的天然排泄量。减少的天然排泄量是含水系统因开采而减少的天然排泄量，如潜水蒸发量的减少、泉流量的减少、侧向流出量的减少，也称为开采截取量。这部分水量最大极限是等于天然排泄量，接近于天然补给量。

（3）储存量的变化量。储存量的变化量是含水层储存量的一部分，包括开采初期形成开采降落漏斗过程中含水层提供的储存量及在补给与开采发生不平衡时增加或消耗的储存量。

明确了允许开采量的组成，可以依据各个组成部分确定允许开采量。由于制约允许开采量的因素很多，除了地下水分布埋藏条件、丰富程度及人工取水的技术能力外，要考虑区域水资源的统筹规划、合理调度，还要考虑环境约束，如地面沉降、水质恶化、生态退化等不良效应。

允许开采量组成中的开采补给增量，应在满足区域水资源统一规划下，合理索取各类开采补给增量。对于开采截取量（减少的天然排泄量），理论上应尽可能地截取，但也要考虑生态用水，如地下水位下降可能引起的沼泽退化、植物枯萎死亡等。开采截取量的大小与开采方案、取水建筑物的类型、结构及开采强度有关，只有选择最佳开采方案及开采强度、最好的开采技术，才能最大限度地截取天然补给量。

第七章 地下水水质研究

第一节 地下水水质评价概述

地下水的质量简称地下水水质。地下水中的物质组分，按其存在状态可分为三类：悬浮物质、溶解物质和胶体物质。地下水水质是指地下水水体中所含的物理成分、化学成分和生物成分的综合特征。天然的地下水水质是自然界水循环过程中各种自然因素综合作用的结果，人类活动对现代地下水水质有着重要的影响。根据地下水中的物质成分及对其开发利用的作用与影响，人为地制定地下水水质指标，以表征地下水中物质的种类、成分和数量，它是衡量地下水水质的标准。地下水水质指标项目有上百种，可划分为物理性水质指标、化学性水质指标和生物性水质指标。物理性水质指标包括：感官物理性状指标，如温度、色度、浑浊度、透明度、臭和味等；其他指标，如总固体、悬浮固体、溶解性总固体、电导率（电阻率）等。化学性水质指标可分为3种：第一种为一般的化学性水质指标，如pH值、碱度、硬度、各种阳离子、各种阴离子、总含盐量、一般有机物质等；第二种为有毒的化学性指标，如各种重金属、氰化物、多环芳烃、卤代烃、各种农药等；第三种为氧平衡指标，如溶解氧（DO）、化学需氧量（COD）、生物需氧量（BOD）、总需氧量（TOD）等。生物性水质指标一般包括细菌总数、总大肠杆菌数、各种病原菌及病毒等。

地下水水质评价是地下水资源评价的重要组成部分，地下水水质评价实际上就是对地下水水质进行定量评价。根据现阶段国家颁布的规范、标准，按照技术要求进行地下水采样分析，依据不同用途对水质的要求，进行地下水水质现状评价，大多是在勘察阶段进行的评价。

地下水水质评价存在着时效性问题。地下水水质评价的时效性主要由两方面因素所决定：一方面地下水水质的成分极为复杂，地下水中的某些成分以前不被人们认识，但随着科技水平的提高而被认识和检测出来。因而，地下水水质评价的标准也要在实践中不断地总结、修改，逐渐完善。在进行水质评价时，应以最新标准为依据，不仅考虑水质的现状是否符合标准，还应考虑是否有改善的可能，即经过处理后能否达到用水标准。另一方面，由于地下水始终处于不断的循环交替之中，在自然、人类的影响之下，地下水的水质不断变化，勘察阶段所进行的地下水水质评价结果随着时间的推移往往还会发生变化。因此，水源地建成后也要进行水质监测并定期评价，预测地下水开采后水质可能发生的变化，提出卫生防护和管理措施。

地下水水质评价应反映出区域地下水水质的整体特性。因此，应使水质样本的空间分布能够在宏观上最大限度地实现对地下水水质状况的控制，在采样点得到的地下水水质信息能够代表整个系统的水质状况。同时，提高成井工艺水平、采样技术及水质检测水平，以保证地下水水质评价的精度。

近年来，随着地下水科学技术的发展以及人们对环境问题认识的不断深化，地下水环境质量评价工作越来越得到重视。地下水环境质量评价是环境质量评价工作的重要组成部分，它与常规供水水质评价既有联系又有区别。地下水环境质量评价是一项全新的工作，在概念、理论与技术方法上还在不断地完善。

第二节　供水水质评价

一、生活饮用水水质评价

生活饮用水应符合下列基本要求：(1) 水的感官性状良好；(2) 水中所含化学物质及放射性物质不得危害人体健康；(3) 水中不得含有病原微生物。

因此，评价生活饮用水时应包括地下水的感官指标、一般化学指标、毒理学指标、细菌学指标和放射性指标。

(一) 地下水水质的物理性状评价 (感官评价)

生活饮用水的物理性状应当是无色、无味、无臭、不含可见物，清凉可口 (水温 7～11℃)。水的物理性状不良，会使人产生厌恶的感觉，同时也是含有致病物质和毒性物质的标志。例如，含腐殖质的水呈黄色，含低价铁的水呈淡蓝色，含高价铁或锰的水呈黄色或棕黄色；水中悬浮物多时呈混浊的浅灰色，硬水呈浅蓝色；含硫化氢的水有臭鸡蛋味，含有机物及原生动物的水可能有腐味、甜味、霉味、土腥味等，含高价铁有发涩的锈味，含硫酸铁或硫酸钠的水呈苦涩味，含氯化钠过多的水则有咸味等。

(二) 地下水的一般化学指标评价 (普通溶解盐的评价)

水中溶解的普通盐类，主要指常见的离子成分，如氯离子 (Cl^-)、硫酸根离子 (SO_4^{2-})、重碳酸根离子 (HCO^-)、钙离子 (Ca^{2+})、镁离子 (Mg^{2+})、钠离子 (Na^+)、钾离子 (K^+)，以及铁、锰、碘、锶、铍等。它们大都来源于天然矿物，在水中的含量变化很大。它们的含量过高时，会损及水的物理性状，使水过咸或过苦而不能饮用，并严重影响人体的正常发育；它们含量过低时，也会对人体健康产生不良影响。生活饮用水标准中规定，水的总矿化度不应超过 lg/L。由于人体对饮用水中普通盐类的含量具有适应能力，所以在一些淡水十分缺乏的地区，总矿化度为 1 ~ 2g/L 的水也可作为饮用水。

(三) 对饮用水中有毒物质的限制

地下水中的有毒物质种类很多，包括有机的和无机的。目前，各国对有毒物质的限定数量各不相同，主要基于对有毒物质毒理性的研究程度和水平的差异。除了在饮用水水质标准中所限定的有毒物质外，仍有许多有毒物质的毒理性由于现有的研究水平，无法确认其毒理水平而不能给出明确的限定指标。地下水中的有毒物质主要有砷、硒、镉、铬、汞、铅、氟化物、氰化物、酚类、硝酸盐、氯仿、四氯化碳以及其他洗涤剂及农药等成分。这些物质在地下水中出现，主要是地下水受到污染所致，少数也有天然形成的。就毒理学而言，这些物质对人体具有较强的毒性及强致癌性；各国在饮用水水质标准中，对此类物质的含量都有严格控制。有些有毒物质能引起人体急性中毒，而大多数毒性物质随饮用水进入人体在人体内积蓄，引起慢性中毒。有毒物质对人体的毒害作用主要表现为：氟骨症、骨质损害、骨疼病、破坏中枢神经、损伤记忆、新陈代谢紊乱、血红蛋白变性、皮肤色素沉淀、脱发、破坏人体器官的正常功能、致癌等，中毒严重者会导致快速死亡。

二、工业用水水质评价

各种工业生产几乎都离不开水，不同的生产部门对水质的要求也不同。因此，我们应该根据不同工业用水水质的限定要求，在供水水文地质勘察与水质的评价中，系统地、有重点地在拟开发的地下水水源地布置水质采样点，按照工业用水的水质标准，全面评价水源地的水质状况。由于工业用水种类繁多，没有必要一一列举，现仅简述主要工业的水质评价。

(一) 锅炉用水水质评价

不同的工业生产对水质有不同的要求。锅炉用水是工业用水的基本组成部分，因此对工业用水的水质评价，一般首先对锅炉用水进行水质评价。

蒸汽锅炉中的水处在高温高压条件下，由于成垢作用、气泡作用和腐蚀作用等各种不良的化学反应，严重影响锅炉的正常使用。因此，对于这3种作用的影响程度的评价是十分必要的。

(二) 地下水的侵蚀性评价

天然地下水对工程建筑物的危害主要表现在对金属构件的腐蚀和对混凝土的侵蚀破坏。当地下水中含有某些成分时，会对建筑材料中的混凝土、金属等有侵蚀性和腐蚀性。当建筑物经常处于地下水的作用下时，应进行地下水的侵蚀性评价。关于地下水对金属的腐蚀作用，在评价锅炉用水时已经作过介绍，其原则方法同样适用于对建筑物金属构件的腐蚀性评价。含有氢离子的酸性矿坑水、硫化氢水和碳酸矿水的腐蚀性最强。大量试验证明，地下水中的氢离子、侵蚀性二氧化碳、硫酸根离子及弱盐基阳离子的存在，对处于地下水位以下的混凝土有一定的侵蚀作用。侵蚀作用的方式有分解性侵蚀、结晶性侵蚀和分解结晶复合侵蚀等。

第三节　矿泉水的水质评价

地下水中某些特殊矿物盐类、微量元素或某些气体含量达到某一标准或具有一定温度时，使其具有特殊的用途，即称之为矿泉水。矿泉水按用途可分为三大类，即工业矿泉水、医疗矿泉水和饮用矿泉水。一般所称的矿泉水主要是指天然饮用矿泉水，即可以作为瓶装饮料的矿泉水。它与一般淡水和生活饮用水有严格的区别，同时也不同于医疗矿泉水。饮用矿泉水盐类组分的浓度、特征化学元素的界限值，一般均低于医疗矿泉水中各化学元素的界限值。与一般的生活饮用水相比而言，饮用矿泉水含有特殊化学成分，特别是含有的一些微量元素具有一定的保健作用。随着人们生活水平的提高，饮用矿泉水在国内外均有很好的销售市场。由于饮用矿泉水水质既关系到矿泉水的质量与品质，也关系到人体健康，因而矿泉水的水质评价是矿泉水评价的核心工作。

一、天然饮用矿泉水基本特征与开发利用现状

（一）天然饮用矿泉水的基本特征

1. 埋藏在地层深部，沿断裂带或通过人工揭露出露于地表。

2. 地下水通过深部循环，与围岩发生地球化学作用，产生一定量的对人体有益的常量元素和微量元素或其他化学成分。

3. 经过长期的溶滤作用，水质洁净，没有受到地面污染，因而不必进行任何净化处理，可直接饮用。

4. 水质、水量和水温能基本保持相对的动态稳定性。

5. 天然饮用矿泉水都是在自然条件下形成的，所以人造矿泉水（包括纯净水）不属于天然矿泉水的范畴。

（二）我国天然饮用矿泉水的分布与开发利用现状

我国的天然饮用矿泉水分布很广，目前全国已知的矿泉水产地多达3500多处，尤以东南、华南各省分布较多，川西、滇西以及藏南地区也较为密集，东北长白山地区矿泉水资源较丰富，华北相对较少，西北地区为数更少。在各类矿泉水中，以碳酸矿泉水、硅酸矿泉水与锶矿泉水数量最多，占全部矿泉水的90%左右。含锌、含锂矿泉水相当少，而含碘、含硒矿泉水为数更少。应当指出的是，以上情况仅为20世纪80年代末的统计数字。随着我国经济的发展与矿泉水开发力度的加大，矿泉水的产地与矿泉水的种类必将有较大的变化。

欧洲的矿泉水工业早在19世纪就开始兴起，到20世纪80年代，年产量就已经达到1000万t以上。我国矿泉水饮料业发展十分迅猛，但仍存在许多问题，如在品种上十分单一，大多数为硅酸矿泉水或含锶矿泉水，在矿

泉水的成因、形成条件、水质与水量的动态变化等勘察方面投入不大，对矿泉水资源的保护不足等。

二、天然饮用矿泉水特殊组分的界限指标与水质评价

天然饮用矿泉水是一种矿产资源。能否定义为天然饮用矿泉水，除了具备来自地下深部循环的天然露头或经人工揭露的，且所含化学成分、流量、水温等具有稳定动态以及其水质不需处理直接达到生活饮用水标准外，还应符合《中华人民共和国饮用天然矿泉水国家标准》所限定的特殊化学组分的界限指标。

此外，应在保证水源卫生细菌学指标安全的条件下开采或装瓶；在不改变天然饮用矿泉水的特性和主成分的条件下，允许曝气、倾析、过滤和除去，或加入二氧化碳。天然饮用矿泉水除了达到国家标准规定的特殊化学组分的界限值外，同时还对某些元素和组分也规定了限量指标以及污染指标与微生物指标，详见《中华人民共和国饮用天然矿泉水国家标准》。

为了确保天然饮用矿泉水的质量，在进行水质评价时，必须以国家规定的标准为依据。标准中没有规定的某些成分，则应参照一般饮用水标准评价。当两者规定有矛盾时，则以饮用矿泉水的标准为准。在评价过程中，还要结合天然饮用矿泉水产地的地质、水文地质条件和动态观测资料进行论证。

第四节　地下水环境质量评价

地下水环境质量评价是环境评价中水环境评价的一部分，地下水环境质量评价主要是以水质为核心问题进行的环境质量评价。除了进行一般性的水质现状评价外，还应对以水质为核心的地下水环境质量做出回顾评价、影响评价，阐明地下水是否受到污染、污染的程度、污染区的分布状况和造成污染的原因及可能的发展趋势。也就是说，地下水环境质量评价不仅要查明地下水环境的演变历史和现状，还要分析人类活动对地下水环境的影响，尤其是不利于人类发展的负效应，以便合理规划地下水资源的开发、利用，采取有效的措施，避免污染，保护地下水环境，确保可持续发展。当前的地下水环境质量评价主要是指狭义的地下水环境质量评价。

一、评价的内容及原则

地下水环境质量评价主要应包括以下内容。

（1）分析、确定污染物的排放特征，包括污染物的组成、含量和物理化学性质、排放方式以及排放速率等。

（2）根据地下水环境特征以及污染物特征，估算被排除污染物增量的时空分布。

（3）评估污染物排放对地下水环境的影响范围、影响时段以及影响程度。

（4）依照有关法规，判断地下水水质的优劣，并提出相应的防治对策、措施及建议。

地下水环境质量评价一般应遵循以下原则。

（1）依据评价范围内的水文地质特征和影响地下水环境质量的主要活动特点，有针对性地进行评价，而且应突出重点。

（2）以国家或地方的法规为准绳，评判人类活动对地下水的影响。在评判时，要特别强调浓度控制和总量控制相结合的原则。

（3）坚持评价和治理并重、评价先行以及短期与长期影响同时考虑的原则。

（4）充分利用现有资料，并根据评价需要，尽可能取得实际勘探及测量数据。开展相应的野外试验和实验室模拟试验工作也是十分必要的。

二、评价的类型

地下水环境质量评价包含3种不同的评价类型，即回顾评价、现状评价和环境影响（预测）评价。

回顾评价是根据本地区历年观测的环境资料，分析地下水环境的演变过程和发展趋势，追溯当前地下水环境恶化的原因，这对于分析污染物的迁移规律是有帮助的。同时，它也可以用于检验环保设施是否达到预期的效果，原来的评价模式、参数以及预测结果是否合理，结论和建议是否得当，以便总结过去的评价工作，为改善评价工作积累经验。

现状评价主要是评价当前的地下水水质，弄清当前污染物分布状况和分布特征及发展趋势，找出主要污染物和污染途径，提出改善地下水环境和防止污染范围扩大的措施。

环境影响评价是根据水文地质条件及其相关参数，利用适当的数学模型，对拟建项目或现行生活、生产活动的排放参数、废水的物理化学特征和排放特征等，估算由于开采地下水、废水排污或其他活动造成的地下水环境中各种污染物浓度增量的时空分布及其发展趋势，并预测它对环境的影响。

第八章　中国煤田水文地质概论

第一节　晚古生代煤田水文地质概述

我国晚古生代的聚煤作用有早石炭世、晚石炭—早二叠世和晚二叠世三个聚煤期。其中，以晚石炭—早二叠世和晚二叠世两个聚煤期为主，其煤炭储量约占各时代煤炭总储量的三分之一，广泛分布于阴山、阿尔泰山以南的广大地区。其中，以贺兰山—六盘山构造带以东，秦岭大别山构造带以北的华北区分布最集中，储量最富；川滇古陆以东，秦岭—大别山构造带以南的华南区次之；西北区、青藏区则较差。

一、早石炭世煤田

古生代时，我国在大地构造上尚未形成统一的中国大陆，而是长期呈现为彼此不相接触的北、中、南三大带：北带以松辽、准噶尔两个地块为核心，其北部则属于西伯利亚大陆的南缘部分；中带以华北、塔里木两大陆块为核心，是中国北方大陆的主体；南带以扬子古陆、羌塘古陆为核心，是中国南方大陆的主体。北带与中带之间，隔有天山—阴山海槽；中带与南带之间，隔有昆仑—秦岭海槽。

比较具有工业价值的早石炭世煤田主要分布于南带（南方大陆）。加里东运动使南带大部分地区隆起为陆，泥盆纪时又由西南向东北开始海侵，至早石炭世，在南带东部，海水沿上扬子古陆、云开古陆与武夷古陆之间达滇东、黔西、湘西北、鄂东南、皖南、苏南等地。晚期（大塘期）出现短暂的海退，沿古陆的边缘沉积了滨海环境下的含煤地层，分布于滇东（万寿山组）、黔西北（旧司段）、桂北（寺门段）、湘中和粤北（测水段）、干中南（梓山段）、浙西（叶家塘组）、鄂南、十东北、皖南（高骊山组）、苏南等地。其中以湘中的侧水段含煤较好，粤北、桂北、黔西北、干南干中次之，其他地区均较差，一般不可采或仅局部可采。

湘中测水段的富煤地带主要分布于芦毛江、金竹山、渣渡、杨家山、伏口、十字路一带以及朝阳、梓门桥、太平寺一带。含煤多达 47 层，可采或局部可采 1～3 层，一般可采 2 层（即 3、5 号煤层）。其中 3 号煤厚度 0～16.2m，平均 1.95m；5 号煤厚度 0～12.3m，局部可达 27.23m，平均 1.9m。以新化、涟源一带煤层最佳，属特低灰、低硫、高发热量无烟煤。粤北曲仁煤田的芙蓉山、大塘、枫湾、厢廊一带为相对富煤地段，江西省的梓山段含煤较好的主要位于干南的兴口杜富圩、宁都王官、瑞金方石山等地。

湘中的测水段下有石磴子灰岩，上有梓门桥灰岩，二者均为岩溶裂隙含水层。但因含有较多的泥质灰岩夹层，使岩溶发育受到一定限制，尤其在垂直方向渗透性能更差，对于煤层开采颇为有利。故在一般情况下，测水段的水文地质条件并不很复杂。但在渣渡矿区的中段，由于金盘龙断层把强烈岩溶化的壶天灰岩直接推覆于煤层顶板之上，煤层顶板断层泉的最大流量竟达 37m³/s，使一部分煤炭储量难以开发。

桂北的寺门段由泥岩、砂岩、泥灰岩及煤层组成，厚度 15～1214m，含煤层及煤线 10～22 层，可采及局部可采 1～3 层，可采煤层总厚度 0.5～4.11m。煤层较稳定及不稳定，煤种为无烟煤，有红茂、罗城、柳州、全兴等矿区。自北而南、自西而东，含煤性变差，层数减少，厚度变薄。寺门段主要由隔水岩层组成，煤层产于良好的隔水层中，距上覆及下伏岩溶含水层均较远，不易直接接触，故其水文地质条件一般都很简单。

早古生代时，我国南带西部长期沉没于昆仑海槽与冈底斯—喜马拉雅海中，二者之间夹持着羌塘古陆、昌都地块及松潘古陆。至早石炭世，海侵范围扩大，羌塘古陆被海水淹没，昌都地块则处于海陆交替环境，从而沿着昌都地块的延伸方向（由南端的北北西转为北端的北西西），在芒康、贡觉、妥坝、囊谦、类乌齐、丁青一带沉积了早石炭世马查拉组含煤地层。煤层位于马查拉组的下部，其含煤性在平面上的变化趋势是中间好，南、北两端较差。如北端的囊谦加麦弄含煤十余层，呈凸镜状，仅局部出现中厚煤层；向南至青藏边界自家铺一带，则煤层层数可达 70～80 层，可采及局部可采 20 余层；一般为薄煤层，稳定性较好。到马查拉一带，煤层达 80 余层，含可采或局部可采煤层 30 层，一般单层厚度 0～0.8m，最大厚度 2.55m，属无烟煤，不稳定至较稳定。南端的金多、加卡等地则仅含煤 4 层，为凸镜状的薄煤层，稳定性差。

马查拉组的下部为含煤段，由泥灰岩、石英砂岩、粉砂岩、泥岩及煤层组成，厚度 560m 以上，以含裂隙水为主。但其下伏泥盆系为稳定的浅海相灰岩，马查拉组的上部又为灰岩段，且该区的断裂构造尤其是新构造异常发育，给地下水的循环及岩溶发育造成了良好条件。故被断层错动，使煤层与泥盆系灰岩或上段灰岩对接时可能会遇到岩溶水问题。但该区处于高寒地带，地表存在永久冻土，补给条件较差，使岩溶发育及富水程度受到了一定的限制；而且该区是新构造运动强烈上升区，岩溶发育应在当地侵蚀基准面以上，兼之地形高差大，河谷切割深，地下水排泄条件好；故煤层开采时虽可能遇到岩溶水问题，但水量不会很大，其煤田水文地质条件应属简单至中等类型。

二、北方石炭二叠纪煤田

中、晚石炭世，北带大都沉没于海水之中，且活动性较强，不利于成煤。仅在西部准噶尔古陆西缘吉乃木、布尔津及塔城以南一带沉积了海陆交替相的中石炭统卡拉岗组含煤地层，由流纹岩、凝灰质角砾岩、凝灰岩夹砂岩、泥岩、灰岩及煤层组成，厚度 1400 余米。在吉乃木至布尔津一带含煤 4～7 层，分层厚度 0.3～3.99m；塔城以南含煤 3～5 层，分层厚度 0.2～1.6m。

中带（北方大陆）则与北带不同。中带自加里东运动时整体隆起为陆后，经过长期剥蚀和夷平，至早石炭世，河西走廊—北祁连地区及柴达木北缘地区开始海侵。中石炭世海侵范围进一步扩大，在河西走廊—北祁连地区堆积了羊虎沟组，在柴达木北缘堆积了克鲁克群。广大的华北地区也开始整体下沉，海水自东西两面大范围侵入，遍及整个华北，在十五个省、市、区的广大范围内普遍沉积了本溪组。本溪组、羊虎沟组及克鲁克群都属海陆交替相的含煤地层，但由于它们都是在总的海侵过程中形成的，地壳活动性较大，成煤时间极为短暂，故所含煤层均为薄煤或煤线，一般不可采，仅局部地区含有局部可采煤层。至晚石炭世、海侵范围达到最大，随后又开始缓慢的脉动式海退，大范围、长时间发育滨海环境，再加上气候、植物等因素，对聚煤作用极为有利，在广大的华北地区、河西走廊—北祁连地区及柴达木北缘地区广泛堆积了重要的含煤地层——晚石炭世太原组。在华北地区，于太原组之上又连续广泛堆积了重要含煤地层早二叠世山西组、下石盒子组及晚二叠世上石盒子组，形成了规模巨大、储量丰富的华北聚煤区。

石炭二叠纪含煤地层在华北地区分布面积非常辽阔，北至阴山古陆及沈阳—和龙隆起，南至秦岭—大别山古陆，东至胶辽古陆，西抵贺兰山—六盘山构造带，包括河北、山西、河南、北京、天津5省、市的全部，吉林、辽宁、内蒙古3省、区的南部，山东省的中部及西部，江苏省的西北部，安徽、陕西两省的北部，甘肃、宁夏两省区的东部，形成横跨15个省、市、区的巨大的华北聚煤区。

这个巨大聚煤区的形成，是由其特殊的大地构造性质与地史条件所决定的。早在元古代时，华北区即已固结成地区，具有很强的刚性和整体性。在早古生代时，整体缓慢下沉，普遍沉积了寒武系和奥陶系浅海相碳酸岩。加里东运动又使其整体上升为陆，经过长期剥蚀夷平后，至中石炭世又开始整体缓慢下沉，海水自东西两面呈脉动式入侵，从而在广阔的中奥陶统石灰岩剥蚀面之上普遍沉积了海陆交替相的本溪组及太原组含煤地层。晚石炭世晚期又开始整体缓慢上升，海水从东南退出，在这个缓慢海退的过程中又继续沉积了早二叠世山西组、下石盒子组及晚二叠世早期上石盒子组，形成了巨大的多纪多组多层的聚煤区。

晚石炭世太原组主要由砂岩、粉砂岩和泥岩组成，间夹灰岩、煤层和少量砾岩，岩相以过渡相、浅海相和沼泽相为主，夹少量冲积相，沉积厚度50～150m。总的趋势是北粗南细，东厚西薄。在北纬37°30' 以北，可采煤层总厚度一般大于10m，最大厚度可达30m（山西平朔矿区），以南则逐渐减薄，至三门峡—确山—徐州一线以南，则太原组中已无可采煤层。

早二叠世晚期，海水已退到北纬34°30' 以南，陆相沉积进一步增多，过渡相进一步减少，气候也由西北向东南逐渐趋于干燥，聚煤作用已显著衰退，泥炭沼泽相主要发育在北纬34°30' 以南地区；以北大部分地区只含有煤线或碳质泥岩，仅在局部地区有局部可采煤层。自北而南，含煤层数增多，厚度增大，淮南煤田最佳，含煤13～16层，大部可采，可采总厚度18.73m。至晚二叠世早期，海水已全部退出本区，几乎全为陆相沉积，干燥气候也继续南移，聚煤作用进一步减弱和南迁至北纬34°30' 以南，由北而南含煤情况逐渐变好，至淮南煤田含煤 18~21 层，煤层总厚度 13.09m。至晚二叠世晚期，本区气候已全部转为干燥，晚古生代的聚煤作用亦随之结束。

第二节 中生代煤田水文地质概述

我国中生代的主要聚煤期有晚三叠世，早、中侏罗世，晚侏罗—早白垩世。晚三叠世煤田主要分布于昆仑—秦岭东西构造带以南的地区，以北的鄂尔多斯盆地、新疆天山南麓的库车地区，吉林东部的浑江流域亦有零星分布。早、中侏罗世煤田主要分布于西北地区及华北地区，华南的粤、湘、赣、闽、鄂等省亦有零星赋存。晚侏罗—早白垩世煤田则集中分布于东北地区及内蒙古东部地区，在西藏南部怒江以西的八宿、路崖、边项一带及阿里地区亦有早白垩世煤系沉积。沿雅鲁藏布江还分布有晚白垩世煤系。

古生代末期，西伯利亚大陆、我国北方大陆与南方大陆先后碰撞和对接，位于北、中、南三大带中的海槽先后封闭和隆起。至中生代初已形成了统一的中国大陆，而不再是以前的北、中、南三大带彼此分离、各自独立运动的局面了。这是中国大地构造史上一个根本性的转折点，从而使我国中生代及新生代的煤田分布也不再像古生代那样完全受制于北、中、南三大带各自的构造运动，而是转为以受气候因素控制为主。但是，陆块碰撞后所形成的结合带高山屏障，还对气候分布存在一定的影响；同一气候带中煤田的具体分布也仍受地质构造所控制；原三大带的构造运动在中生代初期还存在一定的继承性，也对煤田的具体分布产生一定的影响。

晚二叠世晚期，我国潮湿气候带的北缘已南移至秦岭—大别山以南，广大华北地区均转为干燥气候。至早、中三叠世，干燥气候带又进一步扩大，我国基本上均处于干燥气候区，不利于成煤。晚三叠世，秦岭—大别山以南又再次出现热带、亚热带潮湿气候，秦岭与阴山构造带之间则为温带半潮湿气候。决定了我国晚三叠世含煤地层主要分布于秦岭—大别山以南，其次是华北和西北地区。早、中侏罗世，华南地区由半潮湿转向干燥，华北的西北地区则由半干燥转向潮湿，故早、中侏罗世煤田主要分布于华北及西北地区，其次为华南地区。至晚侏罗—早白垩世，从山东至宁夏南部一线以南的广大地区均属热带、亚热带干燥气候区，以北则为温带潮湿、半潮湿气候区，尤其东北及内蒙古东部由于受古太平洋季候风影响，气候十分潮湿多雨，故晚侏罗—早白垩世煤田，主要分布于东北及内蒙古东部地区。

地质构造因素则控制了各时代煤田的具体分布及其具体的煤田地质及水文地质特征。

一、晚三叠世煤田

晚三叠世时，昆仑—秦岭—大别山以南属于热带、亚热带潮湿多雨的气候环境，植物生长茂盛，有利于成煤。昆仑—秦岭—大别山与阴山—燕山之间的广大地区则为温带半潮湿气候带，也可以成煤，但吕梁山以东为隆起区，缺乏晚三叠世沉积，只在吕梁山以西的一些盆地中具有成煤条件。至阴山—燕山以北，则为干燥气候带，且东北地区隆起为东北高地，缺乏沉积，不具备成煤条件。故我国晚三叠世聚煤作用主要发生在昆仑—秦岭—大别山以南的地区，其次是阴山以南、吕梁山以西的东北地区及西北地区。

在华南地区，早、中三叠世仍继承了晚古生代的构造和古地理而貌。印支运动使我国南方广泛隆起为陆，海水分别向东南和西南撤退，并在华南东部呈现出一系列的大致呈北东向排列的隆起与坳陷相间的古地理景观。自东南至西北有浙、闽、粤坳陷带，武夷、诸广隆起带，湘、赣坳陷带，雪峰、九岭隆起带，下扬子坳陷带，川、鄂、黔隆起带，四川盆地等。在上述坳陷带中沉积了晚三叠世内陆山间盆地型、滨海湖盆型及清湖海湾型含煤地层。如湘南粤北的红卫坑组，湘、赣地区的安源组，闽南、粤东的大坑组及文宾山组，闽西北、湘西的焦坑组，浙、赣交界的乌灶组，鄂东南的鸡公山组，皖南的拉犁尖组，苏南的范家场组，四川盆地的须家河组和雾中山组。其中以赣中湘南的安源组及四川盆地的须家河组含煤性较好，安源组含可采煤层1～15层，须家河组含可采煤1～9层，均为薄煤层，仅局部达到中厚煤层，其他地区则均只含局部可采煤层。

在华南西部则沿川滇构造带及青藏川滇扭动构造发育着一系列的南北向以至北西向的断陷带，普遍在其中沉积了较重要的晚三叠世含煤地层。如凌口宝鼎、红坭断陷盆地的大荞地组，滇中断陷盆地的一平浪组，藏东、川西、滇西坳陷带的土门格拉群及巴贡组，均含有多层可采煤层，尤以四川凌口大荞地组含煤最好，可采 2 ~ 73 层，可采总厚 1.87 ~ 58.5m。

在华北地区，太行山以东在三叠世时长期隆起为剥蚀区，以西则在晚三叠系石千峰组之上连续沉积了三叠系。在鄂尔多斯盆地还沉积了晚三叠世晚期的瓦窑堡组含煤地层。但在三叠世末，鄂尔多斯盆地普遍隆起并发生宽缓褶皱，使瓦窑堡煤系大部剥蚀，仅在盆地中部保存一小部分。煤层多而薄，可采 2 层，可采总厚度 2.75m。

在青海祁连山南麓的木里、西宁盆地（默勒群），新疆准噶尔盆地（郝家沟组），天山南麓的库车盆地（塔里奇克组）亦有晚三叠世含煤地层分布，可能与西域系坳陷带及天山南麓的坳陷带有关。库车盆地的塔里奇克组含煤较好，可采 15 层，平均可采总厚 35.41m，最厚 51.28m；默勒群则含煤性较差，煤层薄而不稳定。

我国晚三叠世含煤地层除了西藏东部的土门格拉群含有少量薄层石灰岩存在裂隙岩溶水外，其他地区均不含石灰岩。煤层中以砂质岩层中的裂隙水为主，不含岩溶水，其水文地质条件一般均比较简单。煤矿充水因素主要为大气降水、地表水或新生界砂砾层水通过风化裂隙、构造裂隙进入矿井。矿井涌水量一般每小时只有十几立方米至几十立方米，雨季时往往能增大到每小时几百立方米至千余立方米。如四川盆地达县矿区柏林煤矿涌水量平时每日不足 2010m^3，但雨季时可达 1 ~ 3 万 m^3。在开采浅部煤层时还须注意老窑积水。

此外，在赣中的萍乡东平、安福、花鼓山等矿区，安源组的下伏地层为早三叠世大冶灰岩，并部分地不整合于长兴灰岩及茅口灰岩之上；粤北的红卫坑组则直接覆于早石炭世石灰岩之上；四川盆地的须家河组的下面伏有中三叠世的雷口坡灰岩及早三叠世嘉陵江灰岩，均不同程度地存在底板岩溶水问题，萍乡煤矿遇茅口灰岩时的涌水量曾达 4998m^3/h。

广东圹村的晚三叠世含煤地层被石炭系石灰岩飞来峰所覆盖，西藏土门格拉晚三叠世含煤地层的上覆地层为侏罗纪石灰岩，因而存在顶板岩溶水问题。

断层还往往使含煤地层与下伏或上覆灰岩含水层直接接触或成为灰岩水进入矿井的通道。江西萍乡矿区青山煤矿遇滴水岩断层时的涌水量为

$234m^3/h$。

二、早、中侏罗世煤田

晚三叠世末的印支运动对我国东部地区影响强烈，不利于成煤。西部地区则印支运动不明显。在天山南、北的准噶尔、吐鲁番及伊宁盆地，下侏罗统与上三叠统为连续沉积，且气候潮湿，聚煤作用发育良好，形成了大型煤田。早侏罗世晚期至中侏罗世，东部地区地壳活动渐趋稳定，地势渐趋夷平，气候亦由半干旱转向潮湿，因而聚煤作用亦从西部扩展至整个西北、华北地区。华南地区在早侏罗世早期气候虽比较潮湿，但由于印支运动的影响，地形差异显著，聚煤程度弱。后期地势虽渐趋夷平，但气候又转为干旱，聚煤作用衰退，故华南诸省的早、中侏罗世含煤地层分布虽较广泛，但含煤性都较差。

早、中侏罗世是我国最主要的聚煤期，其煤炭储量约占我国煤炭总储量的60%。早、中侏罗世的主要煤田多形成于天山—阴山及秦岭—昆仑两大东西构造带南、北两侧的坳陷带和内部次级坳陷内。自西而东有塔里木南、北缘，伊宁，准噶尔，吐鲁番，柴达木北缘，青海大通河、靖远—会宁，鄂尔多斯，大青山，大同，北京，蔚县，北票，田师付等主要煤田。其中以准噶尔盆地规模最大，鄂尔多斯盆地次之；塔里木南、北缘煤盆地，吐鲁番煤盆地及伊宁煤盆地亦均为规模巨大的大型煤盆地；其他则均为中、小型煤田。

我国北方的早、中侏罗世含煤地层全为陆相沉积。除了河北的蔚县煤田，早侏罗世含煤地层直接超覆于寒武系及奥陶系石灰岩之上，吉林的杉松岗煤田由于燕山期逆掩断层的多次推覆，使早侏罗世含煤地层与中奥陶统石灰岩多次交互叠置呈多层叠牒状，因而存在岩溶水的威胁。其水文地质条件比较复杂外，其他煤田含煤地层的上覆及下伏地层亦均为陆相沉积，以含裂隙水为主，孔隙水次之，均不存在岩溶水问题，其水文地质条件都比较简单。

现将其中几个有代表性的煤盆地或煤田的地质及水文地质条件简介如下。

（一）准噶尔煤盆地

准噶尔煤盆地位于新疆北部天山、阿尔泰山及扎依尔界山之间，盆地面积近 20 万 km^2，略呈三角形，为我国规模最大的早、中侏罗世煤田，同时还蕴藏有丰富的石油。该盆地自三叠纪开始，中、新生代不断沉降，接受了万余米的巨厚沉积。其中早、中侏罗世含煤地层水西沟群断续出露于盆地边缘，以盆地南缘发育最好，西起乌苏，东至吉木隆尔，绵延 500 余公里。水西沟群自下而上可分为八道湾组、三工河组及西山窑组。八道湾组属早侏罗世，假整合成连续沉积于上三叠统小家沟群之上。为湖泊、沼泽相沉积，主要由灰白色、灰绿色砂岩、砾岩，灰黑色、紫红色泥岩，粉砂岩，夹煤，炭质泥岩及菱铁矿组成。含可采煤层 10 层，可采总厚达 10.7 ~ 16.41m。属中灰低硫气煤和气肥煤。三江河组属早—中侏罗世，为湖泊沉积，由灰黄色、灰绿色泥岩、砂岩、砂砾岩，灰褐色砂质泥岩，粉砂岩，炭质泥岩夹煤线组成，并夹有迭锥状湖相灰岩。本组不含可采煤层。西山窑组属中侏罗世，为湖泊、沼泽相沉积，由灰绿色、灰白色砂岩、砾岩，灰绿色、灰蓝色泥岩，粉砂岩，炭质泥岩及煤层组成，并夹有菱铁矿。含可采煤层，多为中厚煤层，并有巨厚煤层发育，可采总厚 108.58 ~ 151.11m，单层最大厚度达 63.96m（B42 煤），属中灰中硫气煤和长焰煤。富煤中心位于盆地南缘，沿天山北麓呈条带状展布，盆地中部则覆有巨厚的白垩系及第三系，煤层埋藏很深。

水西沟群及其下伏与上覆地层全为陆相沉积，以砂质岩层中的裂隙水为主，孔隙水次之。盆地四周高山常年积雪，冰川发育，夏季雪水融化，汇入盆地，一部分沿盆地边缘基岩露头渗入基岩含水层，一部分由地表流向盆地中部消失于古尔班通古特沙漠之中，最后完全消耗于蒸发。煤层露头部位常有以雪水为源的溪流通过，还往往有冰碛层、冰水堆积或古河床砂砾层沿煤层露头部位展布。这些地表水流及第四系砂砾层中的水，是煤系中砂岩裂隙含水层的主要补给水源，也是煤矿开采时的主要充水来源。愈往盆地中部，则地表水流愈少，气候也愈干旱，补给条件愈差，地下水的交替愈停滞，地下水的排泄愈依赖于蒸发，水的矿化度愈高，形成明显的水平分带性。盆地边缘的矿井涌水量一般为 $100m^3/h$ 左右，最大可达 $870m^3/h$。矿井水主要来自浅部，愈往深部则补给条件与岩层裂隙发育程度均愈差，矿井水量增加愈少，或基本不增加。故矿井涌水量主要随着走向开采长度的增大而增大，随着距地表水、古河床沙砾层或冰水堆积层的距离的增大而减小，与开采深度的关系则不显著。

（二）鄂尔多斯煤盆地

鄂尔多斯盆地是我国第二个特大型早、中侏罗世煤盆地。其规模仅次于准噶尔盆地，面积约 18 万 km²。北至阴山南麓，南至秦岭北麓，东界吕梁山，西抵贺兰山。包括内蒙古的东胜煤田，陕西的榆神府煤田，宁夏的碎石井煤田，甘肃的华亭煤田、安口—新窑煤田，以及这些煤田所包围的广大范围。盆地中除了早、中侏罗世含煤地层外，还广泛地下伏有石炭二叠纪含煤地层；在陕西的富县—横山一带还下伏有晚三叠世含煤地层（瓦窑堡组）。早、中侏罗世含煤地层自下而上可分为富县组、延安组、直罗组和安定组。其中延安组为主要含煤地层，其他仅局部夹有薄煤或煤线。延安组主要由河床相砂岩，湖泊相泥岩、粉砂岩、滨湖相砂质泥岩、细砂岩及湖泊沼泽相炭质泥岩和煤交互组成。含煤 10 组，每组均有 1~3 层可采煤层。在东胜煤田，可采 4~11 层，单层最厚 10.33m；在榆神府煤田，可采 4~10 层，单层最厚 12.07m；在碎石井煤田，可采 6~14 层，单层最厚 12.52m；在焦坪煤田，可采 1~3 层，单层最厚达 34m（42 号煤）；在华亭煤田，可采 5~7 层，单层最厚可达 60.19m（10 号煤）。

鄂尔多斯煤盆地不仅规模巨大，而且地层平缓，构造简单。除了盆西部边缘地带有少量断层，并使岩层倾角局部变陡外，广大范围内均未发现断层，岩层倾角只有 3°~5°。一般呈非常宽缓的向斜和背斜，作波状起伏。许多地段适于大型露天开采。

鄂尔多斯盆地南部为半干旱黄土高原，北部为干旱沙漠地带，降水稀少，地下水补给条件差。延安组岩石粒度组成较细，裂隙一般不发育，含水比较微弱。但在煤层露头部位，由于煤层曾普遍自燃，使每一煤层露头部位的顶板存在十数米至数十米的"烧变岩"带，不但裂隙异常发育，而且存在许多空洞，裂隙最大宽度可达 14cm，空洞最大直径可达 10cm，含水比较丰富。还由于煤层层数较多，层间距较小，地层倾角平缓，各层的"烧变岩"连成一片，形成一个分布较广的含水带。在沟谷中往往有泉出露，大者可达 78.3~311.7m³/h，而且水质优良。因此，"烧变岩"带无论对于煤层开采或对于矿区供水，都不宜忽视。

分布于煤层露头之上的第三纪及第四纪含水砂层及砂砾层，虽然厚度、水量都不大，但在浅部开采时，常发生突水、溃砂事故，给煤矿生产带来很大麻烦，甚至能造成矿井淹没，必须予以事先疏干。

延安组的下伏地层晚三叠世延长群亦为陆相沉积，含水非常微弱，因而不存在底板水问题。延安组的上覆地层为中侏罗世直罗组，其上部泥岩、粉砂岩段为相对隔水层，它有效地阻止了白垩系洛河砂岩含水层及新生界含水层中的水，使其难以对开采延安组煤层的矿井充水。下部中粗砂岩、砂砾岩段为弱含水层，一般厚 40~60m，最厚可达 125m。浅部裂隙较发育，泉水流量 0.01~1L/s，钻孔单位涌水量 0.01~0.2L/s·m，40m 以下富水性减弱，钻孔单位涌水量 < 0.01L/s·m。矿化度亦随之增高，在黄陵矿区中深部高达 14.1g/L。地下水已非常停滞，对煤矿开采无甚危害。

现有生产矿井的涌水量一般都不大。主要充水水源为风化带裂隙水或第四系含水层中的水通过风化裂隙带渗入矿井。此外，还须注意老窑积水与烧变岩带中的水。

本盆地早、中侏罗世煤田的供水水源都比较困难，尤以北部、中部为甚。可作为取水对象的含水层如下。

（1）奥陶系灰岩含水层。分布于盆地南部及东部边缘。含水虽然比较丰富，可作为大型供水水源，但距早、中侏罗世煤田都较远，建设水源工程的费用较高。

（2）侏罗系烧变岩含水层。分布于各煤层露头部位。虽然距矿区很近，可以就地取水，但其分带范围有限，含水不很大，且易受矿井疏干影响，只可作为小型临时水源。

（3）白垩系洛河砂岩含水层。广泛分布于煤系之上。距矿区较近，且其下有直罗组上部泥岩隔水层，不易受矿区疏干影响；但其含水性只属中等，钻孔单位涌水量在 1L/s·m 左右，只宜建立中小型水源。且其岩性由南向北逐渐变细，含水性亦逐渐变小，至榆神府矿区已失去供水价值。

（4）第四系砂砾含水层。呈条带状分布于各河流的河谷中。在盆地南部和西部粒度较粗，水量较大，可建立中小型水源地；在北部和中部则粒度较细，渗透性能较小，厚度也低薄，在有利地段可以建小型水源。

(三) 大同煤盆地

大同煤盆地位于山西省北部,具有石炭二叠纪与早—中侏罗世双套含煤地层的煤田,是我国重要煤炭基地之一。含煤盆地呈北东向椭圆形分布,含煤面积约 1800km^2。其中早—中侏罗世含煤地层又呈较小的北东向椭圆形分于盆地的东北部,含煤面积约 700km^2。

本盆地的早、中侏罗世含煤地层称为大同组。在南部整合于早侏罗世永定庄组之上,向北则不整合超覆于石炭二叠纪含煤地层之上。大同组由灰白色砂岩、深灰色粉砂岩、泥岩和煤层组成,底部为含砾粗砂岩,属河流相与内陆湖泊沼泽相交替沉积。厚度一般为 220m 左右。其中主要可采 6 层。厚度稳定,煤种为弱黏结煤。下部层以南部发育较好,上部层则以北部发育较好。

大同组的下伏地层永定庄组是一套紫红色粗碎屑岩,主要由粗砂岩、砂砾岩、砂岩、砂质泥岩、粉砂岩组成,厚约 150m。不含煤层 3 上覆地层为中侏罗世云岗组,是一套灰白、灰绿、紫红色碎屑岩,下部以中、粗粒砂岩、砂砾岩为主,上部薄砂岩、粉砂岩、砂质泥岩互层。厚度约 100 ~ 230m。

煤田构造为一北东向不对称向斜。西北翼宽缓,倾角仅 5° ~ 15° ,并被白垩系所覆盖;东南翼狭窄,倾角 20° ~ 60° ,边部直立或倒转。较大断层仅见于东南及东北边缘,向斜的内部只有落差 5 ~ 10m 的小断层。

大同煤田处于半干旱黄土高原,多年平均降水量仅 419.88mm,多年平均蒸发量 1811.7mm。蒸发量大于降水量 4.3 倍。且降水比较集中 (每年 7 ~ 8 月),易于成洪峰排泄,故地下水的补给条件差。

煤田内主要含水层为十里河及口泉沟河谷第四系砂砾含水层,厚度为 0 ~ 20m,钻孔单位涌水量为 1.21 ~ 9.47L/s·m,对埋藏于河谷地段的浅部煤层开采有一定影响。其次为基岩风化裂隙含水带,在河谷地段一般深度为 30 ~ 60m,在两岸台地上则为 50 ~ 110m,钻孔单位涌水量为 0.13 ~ 1642L/s·m,最大可达 20.07L/s·m,是降水和地表水向矿井充水的主要途径。在风化裂隙带以下,大同组及下伏与上覆地层的含水性都比较微弱,钻孔单位涌水量均小于 0.1L/s·m,对矿井充水作用很小。

大同组煤层除西北部和西南部外,已大部开采。

矿井的主要充水水源为:

（1）降水通过基岩风化裂隙带补给矿井；

（2）开采河谷附近的浅部煤层时，地表水及河谷砂砾层水通过基岩风化裂隙带渗入矿井；

（3）浅部老窑积水；

（4）断层出水，矿区内的断层一般不含水或含水甚微。但当断层通过河谷地带时，断层裂隙带可能含水。如燕子山低坊头进风井 2 号回风槽于 1994 年 3 月 17 日掘进至 580m 处，遇一走向北东、断距仅有 0.81m 的小断层，曾出水 60 ~ 80m^3/h。12h 后水量变小，现只见滴水和细流。

（四）蔚县煤田

蔚县煤田位于河北省西部蔚县断陷盆地的西部，面积约 600km^2。含煤地层为早—中侏罗世下花园组，主要由泥岩、粉细砂岩、中粗砂岩和煤层组成，厚度 49.6 ~ 345.8m，平均 232m。含可采煤层 8 层，主要可采 4 层，并集中于下部。其沉积基底为下奥陶统及寒武系。下奥陶统主要由厚层状结晶白云岩、灰质白云岩及灰岩组成；寒武系由厚层状灰岩及竹叶状灰岩组成。前者组成煤田的南部基底，后者组成煤田的北部基底。

下花园组的上覆地层由下至上为中侏罗世九龙山组、髫髻山组及后城组。九龙山组为一套凝灰质胶结的杂色砂砾岩、粗砂岩、中砂岩及粉细砂岩；髫髻山组为一套由安山岩、安山集块岩、火山角砾岩及凝灰质砂砾岩组成的火山碎屑岩；后城组为一套泥质胶结的杂色砾岩、凝灰质砂岩及砂砾岩。在煤田南部还广泛覆盖有第四系砂砾、粉细砂、亚黏土及黄土。

煤田内构造简单，岩层倾角平缓，仅 5° ~ 15°，总体走向北东，倾向南东，并作波状起伏。断层有北东东和北北西两组，前者多为高角度正断层，后者多为平推逆断层。

由于本煤田含煤地层下花园组直接覆于寒武系及下奥陶统石灰岩之上，而且主要可采煤层又集中分布于下花园组的下段，其中 1 号煤层开采时存在底板岩溶水的威胁。这是本煤田在水文地质条件上不同于前述各早、中侏罗世煤田的显著特点。而这一特点又是由本煤田特定的地质历史与所处的大地构造部位决定的。

本煤田位于华北古生代坳陷的北缘及天山—阴山巨型构造带东段的南缘，在印支运动中强烈隆起，使中奥陶统及其以上地层全部剥蚀，原来深埋于地下的寒武系及下奥陶统直接出露地表并经受岩溶化。至早侏罗世又发生断陷，在断陷盆地中堆积了早中侏罗世含煤地层，使下花园组直接覆于寒武系及下奥陶统岩溶化灰岩含水层之上，遂形成了今日蔚县煤田不同于其他早中侏罗世煤田的特有的水文地质条件。

由于岩性上的差异，下奥陶统的岩溶发育程度要比寒武系强烈得多。在蔚县南山可见直径数米的大溶洞，盆地西部下奥陶统水神泉的涌水量达690~1201L/s，煤田内的勘探钻孔亦揭露有直径数米至十数米的大溶洞。岩溶裂隙主要发育在灰岩剥蚀面以下50m的深度范围内，95%以上的钻孔在此深度范围内钻进时均发生漏水。钻孔单位涌水量1~3L/s·m，导水系数100~400m²/d。煤田西部的玉峰山开采1号煤层时曾发生6次底板突水，其中两次导致淹井，其水量分别为600m³/h及400m³/h。

寒武系则岩溶化程度较差，在蔚县南山地中虽见有溶洞，但在钻探中一般只见有溶孔，局部见有大于0.1m的小溶洞。钻孔抽水的单位涌水量也一般小于0.1L/s·m。

至于下花园组本身的含水性以及其上覆地层九龙山组、髻髻山组、后城组的含水性，都比较微弱，对煤矿充水作用不大。第四系砂砾层虽含水较富，但有巨厚的相对隔水岩层的阻隔，难以对煤层开采起到直接的充水作用。

在燕山运动及喜马拉雅运动中，蔚县煤田及其周围产生北东东及北北西两组断裂，将原来分布很广的寒武系及奥陶系岩溶含水层切割成为彼此不连续的封闭或半封闭块段，使蔚县煤田处于北有阳原南山断层，南有壶流河断层，东有右所堡松枝口断层，西有暖泉断层四面断层包围之中。其中南、北两面形成隔水边界，东、西两面形成半阻水边界，从而使煤田中寒武系及中奥陶统含水层的补给条件及地下水量受到了很大的限制，使矿区疏干成为可能。这一点，已为南留庄多井干扰抽水资料所证实。

至于我国南方的早侏罗世地层，虽亦有广泛分布，但其含煤性均较差。中侏罗世地层则一般不含煤。早侏罗世含煤地层以鄂西（秭归、荆当）及鄂东南的香溪组；湘南、粤北、桂东的造上组含煤稍好，含有一至数层不稳定的可采或局部可采煤层。香溪组为陆相沉积，其水文地质条件一般简单。造上组为泻湖海湾相沉积，水文地质条件中等至复杂。桂东西湾煤田下侏罗统大岭组，厚度120～263m，下部为含煤段，含可采及局部可采煤层6层，分上、下两个煤组，煤组间为厚层石灰岩，一般厚度29m。下煤组为主要含煤段，厚度0～38m，一般厚度18.7m；上煤组厚度0～92m，一般厚度26.7m。上部无煤段为厚层隐晶质灰岩厚度0～164m，一般厚度85m。大岭组之下为天堂组，厚度20～150m，由紫灰角砾岩及紫红色泥岩及硅质泥岩组成。其下伏地层为古生代灰岩，大岭组灰岩及古生代灰岩中均富含岩溶裂隙水，并有富江及拱河流经其上，曾因河水导入矿井而造成停产。

第三节　新生代煤田水文地质概述

我国新生代早第三纪及晚第三纪均有重要的含煤地层堆积，第四纪泥炭分布也比较广泛。但后者研究程度很差，本书暂不论及。

第三纪是我国主要聚煤期之一。从始新世、渐新世、中新世至上新世，均有煤层堆积。始新世至渐新世煤田主要分布于东北及华北北部地区，尤以郯庐断裂以东含煤性较好。中新世至上新世煤田则主要分布于东南沿海至云南、西藏一带，尤以云南为最好。因此，我国的第三纪煤田分布自然形成东北—华北及西南—华南两大不同时空的聚煤区。

我国第三纪煤田的这种从老至新、由东北向南迁移的时空分布特征，是由第三纪时我国潮湿气候带的分布和变迁所决定的。在早第三纪时，我国的潮湿气候带主要分布于大兴安岭—吕梁山以东、北纬34°以北地区，其次为台北—昆明—拉萨一线附近及其以南地区（即古南岭至藏北高地以南地区）。至晚第三纪，则潮湿气候带迁移到杭州—成都至可可西里—巴颜喀拉山地以南地区，故东北—华北聚煤区以早第三纪煤田为主，西南—华南聚区以晚第三纪煤田为主。

至于第三纪煤田的具体分布，则与晚期燕山运动及喜马拉雅运动所产生的断陷带及坳陷带密切相关。早第三纪含煤地层沉积于燕山晚期运动所形成的构造盆地之中；而晚第三纪含煤地层则是沉积于早第三纪末的喜马拉雅运动所形成的断陷盆地之中。二者在沉积上不连续，在空间分布上也不一致。

一、早第三纪煤田

白垩纪末，我国东部地区在早期燕山运动所形成的北北东向隆起与坳陷的基础上，又进一步产生了一系列的北北东向断裂及断陷带。东北—华北聚煤区的早第三纪含煤地层主要沉积于这些北北东向断陷带中，其次是沉积于松辽坳陷及华北坳陷的边缘部分。大、小含煤盆地达40余个。其中主要的有抚顺、梅河、沈北、永乐、依兰、舒兰、珲春、黄县等煤田。其中抚顺、依兰为长焰煤，其他均为褐煤。抚顺煤田含煤情况最好，含煤3层，单层最大厚度可达97m。著名的抚顺露天煤矿即主采此层。其次为沈北煤田，含煤2层，单层最大厚度18.5m。黄县煤田含煤4层，单层最大厚度9.88m。抚顺、依兰、沈北、黄县煤田还含有油页岩层。

在西南—华南聚煤区的南部亦有早第三纪含煤地层分布，其中主要的有茂名、南宁、百色等煤田。其含煤性较东北区为差。

我国的早第三纪含煤地层以陆相沉积为主，华南沿海地区虽有浅海相、泻湖相沉积，但仍为碎屑岩，不含岩溶水。其上覆地层及下伏地层亦无岩溶水的威胁。

早第三纪煤系堆积后，其沉降深度和上覆岩层厚度一般均不大，煤系岩层所承受的温度、压力均较低；从成煤至今所经历的时间较短，所经历的构造运动也较少。故煤系岩石的固结程度与石化程度均较低，组成岩石的颗粒之间的原生孔隙仍基本保存，砂质岩石呈松散或半松散状态，泥质岩还具有较大的塑性，裂隙一般不甚发育。煤系岩层中以含孔隙水为主，裂隙水只有局部意义。岩石的粒度组成、分选性及胶结程度对其含水性及透水性起主导作用。断层一般只对两盘的含水层、隔水层起着错位或对接作用，断层裂隙带及其导水作用一般不很显著。但东北的抚顺、依兰煤田，煤系岩石的固结程度与石化程度稍高，可呈半坚硬状态，裂隙亦比较发育，裂隙水也具有比较重要的地位，尤以风化带及断层带较为显著。但与古生代及中生代煤田相比，其裂隙发育程度及其导水作用仍有逊色。

开采早第三纪煤田时，往往在工程地质条件上遇到很大困难。一是流沙溃入井巷，二是巷道严重变形，三是露天边坡不稳。

当未固结的饱水粉砂层含有一定数量的亲水矿物（如蒙脱石、伊利石、水云母等）时，这种粉砂层便称为流沙层。流沙的持水度很大而给水度很小，水、砂不易分离。一经扰动或振动，便迅速液化，呈流体状态流动，其休止角近似于零。吉林省的舒兰煤田的煤层顶、底板存在多层较厚的流沙层，曾给煤田地质勘探、煤矿建设和生产造成不少困难。当巷道揭露流沙层或揭露通过流沙层的未封闭钻孔时，或当采区或巷道顶板冒落触及流沙层时，或煤层底板与下伏流沙层之间的隔水层厚度和强度不足以抵抗下伏流沙层的压力，使采区或巷道底板发生底鼓和破裂时，流沙就会大量溃入井巷，轻则吞没部分巷道及片盘，重则毁灭整个矿井；还曾造成井下工人死亡；而且清除恢复井巷的工作异常困难。大规模的流沙冲溃，还可导致地表沉陷，危及地面建筑安全。

开采这类煤田时，必须采用特殊的方法提前很长的时间进行预先疏干，使流沙失去其流动性，方可安全开采。舒兰煤矿在与流沙层作斗争中已积累了比较丰富的经验。

至于一般的含水砂层（即所谓"假流沙"），虽也能溃入并充填部分巷道，但其流动与危害性要比真流沙小得多。且水、砂易于分离，疏干和治理也比较容易，只是水量较大而已。

早第三纪煤系中的黏土质岩层，具有较大的塑性，一经巷道揭露，便失去原来的静力平衡，向巷道缓慢移动，使巷道产生底鼓、顶垂、帮凸、断面缩小、支架折断、铁轨上拱和弯曲等现象，使井巷维护十分困难。辽宁省的沈北煤田，吉林省的梅河煤田、珲春煤田，山东省的黄县煤田，广东省的茂名煤田，广西省的南宁、百色煤田，在矿井生产中都深以为患。

当用露天方法开采第三纪煤田时，则边坡稳定性问题要比古生代及中生代煤田复杂得多。由于岩性松软，其内摩擦角和凝聚力一般都很小，故边坡不易稳定。还由于黏土岩持水度大，具有塑性，易于膨胀、崩解及变形，承载力很低，在采矿机械及车辆作用下易于下陷或返浆；砂质岩层松散含水，粒度愈细时愈不易疏干，愈易流动。故用露天方法开采第三纪煤田时，须用较小的边坡角和较严的疏干措施。尤其当煤层底板存在蒙脱土、凝灰质黏土或含亲水矿物较多的黏土层、流沙层时，则问题更为复杂。抚顺露天矿煤层底板下面的凝灰岩（或凝灰质粘上），曾使露天边坡多次发生大规模滑动，造成重大损失。虽经过大规模的水文地质及工程地质工作，采取过各种

145

疏干和治理措施，但至今犹未能彻底消除边坡滑动的隐患。

二、晚第三纪煤田

晚第三纪煤田主要分布于杭州—成都—唐古拉山以南地区。东起台湾，西至西藏的巴喀，北至唐古拉山南麓的丁青、类乌齐和川西的白玉昌台，南至海南省的长坡，晚第三纪含煤盆地大小数百个。大者近千平方公里，小者不足一平方公里。其中以云南省最为发育，含煤最富，为我国晚第三纪主要聚煤区。晚第三纪煤的变质程度一般很低，除了滇西的剑川、西藏的南木林及台湾等少数地区有低变质的烟煤外，其他绝大多数均为褐煤。

中新世含煤地层在云南省比较发育，含煤性较好。如开远的小龙潭盆地、南华昌合盆地、寻甸先锋盆地、宜良凤鸣村盆地、弥勒盆地等均有巨厚煤层的形成。小龙潭可采煤层仅1层，但其最大厚度可达222.96m；先锋含可采煤层6层，单层最大厚度174.59m。在台湾省，中新世纪也是主要聚煤期，但煤层厚度较薄。

上新世含煤地层在西南地区分布较广，以滇东、滇东北及川西地区的含煤性为最好。如滇东北的昭通盆地、滇东的曲静盆地、滇中的罗茨盆地等，均含有厚煤或巨厚煤层。其中昭通盆地含可采煤层3层，可采总厚最大193.77m，单层最大厚度125.24m。

黑龙江省东北部的三江平原中，也有晚第三纪中新世至渐新世褐煤分布。其中七台河南区含煤面积千余平方公里，含煤12层，可采5层，可采总厚1.9～15.5m。煤层结构复杂，厚度变化大。

晚第三纪含煤盆地的分布，与构造的关系非常密切。在川西、滇东地区，晚第三纪含煤盆地群沿着一系列的南北向断陷带展布。滇西及西藏地区，晚第三纪含煤盆地群沿着北西向反S形扭动构造带及其配套断陷带分布。滇东、桂南及其以东，晚第三纪含煤盆地的分布，则以沿北北东向断陷带为主，兼受东西向及北西向构造的控制。

晚第三纪含煤地层的沉积厚度与沉陷深度一般均不大。除了台湾省的晚第三纪的沉积厚度可达7000m外，其他地层一般只有数百米。其上除了有薄的第四系覆盖外，别无其他覆盖层。含煤地层所受的温度、压力均很低。兼之，从成煤至今所经历的时间与构造运动，比早第三纪含煤地层更短和更少。因而晚第三纪煤系岩层的固结程度、胶结程度与石化程度都更差。砂质岩层一般呈松散状态或半胶结状态；泥质岩层则一般呈塑性状态。甚至与第四系砂层及黏土层相差无几。但台湾、剑川及南木林等少数煤田的煤系岩层的石化程度稍高，可达半坚硬状态。

除了台湾省的晚第三纪含煤地层中含有凸镜状石灰岩体外，其他地区的晚第三纪含煤地层均为陆相碎屑沉积或滨海相碎屑沉积（华南沿海地区），因而煤层本身没有岩溶水问题。但昭通、先锋、凤鸣村及小龙潭煤田均有部分地段煤系直接沉积于下伏灰岩侵蚀面之上，且可采煤层与下伏岩溶含水层之间又无可靠的隔水层，因而存在底板岩溶水问题。跨竹煤田的东部及东南部则由于断层错动使煤系及煤层与岩溶化的个旧灰岩直接接触，也部分存在岩溶水问题。

晚第三纪煤系岩层的含水性与透水性几乎完全取决于组成煤系岩层的粒度组成、分选性及其胶结程度，孔隙水占绝对优势，裂隙一般不发育。但台湾、剑川、南木林等煤田中裂隙水仍有一定的地位。

许多晚第三纪煤田都含有巨厚煤层，而且埋藏浅，剥采比小，很适合于露天开采，还由于岩性非常松软，很适于采用高效的轮斗挖掘机先进工艺，这是非常有利的一面。但另一方面，由于岩性过于松软，承载力很低，在雨季经常有陷铲、陷车的麻烦。露天边坡也不易稳定，尤其当煤层底板含有伊利石、蒙脱石、水云母等亲水矿物时。例如小龙潭露天矿煤层底板为含有蒙脱石的东升桥黏土层，曾使该矿江南的布沼采场多次发生顺层边坡滑动，破坏绞车道和绞车房，造成很大的损失和麻烦，虽经大量削减边坡角度（已至15°），仍难以保证边坡完全稳定。

第四节　中国煤田水文地质基本特征及分区

一、中国煤田水文地质基本特征

总观中国各时代、各煤田的水文地质条件，有以下几个基本特征。

（一）中国煤田水文地质条件多种多样，研究内容非常丰富

中国领土辽阔，成煤时代多，煤田分布范围广，各煤田成煤时的古地理条件、沉积环境及所处的大地构造背景、成煤后的地质历史、煤田的构造形态、煤层的变质程度和围岩的成岩程度及所处的自然地理条件各有不同，因而煤田的水文地质条件亦表现为多种多样，各具不同的特点。

从对煤矿充水的主要含水层的性质来看，有以岩溶水为主的煤田，有以裂隙水为主的煤田，有以孔隙水为主的煤田，有在巨厚孔隙含水层覆盖下的岩溶充水或裂隙充水的煤田，有在大型地表水体（河流、湖泊、浅海）覆盖之下的煤田，还有煤层本身就是主要含水层的煤田，以及广泛分布有特殊的"烧变岩"含水层的煤田。

从对煤矿充水的含水构造来看，有位于面积几千平方公里的大型自然盆地中的煤田（如华北的古生代煤田），有位于中小型自流盆地或自流斜地中的煤田（如华南的一些古生代煤田），有位于封闭断块或地垒、地堑中的煤田（如东北、华南的一些中小型煤田），还有位于含水推覆构造至多层次推覆构造之下的煤田（如湖南碴东煤田、吉林的杉松岗煤田等）。

从所处的自然地理条件来看，有处于西北干旱高原地区的煤田，有处于东南沿海降水充沛地区的煤田，有处于雨量中等的中部地区的煤田，还有处于岛状多年冻土地区的煤田。既有处于高原、山地及当地侵蚀基准面以上的煤田，又有位于低洼盆地中的煤田，既有基岩裸露的煤田，又有隐伏很深的煤田。

从矿井涌水量来看，大小极为悬殊。有矿井涌水量高达每小时几千立方米甚至几万立方米，每采一吨煤的排水量高达 $100m^3$ 左右的煤田，也有矿井基本上无水或水量很小的煤田。

从矿井充水的方式和特征来看，有以底板进水为主的煤田，有以顶板进水为主的煤田，有以断层或陷落柱出水为主的煤田，有以老窑突水为主的煤田，还有以地下热水为主的煤田。

从与水文地质有关的工程地质问题来看，有能发生流沙溃入井巷的煤田，有能发生井巷严重变形、不易维护的煤田，有能发生底鼓突水甚至淹没矿井的煤田，有易产生露天边坡滑落的煤田，还有能使矿区及其周围地区发生大范围岩溶塌陷，严重破坏村庄、农田及其他地面建筑的煤田。

总之，我国的煤田水文地质条件是多种多样的。各种类型的煤田在勘探与开采中都有其应着重解决的水文地质问题和不同的方法，内容非常丰富。

（二）岩溶水尤其是底板岩溶水是威胁我国煤矿安全最突出的水文地质问题

中国石灰岩的分布非常广泛，面积达201万km^2，约占我国国土总面积的1/5。这些石灰岩与煤矿的关系非常密切。有些构成煤系的沉积基底，有些构成煤系的盖层，有些直接位于煤层底板之下或顶板之上，有些则夹于各煤层之间（如太原组、吴家坪组及其他浅海相、海湾泻湖相、海陆交替相含煤地层中所夹的石灰岩）；还有的煤田由于多次构造推覆的结果，使煤系与灰岩多次叠置呈"互层"状（如吉林的杉松岗煤田），或由于断层错动使煤层与灰岩直接对接。这些灰岩大都岩溶化强烈，含水丰富，煤层开采时常成为煤矿充水的主要水源，不仅威胁着我国大部分古生代煤田的开采，而且还威胁着一部分中生代及新生代煤田的开采。

以岩溶水为主的煤田在中国分布非常广泛。除东北及西北少数省、区外，几乎遍及全国。其中又以底板岩溶水为主的煤田分布最广，包括华北区及华南区的大多数古生代煤田及少数中生代新生代煤田。尤以焦作、鹤壁、峰峰、邢台、井陉、开滦、霍县、韩城、澄合、淄博、肥城、荥巩、煤炭坝、恩口、斗笠山、云湖桥、辰溪、连阳、合山、扶缓、贵阳等煤田的底板水问题最为严重，最为复杂。

在华北区，煤层底板下面的高压岩溶含水层主要为中奥陶统马家沟灰岩。岩溶发育强烈，含水构造规模巨大，水量异常丰富。煤层开采时，高压岩溶水往往突破采区或巷道的底板，或借助于断层、岩溶陷落柱等导水通道大量涌入矿井，使许多矿井屡遭淹没，其突水量可高达2053m^3/min（开滦范各庄矿其水量之大，实为世界所罕见。不但对现有各煤矿的安全生产是个严重威胁，而且还使太原组中大量煤炭资源难以开发）。

华南区煤层底板下伏的岩溶含水层则主要为下二叠统茅口灰岩。其矿井涌水量虽一般较华北区为小，但也常达每分钟数十立方米之多，也常使矿井淹没。当矿井大量排水时，还常使矿区及其周围大范围内产生地表岩溶塌陷坑群，使大片村庄、农田及其他地面设施遭受严重破坏，甚至造成人、畜伤亡。并因此而使那些附近有重要地面设施的矿区，虽有可观的煤炭资源，迄今未敢开采（如辰溪煤田、云湖桥煤田）。雨季时，地面水由这些岩溶塌陷坑大量灌入矿井，又往往导致矿井淹没（如恩口煤矿 2000 年雨季被淹）。这种由于煤矿排水而引起的特殊的环境工程地质现象，在我国华南各煤矿区非常普遍，亦堪称世界所罕见。

无论华北区或华南区，当煤矿大量疏排岩溶水时，都能导致大范围的地下水位下降，地表及浅部水源枯竭，井、泉干涸，给矿区及其周围的水资源及自然环境造成破坏，给人民生活与生产带来严重影响。这种矛盾，反过来又在一定程度上制约着或即将制约着煤矿的发展。这也是一个非常复杂而亟待解决的问题。

(三) 成煤时代的不同使煤田水文地质特征差异显著

我国的古生代煤田以岩溶水为主，裂隙水、孔隙水次之；中生代煤田以裂隙水为主，岩溶水、孔隙水次之；新生代煤田以孔隙水为主，裂隙水、岩溶水次之。这一随着成煤时代的不同而不同的水文地质特征，是由我国特定的地质历史条件所决定的。

早古生代时，我国除了松辽、胶辽、大别、江南、闽浙、阿拉善、松潘、康滇、准噶尔、柴达木、羌塘等古陆呈岛状分布外，绝大部分地区均长期沉没于海水之中，广泛沉积了寒武纪、奥陶纪碳酸岩系。加里东运动使我国大部分地区先后上升为陆地。华北地区经过了从晚奥陶世至早石炭世的长期剥蚀和夷平之后，广泛堆积了海陆交替相的石炭二叠纪含煤地层，使高度岩溶化的寒武系、奥陶系的石灰岩尤其是中奥陶统石灰岩普遍成为煤系的直接基底。其中的高压岩溶水严重地威胁着其上覆煤层的开采，而且太原组中还含有多层石灰岩，均含有岩溶裂隙水，并通过断层及岩溶陷落柱与中奥陶统石灰岩发生水力联系。因而使华北区的晚古生代煤田尤其是太原组煤层普遍受到岩溶水的威胁。华南地区则从泥盆纪至早、中三叠世几经海侵与海退，使晚古生代各纪含煤地层（测水组、梁山组及龙潭组）与碳酸岩系交替沉积，使这些含煤地层被夹在下伏及上覆碳酸岩系之间。浅海相的含煤地层吴家坪组中还含有多层石灰岩。这些碳酸岩系及含煤地层中的石灰岩都含有较丰富的岩溶水，对煤层开采有较大的威胁，尤以下二叠统茅口灰岩对上二叠统龙潭组煤层开采的威胁最为严重而普遍。

　　古生代煤田除了以岩溶水为主外，含煤地层在以后的地质历史中还普遍发育有各种裂隙（成岩裂隙、构造裂隙及风化裂隙等），含有裂隙水。喜马拉雅运动使黄淮平原下降并沉积了巨厚的新生界松散地层，在一些山间河谷地段还堆积了厚薄不等的砂砾层，使这些地区的下伏古生代煤层的浅部受到一定程度的孔隙水威胁。

　　印支运动使我国除西藏以外的绝大部分地区均上升为陆地，然后产生了一系列的增陷及断陷盆地，堆积了以陆相为主或纯陆相的晚三叠世及早、中侏罗世含煤地层。除了西藏土门格拉群含有薄层石灰岩、桂东的西湾煤田大岭组中含有厚约30m的石灰岩，存在岩溶裂隙水及岩溶水，以及赣中、粤北、川东的部分晚三叠世煤田，河北蔚县煤田、柳河煤田、吉林杉松岗煤田局部受到古生代或早、中三叠世溶水威胁外，其他绝大部分煤田都不含岩溶水，而是以含裂隙水为主。开采那些山间河谷地段的煤层浅部时，还会遇到孔隙水问题。神榆府煤田中还存在"烧变岩"中的孔隙—裂隙水问题。

　　中、晚侏罗世之间的燕山运动，使我国东部产生了一系列的北东向断陷盆地群，在其中堆积了晚侏罗—早白垩世地层。但当时北纬40°以南气候干燥，不适于成煤；北纬40°以北则气候湿润，植物茂盛，故在我国的东北及内蒙古东部地区形成了重要的晚侏罗—早白垩世含煤盆地群。这些盆地中的含煤地层除了三江—穆棱河盆地东部的龙爪沟群中含有海相泥岩外，落地均为陆相沉积，其下伏及上覆地层中也不含石灰岩，以含裂隙水为主。但大兴安岭以西的内蒙古东部地区燕山晚期运动较弱，盆地下陷较浅，盖层较薄，含煤地层所受的温度和压力均较低，故其石化程度较差，岩性比较松软，孔隙水仍占有一定的地位。此外，位于松辽平原、三江平原以及一些山间河谷地段的煤层，也存在上覆新生界松散砂层中的孔隙水向煤矿充水之处。

　　西藏地区的白垩纪含煤地层均为海陆交替相，多为碎屑沉积，应以含裂隙水为主。但早白垩世的拉萨群系沉积于侏罗纪石灰岩之上，含煤地层中还夹有少量石灰岩，可能会有岩溶水问题。

　　新生代含煤地层系沉积于燕山末期及喜马拉雅运动所产生的断陷盆地之中，多为陆相沉积。华南沿海地区虽有浅海相及海湾泻湖相沉积，但均为碎屑岩。台湾的第三纪含煤地层中虽夹有凸镜状石灰岩，也不会有大的岩溶

151

水问题。新生代煤田的主要水文地质特征是：含煤地层的成岩程度很差，砂质岩层呈松散或半胶结状态，黏土质岩层易塑性变形，以含孔隙水为主，裂隙水次之。少数煤田的沉积基底为古生代石灰岩（如云南的小龙潭、先锋、昭通等煤田），局部受到岩溶水的威胁。

（四）不同的大地构造背景形成不同的煤田水文地质特征

根据煤田水文地质的特点并参考王鸿祯教授主编的《中国古地理图集》中对中国大地构造单元的划分，我们认为，对中国煤田水文地质特征起主要控制作用的中国大地构造基本格局，是以天山—阴山、昆仑—秦岭、班公错—怒江三个巨型构造带，这三个构造带将中国划分为：1. 松辽—准噶尔构造域；2. 华北—塔里木构造域；3. 华南—羌塘构造域；4. 西藏构造域。这四大构造域具有各自的地质发展历史，各自的成煤时代，各自的构造特征，以至各自的煤田水文地质特征。

1. 松辽—准噶尔构造域

松辽—准噶尔构造域在古生代时，其北部属西伯利亚大陆的南缘，南部为广阔的海槽，不利于成煤。在阿尔泰古陆及完达古陆的南缘虽有晚古生代的煤层赋存，但均无重要的经济价值。海西末期，海槽闭合，西伯利亚大陆与中国北方大陆合并。印支运动使本构造域的东部剧烈上升，经受强烈的侵蚀剥蚀，仍不利于成煤。西部则比较平静，利于成煤，形成了巨型的准噶尔早侏罗世陆相煤田。至晚侏罗世，东部地势被基本夷平，在燕山运动所产生的一系列北东向断陷盆地中，广泛堆积了晚侏罗—早白垩世含煤地层，形成了东北区及内蒙古东部数十个重要煤田，并在大兴安岭以东于燕山末期运动所产生的北北东向断陷带中形成了抚顺、梅河、沈北、舒芝、依兰、珲春等老第三纪煤田。本构造域的绝大部分煤田均为陆相，三江—穆棱河盆地的东部虽有海陆交替相沉积，但不含石灰岩。所有含煤地层的上覆及下伏地层中也都不含石灰岩，故完全没有岩溶水问题。中生代煤田以含裂隙水为主，孔隙水次之；新生代煤田以含孔隙水为主，裂隙水次之。

由于受到太平洋洋壳向中国大陆俯冲的影响，印支运动及燕山运动均具有东强西弱的特点。大兴安岭以东的中生代断陷盆地较之大兴安岭以西，沉陷深度与沉积厚度均较大，构造也较复杂，含煤地层所受温度、压力均较高。同样是晚侏罗—早白垩世煤层，东部为烟煤，西部为褐煤；东部煤系岩层的石化程度较高，组成岩石的颗粒之间的孔隙多已消失，各种裂隙比较发育，断裂带的导水作用比较明显，以含裂隙水为主；西部则石化程度较低，岩石颗粒间的孔隙部分或大部分保存，除煤层本身裂隙较发育外，煤系岩石的裂隙不很发育，断层的导水作用不明显，孔隙水尚占有很重要的地位。

本构造域的西部自晚侏罗世以后，地壳虽仍较稳定，但气候却变得比较干燥，不利于成煤。

2. 华北—塔里木构造域

本构造域在元古代时即已固结成陆台。早古生代时，塔里木古陆与华北古陆之间被祁连海槽所分隔，并呈岛状浸没于海水之中，广泛沉积了寒武纪、奥陶纪碳酸岩系。加里东运动使本构造域全部上升为陆。除了中、晚泥盆世祁连地区有陆相湖盆沉积外，其他绝大部分地区均经受漫长的剥蚀，使本区广泛分布的寒武系、奥陶系石灰岩普遍强烈岩溶化。直至早石炭世，祁连地区开始海侵。中石炭世华北区也自东至西开始海侵，随之又缓慢海退，在华北区广泛沉积了海陆交互相的石炭二叠纪含煤地层，使太原组普遍直接覆盖于强烈岩溶化的中奥陶统石灰岩含水层之上，并局部超覆于寒武系石灰岩含水层之上。太原组中也含的多层薄至中厚层石灰岩，均不同程度地含有岩溶裂隙水。由于华北大陆早在元古代时即已固结成地区，刚性与整体性均较强，古生代时其构造运动表现为明显的整体缓慢升降，沉积盖层分布辽阔，沉积稳定，因而形成本区各含水层与煤层均分布辽阔而稳定的水文地质特征，使太原组煤层开采普遍受到岩溶水的威胁。

中生代以来，由于太平洋洋壳向中国大陆俯冲，使刚性较强的华北大陆尤其太行山以东，产生一系列的以北东向为主的断裂及断块升降运动，整体性遭受破坏，使原来广阔地遍布于整个华北区的硕大的完整的古生代含水层系被切割成一系列的大、中型含水构造。在构造上升块段，石灰岩直接裸露地表或埋藏很浅，地下水补给条件与循环条件变好，岩溶化进一步加剧；在构造下降块段，则岩溶含水层埋藏很深，补给与循环条件变差，岩溶化程度减弱，有些岩溶甚至被高矿化度地下水中的沉淀物所充填而"愈合"。有些断层使富水性很强的中奥陶统灰岩含水层直接与煤层或太原组灰岩含水层对接，沟通了各含水层之间的水力联系，加剧了煤田水文地质条件的复杂性；有些断层将连续延展的中奥陶统岩溶含水层切割成为许多互不连续的封闭或半封闭块段，使煤矿防治水和疏干工程变得有利。各块段的上覆地层及其含水情况也颇不一样，有些块段裸露地表，直接接受降水补给；有些块段被中生代地层所覆盖，补给条件很差；有些块段则上覆巨厚的新生代疏松含水砂层，给煤矿建井及开采带来一些不利条件。

贺兰山—六盘山以西，则因晚古生代时地壳活动较强，成煤条件较差，且下伏有泥盆纪陆相地层，故不存在岩溶水问题。

印支运动以后，本构造域已全部上升为陆，所有中、新生代含煤地层均为陆相沉积，不含岩溶水，但华北区的北缘有少数山前盆地（如河北的蔚县煤田、柳河煤田，吉林南部的杉松岗煤田），早侏罗世含煤地层直接沉积于寒武、奥陶系岩溶含水层之上，才有岩溶水问题。

3. 华南—羌塘构造域

扬子古陆与羌塘古陆虽在中、晚元古时即已固结成陆台，但就整个构造域来说，活动性仍较大。早古生代时，长期呈岛群状沉没于大海之中。加里东运动，川滇古陆以东的华南地区全部上升为陆。泥盆纪时又自西南向东北开始海侵。从泥盆纪直至二叠纪，海水几经进退，因而形成了华南区晚古生代各纪含煤地层与碳酸岩系交叠沉积、各含煤地层均被夹在下伏及上覆岩溶含水层之间的水文地质特征。华南地区的固结时间比华北地区为晚，其刚性和整体性均较华北地区为弱，其升降时间、幅度及沉积岩性，各地颇不一致；其运动形式是以北东向隆起与坳陷相间为主，而不像华北区那样整体隆起和整体沉降，因而使华南区晚古生代煤田的水文地质条件呈现既有东西变化、又有南北差异的复杂面貌。印支运动使华南地区尤其雪峰古陆以东开始活化，并强烈上升，伴随着以北东向为主的箱状褶皱和断裂。经过剥蚀、夷平之后，在燕山运动和喜马拉雅运动中又多次发生断裂、断块升降运动及剥蚀、夷平；除了川中、黔西的晚古生代含煤地层及其下伏茅口灰岩、上覆长兴灰岩尚有较大规模的保存外，其他地区只有较小规模的残留，遂成为今日华南区的含水构造规模以中、小型为主的水文地质特征。

至于川滇古陆以西，在印支运动以前，其活动性较强，不利于煤的形成。仅在相对稳定的昌都地块的延伸方向的狭长条带内堆积了晚古生代含煤地层。印支运动后，滇中、藏东有较重要的晚三叠世含煤地层及在一些燕山期断裂带中形成了一系列的第三纪中、小型含煤盆地群。这些含煤地层均以碎屑沉积为主，基本上不存在岩溶水问题，水文地质条件一般比较简单。但昭通、先锋、小龙潭等第三纪煤盆地含煤地层直接沉积于古生代石灰岩之上，局部受到岩溶水的威胁。同时，第三纪含煤地层岩性松软、砂质岩层呈松散或半胶结状态，泥质岩层呈塑性变形，其水文地质及工程地质条件要相对复杂。

4. 西藏构造域

本构造域是我国固结最晚、活动性最强的构造域。早二叠世以前，长期一片汪洋大海，不利于成煤；晚二叠世又全部上升为陆，经受侵蚀剥蚀，缺乏沉积；早三叠世至晚侏罗世，虽有海有陆，但活动性强，古地形高差大，也不利于成煤；白垩纪、第三纪虽有含煤地层堆积，也因地壳活动强，地形高差大，而含煤性差，仅有局部可采煤层，无重要的经济价值。其水文地质条件一般也比较简单。

从上述可知，我国煤田水文地质特征与所处的大地构造条件非常显著地息息相关。

（五）自然地理因素影响煤田水文地质条件

我国国土辽阔，自然地理条件差异很大，而煤田分布又遍及全国各省、区，故自然地理条件成为影响我国煤田、水文地质特征的重要因素之一。

我国的地势东部低平，西部高耸；降水分布则东南丰沛，西北干旱。位于我国东部地区的煤田一般含水丰富，补给充沛，还往往发生淹井事故，水文地质条件一般比较复杂；位于西北地区的煤田则一般含水微弱，补给贫乏，煤田水文地质条件一般都比较简单。但西北地区的煤田供水水源却比较困难或非常困难，甚至成为煤炭资源开发及其他工农业发展的主要约束条件或先决条件，是我国亟待研究解决的问题之一。

同样是以岩溶充水为主的晚古生代煤田，华南区降水充沛，地表及浅部岩溶异常发育，以大型溶洞及暗河为主。煤矿排水时，地表常发生大片岩溶塌陷，导致农田、村庄、地面建筑严重破坏，地表水大量溃入矿井等严重后果。华北区则降水较少，地表及浅部岩溶的发育程度一般较华南地区为差，以小型溶洞及溶隙为主。煤矿排水时，一般不会发生地表岩溶塌陷，即使发生也为数很少，后果也一般不很严重。

同样是华北型古生代煤田，在太行山以东的华北平原及山前丘陵地带，煤层多埋藏在地下水位以下；煤层开采时所承受的下伏奥陶系岩溶含水层的水压很高，往往易发生底板突水和淹井；同时还往往由于上覆有巨厚的新生界砂砾含水层，给井筒开凿、维护及浅部煤层开采造成一定困难。在太行山以西的晋、陕高原，除位于河谷地段的霍县煤田及朔县煤田外浅部煤层多赋存于奥陶系灰岩地下水位以上，上无砂砾含水层的覆盖，下无岩溶水的威胁，水文地质条件一般都很简单。只有当煤层开采到深部，底板水压增大到某一程度时，才有可能发生底板突水。

同是以裂隙充水为主的中生代煤田，位于河谷地段的矿井与位于分水岭及斜坡地带的矿井，其水文地质条件大不相同。前者水量大，补给较充沛，有时还可以发生地表水或泥沙溃入井巷的危险。后者水量微弱，补给差，地形有利于地表水及地下水的排泄。煤层开采时，除须注意浅部老井积水外，一般不存在水的威胁。

同一煤田，同一矿井，雨季开采时与旱季开采时，其矿井涌水量往往大不相同。雨季水量大，旱季水量小，往往相差几倍至十几倍。矿井涌水量动态变化常与降水量动态变化或地表水流动态变化相一致。开采深度愈浅，上述关系愈显著，变化幅度也愈大；随着开采深度的增加，降水及地表水动态对矿井水的影响逐渐减弱，矿井涌水量的变化幅度也逐渐减小。

二、中国煤田水文地质分区

根据中国的地质、自然地理及水文地质条件，可将中国煤田分为六个具有不同水文地质特征的大区。

(一) 东北区

本区是指阴山—燕山—沈阳—辉南—和龙一线以北、内蒙古狼山以东、我国国境以内的地区，包括内蒙古中部及东部黑龙江省全部、吉林省北部地区。

本区主要成煤时代为晚侏罗—早白垩世，其次为第三纪，含煤地层及其下伏与上覆地层均为碎屑沉积，部分含煤地层直接沉积于前震旦纪花岗片麻岩、海西期花岗岩或燕山期火山岩基底之上。故所有煤田均不存在岩溶水问题。中生代含煤地层以含裂隙水为主，孔隙水次之。新生代含煤地层则以含孔隙水为主，裂隙水次之。水文地质条件一般比较简单，矿井涌水量一般为 0.5 ~ 5.0m³/min 之间。但位于三江平原、松辽平原及山间河谷地带的煤田，上覆有含水丰富的第四季砂砾层，对浅部煤层开采威胁较大；第三纪含煤地层中的流沙层、塑性黏土层也对煤层开采带来一定困难。

（二）华北区

本区北以阴山—燕山—沈阳—辉南—和龙一线与东北区相接，南以秦岭—大别山—张八岭与华南区分界；东濒黄海；西以贺兰山—六盘山与西北区为邻。

本区的主要聚煤期为石炭二叠纪，次为早、中侏罗世。石炭二叠纪含煤地层普遍沉积于中奥陶统岩溶化灰岩之上，并局部趋覆于寒武系灰岩之上，太原组中也含有多层灰岩，水文地质条件一般比较复杂或很复杂。煤层开采时，高压岩溶水性往往突破采区或巷道底板，大量溃入矿井，水量可达每分钟数十立方米至数百立方米，最大可达 2053m³/min（开滦范各庄煤矿），常使矿井淹没或部分淹没。二叠系不含灰岩，距中奥陶统灰岩又较远，在一般情况下无岩溶水之虞，以含裂隙水为主，矿井涌水量一般为 1 ~ 10m³/min。但位于黄淮平原中的煤田，上覆有巨厚的新生界松散含水层，给井筒开采及浅部煤层开采造成一定困难。早、中侏罗世含煤地层均为陆相沉积，水文地质条件一般比较简单，仅个别煤田的直接基底为寒武、奥陶系灰岩，存在底板岩溶突水问题。位于陕北地区的煤田，供水水源比较困难。

（三）华南区

本区是指我国秦岭—大别山—张八岭以南、西昌—昆明以东地区。

本区的主要聚煤时代为晚二叠世，其次为晚三叠世。晚二叠世龙潭组（吴家坪组）广泛沉积于茅口灰岩之上，而且主要可采煤层下距茅口灰岩很近；浅海相的吴家坪组中也夹有多层石灰岩。龙潭组（或吴家坪组）之上，还广泛覆盖着长兴灰岩。这些灰岩都已高度岩溶化，使煤层既存在底板水的威胁，又存在顶板水的威胁，水文地质条件一般比较复杂。矿井涌水量仅小于华北区，一般可达每分钟几立方米至几十立方米，最大可达 467m³/min（南桐红岩煤矿）。且随着煤矿开发能导致大片地表岩溶塌陷，产生一系列严重后果，是本区的主要水文地质问题。在黔西、滇东地区龙潭组与茅口灰岩之间，有厚达数十米至数百米的峨眉山玄武岩隔水层；在湘南、赣南、皖南、苏南等地，茅口灰岩相变为以硅质岩为主的当冲组，这些地区的煤田水文地质条件才变得比较简单。晚三叠世含煤地层均为碎屑沉积，不含灰岩，主要可采煤层距下伏灰岩一般较远，故其水文地质条件一般比较简单。只有通过断层错动，使煤层与下伏灰岩接触时，才有岩溶水问题。

（四）西北区

本区主要聚煤期为早、中侏罗世，其次为晚三叠世及晚石炭世。早、中侏罗世含煤地层均为陆相沉积，晚三叠世含煤地层亦主要为陆相沉积，晚石炭世含煤地层中虽有少量薄层灰岩，也不含岩溶水，均以裂隙水为主。本区大部分为干旱高原，年降水量不足 100mm，只有河西走廊、伊宁等局部地区年降水量可达 300~400mm。地下水非常贫乏，补给条件差，矿化度高。故供水水源问题成为本区煤田开发的主要水文地质问题。

（五）西南区

本区是指我国昆仑山以南、西昌—昆明—线以西地区。

本区的主要聚煤期为晚三叠世及新第三纪，次为晚二叠世及早白垩世。晚三叠世含煤地层除了西藏的土门格拉群中含有少量薄层石灰岩外，均为碎屑沉积，以含裂隙水为主，水文地质条件比较简单。新第三纪含煤地层则因岩性松软，工程地质条件均比较复杂。部分煤田的含煤地层直接沉积于古生代石灰岩之上，局部存在底板岩溶水的威胁。

（六）台湾区

台湾省全省面积 36000km^2，台湾岛以外的岛屿，除钓鱼岛、赤尾屿外，各岛均为新生代火山岛屿。

台湾岛的地层有前第三纪变质杂岩、下第三系、上第三系及第四系等。含煤地层主要为中新世地层，从老至新为木山组、平底组和南庄组，均属海退型的海陆交互相沉积，所含煤层多为薄煤层，厚度均小于 1m，煤种主要为低级烟煤。煤系及上覆与下伏地层均为碎屑岩类，多由砂岩、页岩组成，含水层以砂岩为主，富水性较差，而且煤系主要分布在台湾岛西部山麓丘陵带的中部和北部，地下水的汇聚、补给条件差，水文地质条件比较简单。由于煤炭资源条件不好，煤矿开采规模和强度也小，水文地质条件对煤矿开采的影响不突出。

第九章　控制中国煤田水文地质条件的基本因素

我国煤田水文地质条件极其多样而复杂，既随着成煤时代的不同而不同，又随着分布区域的差异而差异。几乎不同时代的煤田都有其不同的水文地质特点，甚至同一时代煤田的不同地段或不同层位，其水文地质条件亦不尽相同以至大不相同。我国各煤矿开采的实际情况也表明，不仅不同矿区、不同矿井的充水情况各有不同，而且同一矿井的不同水平、不同采区乃至不同部位的充水情况，亦不完全相同甚至完全不同。

但是，不论煤田水文地质条件如何千差万别，却各有其一定的形成条件，都各有其一定的控制因素。由于各种不同的因素以不同的形式和强度彼此交织，相互复合和消长，因而形成和控制着千差万别的水文地质特征。这些控制因素有地质方面的，有自然地理方面的、水文地质方面的，还有人工方面的，现分别论述如下。

第一节　地质因素

一、大地构造及地史

（一）含煤地层的沉积特征

任何一个煤田，含煤地层的含水性、含水特征、含水层在剖面及平面上的变化及其与煤层的相对关系，都是由含煤地层的沉积特征决定的。而含煤地层的沉积特征，又取决于含煤地层沉积时的古地理条件与沉积环境及其在时间与空间上的变迁。显然，这是受煤田所处的大地构造单元的性质、部位及其运动史所控制的。现举例说明如下。

例1：川滇黔晚二叠世煤田

晚二叠世以来，川滇古陆不断上升，陆地面积扩展。在其两侧，尤其是东侧成为陆源碎屑物的沉积场所，形成了川滇黔三省晚二叠世含煤地层沉积区，自西向东分为陆相、滨海过渡相、海陆交替相三大相区，呈北东—南西方向的带状分布。

1.陆相区。位于陆相区内的矿区，包括滇东来宾、庆云、后所、恩洪、羊场、老厂矿区，川南芙蓉（富安以西）、筠连矿区，黔西威宁矿区。含煤地层岩性以碎屑岩为主，主要由细砂岩、粉砂岩、粉砂质泥岩、泥岩、煤及菱铁矿组成，全层无明显含水层。

2.过渡相区。位于过渡相区内的矿区有黔西盘县、水城矿区。含煤地层属滨海沼泽相沉积。岩性以砂岩、砂质泥岩为主，偶夹泥灰岩。在煤组（包括长兴组）中，岩层富水性弱。

3.海陆交替相区。位于海陆交替相区内的矿区有：四川的华蓥山、天府、南桐、松藻、古叙等矿区，贵州的织纳、六枝、贵阳等矿区。含煤地层属海陆交替沉积。煤系由碎屑岩、灰岩、煤层组成，灰岩、岩溶发育，富水性强。

三大相区含煤地层沉积物特征的差异，使煤田水文地质类型也具有相应的变化，从西向东由以裂隙含水层充水为主、水文地质条件简单的陆相矿床，到以裂隙含水层充水为主、水文地质条件简单—中等的过渡相矿床，至以岩溶含水层充水为主的水文地质条件中等—复杂的海陆交替相矿床。

例2：粤北晚二叠世煤田

粤北晚二叠世含煤地层沉积区自西向东分布于连阳、曲仁和兴梅地区。上述地区在晚二叠世时，华夏古陆仍在抬升。在古陆以西，虽然有九连山隆起、增城隆起等把海盆分割成若干封闭和半封闭的盆地，但仍然保持了东高西低的总趋势。华夏古陆为陆源物质的主要供应地，这一地理特征决定了连阳煤田含煤地层以浅海碳酸盐岩相为主，煤系由碎屑岩、灰岩和煤层组成，灰岩岩溶十分发育，富水性强。曲仁煤田含煤地层为浅海—滨海碎屑岩相，煤系由煤、碎屑岩夹灰岩组成，兴梅煤田含煤地层为滨海碎屑岩相，煤系由碎屑岩、煤组成。含煤地层沉积类型，从西向东由灰岩变为碎屑岩，煤田水文地质类型由直接充水含水层以岩溶含水层为主、水文地质条件复杂类型，变为直接充水含水层以裂隙含水层为主、水文地质条件简单类型。

例3：华北晚古生代石炭二叠纪晚石炭世煤田中部区，由于受北界阴山古陆、南界秦岭古陆与中条隆起的控制，因而含煤建造沉积，从北向南可分为北、中、南3个沉积带。位于其中的煤田，因含煤地层岩相及岩性特征不同，煤田水水文地质条件亦有明显差异。

（1）北带：大致位于北纬37°30'以北，沿阴山古陆南缘分布，沉积环境属滨海冲积平原环境。在此沉积带范围内分布有辽西、南票、京东、京西、兴隆、蓟玉、开滦、大同、宁武、平朔、准格尔、桌子山等矿区。南票、平朔、兴隆、京西矿区，距离古陆剥蚀面较近，岩相为陆相、海陆交替相沉积，含煤地层太原组厚度19～97m，以碎屑岩为主；含水层由底部砾岩和下部中粗粒砂岩组成，富水性很弱，属裂隙含水层充水为主矿床，水文地质条件简单。例如，南票各矿井运输巷道均在砾岩中开拓，-150m、-68m两个水平砾岩处于无水状态。富隆山斜井开采太原组七、八煤层，煤层最大采深为-68m水平时，矿井正常排水量20～30m³/h。蓟玉、开滦矿区，距古陆稍远，沉积环境处于滨海冲积平原向滨海平原过渡地段，为海陆交替相沉积；含煤地层以砂岩、砂质泥岩沉积为主，夹薄层石灰岩3层，太原组厚度达140m；含水层由不同粒度砂岩、薄层灰岩组成，煤12～煤14间砂岩裂隙发育，含水性较强，属裂隙含水层充水为主矿床，水文地质条件比较复杂。例如，开滦矿区林西—赵各庄矿，煤12～煤14间一般段距45～70m，砂岩厚度约占段距1/2～2/3，岩巷涌水量分别为5.83m³/h及3.168m³/h，占矿井总涌水量的25.10%及11.4%。

（2）中带：大致位于北纬34°30'至北纬37°30'之间，沉积环境属滨海平原环境，在此沉积带内分布有井陉、邢台、邯郸、峰峰、焦作、淄博、肥城、济宁、兖州、枣庄、韩城、潞安、晋城、霍县等矿区。岩相为海陆交替相，以浅海相、过渡相为主。含煤地层由碎屑岩、灰岩和煤层组成。太原组厚度50～170m，含水层为薄层、中厚层灰岩，层数3～11层，富水性中等—强，属岩溶含水层充水为主矿床，水文地质条件复杂。北方岩溶大水矿床主要分布在该带范围内。

（3）南带：指北纬34°30'以南地区，在此沉积带内分布有豫西的新密、登封、荥巩、偃龙、临汝、平顶山、禹县，豫东的永夏，江苏的大屯、徐州，安徽的淮南、淮北等矿区。岩相为海陆交替相，以滨海—浅海相为主，含煤地层由碎屑岩、灰岩和煤层组成。太原组厚度30～170m，受秦岭大别山古陆隆起影响，靠近古隆的临汝矿区太原组厚度仅30～40m，至平顶山一带厚度约70m，含水层为薄层灰岩，灰岩层数5～15层。煤田水文地质条件与北带相似，同属岩溶充水含水层为主矿床。由于煤系基底中奥陶统灰岩在本带内厚度变薄，出露面积小，因而对太原组灰岩地下水的补给量有限，水文地质条件远不如中带复杂。

(二) 含煤建造沉积的基底特征

含煤建造沉积的基底特征是指组成煤系基底岩层的岩石类型，包括含水层厚度、分布范围、出露条件和基底起伏状况及其与主要可采煤层的间距。因基底特征的不同，导致煤层在开采过程中底板充水和危害程度的差异。

如果组成煤系基底岩层为碳酸盐岩层含水层，往往构成底板进水为主的岩溶充水矿床，一般来讲水文地质条件复杂，矿坑涌水量较大，矿井排水费用高；在煤层开发过程中受岩溶水威胁，甚至发生灾害性突水事故，淹没矿井，且井下长期疏排岩溶水，导致地面塌陷等环境地质问题。煤系基底特征受聚煤期前地壳运动、聚煤期古构造格局和古地理环境控制。例如，华北晚古生代石炭二叠纪煤田，含煤建造形成之前的基岩地质情况，在震旦纪后，华北断块整体上升，遭受剥蚀，早寒武世中期本区沦为浅海，大面积接受了海相沉积。在晚寒武世末发生短暂海退后，开始下降，奥陶纪开始新的海侵，并逐渐扩大，大面积沉积了碳酸岩系。

中奥陶世，华北地区的沉积环境为浅海碳酸盐台地，沉积物为一套碳酸盐岩与硫酸盐岩混合建造；除豫西和渭北外，还有3个明显的沉积旋回，含石膏夹层的泥质白云岩、豹皮灰岩与生物灰岩等；每个旋回的上部为泥晶灰岩和含生物泥晶灰岩，可分为三组八段或六段，总厚度42～1002m。

奥陶系中统下马家沟组岩性为青灰、灰黄色中厚层状白云岩，厚度100～201m；上马家沟组岩性为浅灰、灰黄色厚层状灰岩，底部为白云质灰岩夹豹皮状灰岩，厚度201～300m；峰峰组由灰黑色灰岩，白云质灰岩夹多层角砾状灰岩组成，厚度50～150m。3个组的上、中部为中厚层状白云质灰岩和石灰岩为主，含水性强，为强岩溶裂隙含水层；下部以薄层微晶质白云岩和泥质灰岩为主，并含石膏或石膏微晶和膏溶角砾岩，含水性弱，形成相对隔水层。

中奥陶世后，大规模的造陆运动使华北整体上升为陆，遭受剥蚀；到中石炭世再度下降，接受海侵，沉积了一套海陆交替相含煤地层。中奥陶统石灰岩组成华北石炭二叠纪煤田煤系基底，各矿区水文地质条件复杂，属底板进水为主的岩溶充水矿床，主采煤层受煤系基底中奥陶统灰岩水威胁，是我国煤矿水害最严重的地区。区内的焦作、淄博、峰峰、肥城等矿区，矿井排水量大，为我国北方著名的岩溶大水矿区。

湖南湘中挠摺带南、北两侧，成煤时代虽然同属晚二叠世龙潭组，但是煤田水文地质条件决然不同。南侧煤田至湘南各煤田，煤田水文地质条件简单，为裂隙含水层充水的矿床；北侧的煤田主要可采煤层受煤系基底茅口灰岩水威胁，为岩溶含水层充水为主的矿床，水文地质条件复杂。区内的煤炭坝、恩口、银田寺、云湖桥、坪塘、斗笠山、桥头河等矿区，为我国南方岩溶大水矿区。

湖南湘中挠褶带南、北两侧煤田水文地质条件大不相同的主要因素是，聚煤期的古构造对南、北两侧煤系基底特征控制截然不同而造成的。湘中地区晚二叠世含煤建造（龙潭期）受黔湘赣区域东西向构造带—湘中挠摺带的显著控制。早二叠世末，由于东吴运动的影响，挠摺带的北侧一度抬升为陆，与江南古陆一样，遭受剥蚀，早期石灰岩地区造成岩溶化；而挠摺带的南侧则继续沉降接受茅口组晚期的含煤沉积，到晚二叠世早期，龙潭期海侵入侵过挠摺带北而达到江南古陆，因此，沿此挠摺带沉积分异显著，形成湘中南、北型的区别。南侧龙潭组主要可采煤层下伏的早二叠统茅口灰岩被厚度约 201~300m 龙潭组下段（BM 砂、泥岩类岩层）阻隔，一般不存在底板突水。北侧涟源至韶山一带，晚二叠世龙潭组由南向北超覆沉积在早二叠世茅口组灰岩侵蚀面之上，龙潭组主要可采煤层之二煤层与早二叠统茅口组灰岩间距很近，一般几米至十几米；由于茅口灰岩离煤层非常近，岩溶化十分强烈，因而岩溶承压水往往突破底板而溃入矿井。

在川西、滇东、黔西地区，早二叠世晚期至晚二叠世前期，由于东吴运动的强烈影响，发生了大规模玄武岩喷发运动，称峨眉山玄武岩；常覆盖于茅口组石灰岩之上，其成煤期大致相当于龙潭组不含煤段，厚度达

201～300m，一般富水性弱，为良好的隔水层。在峨眉山玄武岩组分布区内上二叠统龙潭组煤矿区，下二叠统茅口灰岩岩溶水不向矿井充水，形成了滇黔和川南地区上二叠统龙潭组、宣威组以裂隙含水层充水为主的矿床，水文地质条件一般较简单。例如，川东上二叠统龙潭组煤田有华蓥山、天府、南桐、松藻矿区，均为岩溶含水层充水为主的矿床，水文地质条件复杂。川南上二叠统龙潭组煤田有筠连、芙蓉矿区，正位于峨眉山玄武岩组，分布在康滇古陆及其周围地带，向东伸出延展到川南古蔺的北支细条带范围内。峨眉山玄武岩组阻隔了茅口灰岩水向矿井充水，煤田水文地质条件简单，为裂隙含水层充水为主的矿床。

（三）含煤地层的上覆盖层特征

含煤地层上覆岩层的含水性及含水特征，是决定煤田水文地质条件的重要因素之一。而盖层的含水性及含水特征又取决于组成盖层的岩石性质及其层序组合。这又是由盖层沉积时的古地理条件与沉积环境及其时空变迁所决定的。这显然是受大地构造及地史条件所控制的。

例如，华南晚二叠世龙潭组含煤地层沉积之后，华南地壳普遍下沉，除了江南、雪峰、武夷、云开等古陆呈岛状分布，川滇古陆的东缘仍为陆地外，其他大部分地区均被海水侵没。从而在龙潭组含煤地层之上普遍沉积了长兴组石灰岩以及同期异相的大隆组硅质岩和川滇古陆东缘的长兴组陆相含煤地层，使赣中、湘中、鄂南、川东、黔中等地的龙潭组煤层普遍受到顶板水—长兴灰岩岩溶水的威胁，尤其对龙潭组的上组煤威胁更为严重；而其他地区的龙潭组顶板则以裂隙水为主。

又如，华北的石炭二叠纪煤田，在石盒子组煤层沉积后，地壳仍继续上升，且气候转为干燥，故石盒子组含煤地层的上覆盖层全为陆相红色岩层（包括上石盒子上部及石千峰组）。一般不存在顶板水威胁问题。但东部黄淮平原经过燕山期的褶皱、断裂和夷平后，又缓慢下沉，堆积了巨厚的新生界松散层，使石炭二叠纪煤层露头与新生界松散层直接接触，新生界的松散含水砂层对浅部煤层开采造成不利条件。

再如，印支运动以后，中国除西藏南部外，其余已全部上升为陆，故所有中生代及新生代煤田的上覆盖层全为陆相沉积，只含有裂隙水及孔隙水，不含岩溶水。

东北三江平原中的晚侏罗—早白垩世煤田，含煤地层及沉积基底的水文地质条件都很简单。但燕山晚期三江平原上升为陆，经过剥蚀夷平后，于喜马拉雅运动中又再次下沉，沉积了巨厚的新生界含水砂层，使晚侏罗—早白垩世煤田的水文地质条件变得比较复杂。

(四) 成煤以后的构造变动及改造

对于任何一个煤田，其含水构造规模的大小、含水层的补给排泄条件、各含水层间的水力联系、断层的多少及其导水性如何、褶皱的形式、煤层埋藏的深浅、含水层水头压力的高低、煤层及含水层露头的覆盖情况等等，都是决定煤田水文地质条件的重要因素。这些都是成煤以后的构造变动及改造的结果，而且和煤田所处的大地构造单元的性质、部位及其发展历史密切相关。

例如，华南晚二叠世龙潭组含煤地层沉积时，原本分布面积非常宽广，遍及川滇古陆以东的华南各省 (区)；但在后来的印支及燕山各次构造运动中，产生箱状褶皱群及大量断裂，并强烈上升，经过长期剥蚀及夷平，使大部分含煤地层尤其是雪峰古陆以东的含煤地层被剥蚀殆尽，只残留一些零星分布的中、小向斜，遂成为今日的龙潭组煤田分布面貌，致使华南龙潭组煤田具有含水构造规模小，补给、排泄条件好，岩溶发育强，地下水交替强而循环深度浅等水文地质特点。

华北石炭二叠纪煤田，则因其沉积于刚性较强的华北地区之上，在强烈的印支及燕山运动中以脆性变形为主，即以断裂及断块升降运动为主，以宽缓褶皱为辅。上升幅度较大的断块，其含煤地层被剥蚀掉，而下降断块及上升幅度较小的断块则被保存或部分保存下来，形成一系列的大中型自流盆地、自流向斜或自流斜地。故华北石炭二叠纪煤田具有含水构造规模大、地下水循环深、岩溶发育深度大、煤矿底板突水水量大等水文地质特征。

喜马拉雅运动使太行山以西抬起为晋陕高原，以东则下降为华北平原，将辽阔的华北石炭二叠纪煤田分为水文地质条件显著不同的两大部分。在晋陕高原，除霍县矿区、轩岗矿区及渭北煤田东段外，其余煤层底板下伏奥灰含水层的水位一般距地表很深，有很大部分煤炭资源赋存于奥灰水位以上，或虽在奥灰水位以下但水头压力不高，对开采二叠系山西组煤层来讲，一般无底板突水之虞。而华北平原则煤层一般均埋藏于奥灰水位标高以下，水头压力一般很高，煤层开采时往往发生底板突水，使矿井屡遭淹没或部分淹没，危害很大。又由于地表多被巨厚新生界含水砂层所覆盖，因而也给煤矿开发与开采造成困难。

二、岩性及地层组合

(一) 岩性

岩性是指煤层本身及其顶底板的岩层以及煤层上部和下部所有岩层的岩性，它一般分两类。一类是含水岩层岩性，如石灰岩、砂岩、砂砾岩、砂层等，它们是地下水赋存和运动介质，采煤巷道揭露含水岩层时，赋存于岩层中的水就会流入巷道。如果煤层顶底板均为含水岩层，在掘进巷道或回采时，地下水将直接流入或突入巷道或采区。另一类是隔水岩层岩性，如泥岩、砂质泥岩、黏土等，它们是阻隔地下水运动的不透水介质，采煤巷道揭露隔水岩层，不会有水流入巷道。如果煤层顶底板为隔水岩层，在其中掘进巷道或回采煤层时，当回采面积达到相当大时，改变了自然重力场，在隔水岩层厚度及其存在的固有裂隙、地质构造、矿山压力和地下水压等因素相互作用下，发生顶板跨落或底板鼓起，则原来与煤层隔绝的上、下含水岩层中的水或地表水便会流入巷道。

组成煤系的岩层主要是砂岩、泥岩、砂质泥岩和石灰岩，煤系下伏的岩层往往为厚层石灰岩。对煤矿而言，常见四种岩石类型为碳酸盐岩类、坚硬岩类、疏松及半胶结岩类、松散岩类。不同岩类，岩性不同，其含水空间形态、发育规律都不同，透水性和富水性也有很大差异，所以岩性也是影响煤田水文地质条件的一个重要因素。

1. 碳酸盐岩类

含水空间形态为溶蚀裂隙、溶蚀溶洞和溶蚀管道 (暗河)，相对于松散或裂隙岩层而言，含水介质显得十分不均一，富水性强。据钻孔抽水试验资料，单位涌水量 q 值可达每秒每米几十升。巷道在石灰岩中掘进，可能在相当一段距离内，巷道壁与顶、底面岩层完整；一旦揭露裂隙、溶洞、暗河，就会出现许多突水点，水从裂隙与溶洞中流出来，个别出水点可涌出大量水与泥砂，而淹没与堵塞巷道。例如，渭北韩城矿区马沟渠矿，在中奥陶统灰岩地下水位 +380m 标高以下 240m 水平掘进巷道，主石门揭露岩性以中厚层状灰岩为主。1996 年 8 月 6 日，当 240m 主石门掘进至距车场石门 460m 时，左帮底眼打到 0.7m 深处，发现孔内有一裂隙从孔中流出黄泥水。放炮后，突然大量涌水，涌水量约 5956m³/h，淹没 240m 水平全部巷道。桑树坪矿位于韩城北部，东距黄河约 3km，地面标高约 +450m，斜井井下开采水平为 +280m，+380m 以下中奥陶统石灰岩岩层内掘进巷道长约 4000m，在 +280m 大巷中，先后共有 8 处出水，出水量总计达 1370m³。

　　湖南斗笠山矿区香花台、黄港、湖坪 3 对矿井在茅口灰岩中掘进巷道，突水点成群分布，呈为突水区（段），各突水区之间相距 30～150m。香花台矿井 −22m 水平在 1201m 巷道中见突水区 127 个，共 207 个突水点，−100m 水平 1100m 巷道中遇 8 个突水区，51 个突水点。同一水平各突水区突水点之间一般水力联系良好，掘进遇到新的突水点，其最后一个突水点水量往往有不同程度的减少。

　　2. 坚硬岩类

　　地下水贮存和运移于裂隙中，而沉积岩的成岩裂隙，一般裂隙比较细小，含水极微弱，对矿井充水意义不大。

　　对于侏罗纪、三叠纪和石炭二叠纪煤田来讲，煤系内不同粒度砂岩，一般岩石致密坚硬，容易形成裂隙含水层。其含水空间为风化裂隙与构造裂隙，含风化裂隙水和构造裂隙水。在采煤过程中，它成为不可避免要揭露的直接充水含水层。

　　砂岩内裂隙发育。根据钻孔抽水试验资料，单位涌水量 g 值一般在 0.1～1.0L/s·m，巷道在砂岩裂隙含水层内掘进，顶板呈现滴水和淋水现象。揭露导水裂隙发生突水时，一般较在石灰岩中揭露溶蚀裂隙、溶洞、暗河时，出水量小。例如，徐州矿区从 60 年代以来，各矿井在开采下石盒子组煤层过程中，曾发生过百余次的顶板砂岩突水，突水量一般 20～190m³/h，最大可达到 660m³/h。

　　坚硬岩石的浅部，普遍分布有比较密集、均匀、相互连通的网状风化裂隙带，裂隙发育深度一般可达几十米，其中赋存着孔隙—裂隙型潜水或裂隙潜水，形成矿井浅部直接充水含水层。当风化裂隙带暴露于地表时，将成为大气降水和老窑水进入矿井的主要通道。例如，湘南晚二叠统龙潭组，闽西南和闽中区晚二叠统童子岩组，滇东、黔西、川南区晚隙和规模较大的溶洞，形成强岩溶裂隙含水层，成为北方石炭二叠纪煤田底板岩溶水危害严重的内在因素。

二叠统宣威组煤层开采时，矿井浅部充水，即属那种方式；当上覆第三、四系时，将成为第三、四系下部与底部含水层地下水进入矿井的主要通道，北方石炭二叠纪煤田，河南焦作、安徽潘集—谢桥、濉溪—萧集、宿县、临涣等矿区，矿井浅部充水也属那种方式。煤系浅部风化裂隙带，因裂隙中常有泥质充填物填塞，而其富水性一般并不很强，不易产生淹井事故。

坚硬岩石的构造裂隙（含区域构造裂隙和局部断层构造裂隙）分布在风化裂隙带之下，区域构造裂隙中赋存着层状裂隙水，局部断层构造裂隙中赋存着脉状裂隙水，当采煤时，两者构成矿井直接充水含水层。无论区域或局部构造裂隙，裂隙张开程度、连通程度和密集程度都在水平和垂直方向上变化很大。开滦矿区矿井运输大巷在煤系砂岩中掘进，往往呈现间断性出水，在几百米长度内无水或水量甚微，而遇裂隙发育密集地区就有水流出。

区域构造裂隙发育程度随深度的增大而减弱，表现在裂隙含水岩层富水性、矿井井筒涌水量和矿坑涌水量等方面随深度而减弱。

局部构造裂隙受到局部断裂构造应力影响，沿着断层两侧裂隙发育密集而相互连通，距断裂带一定距离，裂隙发育减弱，连通性差。在井下，煤层顶板砂岩裂隙水水量增加，多半是井巷或回采工作面遇到落差数米或10余米断层而发生突水造成的。

3. 半坚硬半胶结岩类

半坚硬半胶结岩类特点：岩石力学强度低。根据辽宁沈北，吉林舒兰老第三纪煤田，云南昭通、先锋新第三纪煤田含煤地层岩石力学强度试验，泥岩、粉砂质泥岩在天然状态下，抗压强度 $0.6 \sim 2.8$MPa，抗拉强度 $0.033 \sim 2.02$MPa，内摩擦角 $28.90° \sim 44.50°$，凝聚力 $0.3 \sim 1.81$MPa。泥岩在饱水条件下，具塑性，易膨胀，膨胀量达 10% 左右；砂岩疏松不稳定，含水丰富，组成含水砂层和含水流砂层。巷道在半坚硬半胶结岩层内掘进，除了发生巷道变形、底鼓等工程地质问题外，还发生的主要是溃沙问题；当巷道或采区超前放水孔揭露含水流砂层后，发生溃砂，水砂混合流出，淹没巷道，地表产生塌陷坑。当煤层底板含水流砂层地下水压较高时，隔水层较薄，往往产生底板突水，亦可引起溃砂。

4. 松散岩类

松散岩类主要由各种粒径的砂、砂砾、卵石和黏土层组成。含水空间为粒间孔隙，地下水赋存与运移于粒间孔隙内。由于孔隙在松散岩层中的分布较均匀，因而含水介质比较均一，其透水性及其差异的变化较裂隙和岩溶含水层为小。不同成因类型的松散沉积物，其富水性有明显差异性。

分布在河谷平原和山间谷地的松散砂砾层，是河床相与河漫滩相沉积，一般组成河谷二维结构，含潜水，富水性强，往往与河流有水力联系。当砂砾层覆盖在煤系之上时，潜水、河水、煤系水三者存在着水力联系，砂砾层潜水成为矿井充水水源。例如，山西霍县城关大队煤窑，分布在对竹河庄一带，河底底盘为山西组含煤地层，第四纪砂砾层潜水与煤系含水层互相贯通，生产矿井排水受季节影响明显；潜水通过基岩风化带对开采上组煤有充水影响，在洪水期矿井受到潜水充水影响，降水量与排水量均为高峰，枯水期、平水期即河水干枯。

(二) 地层组合

地层组合是指煤层上覆和下伏的碳酸盐岩类，基岩岩类和松散岩类的岩层各自组合特征，即组成地层的岩石类型厚度比例及其组合形式和同一岩类不同岩性的厚度比例及其组合形式。地层组合制约着上述三种岩类岩溶、裂隙和孔隙发育特征及其富水程度。

煤系由砂岩、砂质泥岩、泥岩岩层等组合而成，它们都有自身的物理力学性质。在相同的构造应力作用下，砂质泥岩、泥岩（柔性岩层）发生塑性变形，产生细小裂隙，易被风化物充填或遇水而膨胀使裂隙闭合，成为隔水层。而砂岩一般致密坚硬，发生破裂变形，形成构造裂隙，并在渗透水流冲刷下，使裂隙开启程度进一步扩大，成为易透水和贮水的含水层；因此对煤系基岩裂隙水含水层而言，砂岩厚度和泥岩、砂质泥岩厚度之比，其比值大小和其富水性有关，比值大，富水性强；反之，富水性弱。单层砂岩厚度小，颗粒细，裂隙密度较大，但张开性较差；反之，单层砂岩厚度大，颗粒粗，裂隙密度较小，但张开性好，富水性强。例如，黑龙江省勃利矿区侏罗纪含煤地层 32 号及 33 号煤层附近沉积砂砾粗砂岩，厚度 80m 左右，是全矿区发育的主要含水层，根据钻孔抽水试验资料，单位涌水量 g 值均在 1.5 ~ 6L/s·m。双鸭山矿区宝山矿 20 号煤层底板有一套粗砂岩，富水性很强。鸡西矿区恒山矿 4 号煤层顶板，厚层粗砂岩富水性也很强。河北开滦矿区煤系，主要由中粗粒砂岩、粉砂岩、泥岩、砂质泥岩组成，地下水以裂隙水的形式贮存于耗质和硅质胶结的刚性砂岩之中。第一个可采煤层 (煤 5) 的上部砂岩 (采空塌陷影响所及的 0 ~ 100m 范围内)，以中粗粒砂岩为主，厚度较大，总厚度约占全段距的 1/5 ~ 2/3，钻孔抽水试验，单位涌水量值一般为 0.2 ~ 0.5L/s·m，最大可达 1.0L/s·m (向斜外围荆各庄矿单位涌水量最大达 1.94L/s·m)，一般占矿井总水量的 30% 左右。最后一个可采煤层 (煤 12) 的下部，砂岩厚度达 40 ~ 60m，钙质和硅质胶结为主，裂隙发育。据钻孔抽水试验资料，单位涌水量值最大可达 0.5 ~ 0.7L/s·m (向斜外围荆各庄矿单位涌水量最高达 3L/s·m)。运输巷，即开巷于此含水层中，巷道涌水量一般占矿井总涌水量 70% 左右，各可采煤层之间的砂岩甚薄，以泥质和高岭土胶结为主，砂岩和泥岩、砂质泥岩比值小，钻孔抽水试验最大单位涌水量均小于 0.2L/s·m，矿井涌水量甚小。

　　碳酸盐岩的单层厚度越大，对其岩溶发育越有利。因其构造裂隙发育较强，一般沿裂隙和层面可以形成较大溶洞；而薄层碳酸盐岩，构成裂隙较小，岩溶发育相对较弱，常沿层面发育溶隙、溶穴。不同类型的碳酸盐岩层常以不同形式组合在一起，构成连续型、夹层型和间互型的岩溶层组，且制约岩溶发育。当灰岩 (或粗晶白云岩) 所占比例越大时，岩溶层组多为灰岩 (或白云岩) 连续型，岩性单一，结构均匀，构造裂隙的切层性强，延伸远，有利于地下水循环并不断向深部集中，常发育着区域性隐伏岩溶水带。例如，太行山中段，鲁中南、徐淮等地中奥陶统各组第二段的上寒武统和下寒武统等强岩溶化层均属之。北方石炭二叠纪煤田矿坑底板严重岩溶水突出也属此例。不纯碳酸盐岩与纯碳酸岩间互型。此种情况一般不利于岩溶发育，中奥陶统各组第一段和贾旺层均属此类。但是，由于选择性溶蚀作用与其他条件地制约，因而一些间互型的岩溶层组也有出现强烈溶蚀现象。例如，焦作地区中奥陶统属灰岩与其他岩性间互型，发育了一系列大型溶洞岩溶大泉；中奥陶统灰岩岩溶发育，富水性强，成为太原组薄层灰岩的主要补给水源，矿坑底板水问题严重。

第二节　自然地理因素

一、气候

气候对煤田水文地质条件的控制，主要表现在降水量与蒸发量的大小上。降水是地下水的主要补给来源，也是矿坑水的主要补给来源之一，大多数煤矿矿坑涌水量大小与降水有直接关系。一般来讲，在矿床水文地质勘探类型相似条件下，分布在我国潮湿多雨的南方煤矿较干旱的北方煤矿矿坑涌水量要大些。例如，北方陕西、甘肃、宁夏等干旱省份，区内分布着中生代早、中侏罗世煤田，属裂隙含水层充水为主的矿床，浅部生产矿井涌水量一般 $10 \sim 50m^3/h$，因降水量少，浅部矿井雨季涌水量增加不大。南方湘南、滇中、黔西、川南、闽西南和闽中区晚二叠统和晚三叠统裂隙含水层充水为主的煤田，矿井涌水量雨季比枯季一般增大 $2 \sim 4$ 倍，有些矿区可达到十几倍。例如，滇东恩洪矿区，黔西六盘水、织金纳雍等矿区，年降水量大，矿井涌水量也较大；湘南地区，年平均降水量 $1400 \sim 1500mm$，矿井涌水量一般 $100m^3/h$ 左右。

大气降水影响矿井涌水量变化，除降水量本身因素（降水大小、降水性质和延续时间）外，还决定于以下因素。

（1）直接充水含水层埋藏条件。其埋藏条件不同，降水对含水层的补给形式及补给程度也不同。浅部矿井直接充水含水层出露于地表或第四系覆盖层薄时，矿井涌水量随降水量的大小而明显地变化，枯、雨季矿坑月平均降水量一般相差数倍，最大可达数十倍。而随着直接充水含水层埋深加大或第四系覆盖层的增厚，大气降水对含水层地下水的补给程度减弱，因此，深部矿井或巨厚新生界覆盖的全隐蔽煤田的矿井涌水量，总的看来与降水大小关系不大。矿井水来自煤系砂岩与薄层灰岩水，其补给水源主要来自中奥陶统灰岩水，而中奥陶统灰岩自身接受大气降水补给区，远在矿区外围太行山区。

（2）直接充水含水层岩性。含水层岩性不同，接受降水补给能力也不同。一般来讲，岩溶含水层充水为主的矿床，在雨季矿井涌水量增加幅度远较裂隙含水层充水为主矿床来得大，特别是暴雨后，矿井涌水量猛增，往往发生淹井事故。贵州晚二叠世煤田，以裂隙含水层充水为主。六枝矿区的凉水井矿、地宗矿、六枝矿，1969 年至 1994 年观测资料，枯、雨季矿坑涌水量 $1.21 \sim 268 m^3/h$，最大涌水量达 $248 m^3/h$。

二、地貌

地貌对煤田水文地质条件控制，主要表现在不同地貌单元内，煤矿区地下水的补、径、排条件。矿井充水条件和充水通道不同，矿坑涌水量及其稳定程度也不同。

(一) 位于山地分水岭及斜坡地带的煤田

川、黔、滇东晚二叠、三叠世煤田的煤矿区，多数位于该类地貌单元内。其特点是：区域地质历史背景为长期强烈上升，形成褶皱山地与单面山地貌景观；大多数矿区煤层位于当地侵蚀基准面以上，煤系与基底岩层裸露，地形坡度陡，相对高差达百余米至数百米；一般不利于大气降水入渗补给，有利于地表水的自然排泄，地表径流强烈，河谷纵横切割甚剧，往往将山区切割成大小不等的山间地块，形成地表水以山顶为分水岭、以河谷排泄为主的水文网；岩溶发育，含水介质为溶洞、溶道与暗河，矿坑涌水量动态变化受大气降水控制，雨季时水量可比旱季增长几十倍至几百倍。例如，川东地区的华蓥山、天府、南桐、松藻等岩溶含水层充水为主矿区。位于四川盆地东南缘与云贵高原之间山地斜坡地带，由于地壳不断上升，侵蚀基准面不断下切，河流沟谷切割甚剧，区内多有横向沟谷横切山脉。矿区主要分布在隆起褶曲、华蓥山背斜与次一级褶皱带上。煤层一般处于当地侵蚀基准面以上，顶板长兴灰岩和底板茅口灰岩多位于背斜轴部或两翼，大面积出露，形成高耸山脊，接受大气降水补给，岩溶发育具有明显的垂直分带性。由于地质构造复杂，张性断裂和裂隙发育，多有溶斗、溶道、暗河发育。本区年降水量 $1000 \sim 1700 mm$，多集中在 $5 \sim 9$ 月，大气降水通过地表溶蚀洼地、溶斗，大量渗入暗河溶道；雨季暴雨后，常发生暗河溶道突水，突水具有水势凶猛、水量大、含泥沙量大、滞后期短、消退快等特点，往往造成灾难性后果。

(二) 位于山前倾斜平原区的煤田

位于该类地貌单元内的煤田，其特点主要是：山区基岩裸露，直接吸收大气降水和汇集地表水下渗，形成地下水流，在山前侧向补给冲洪积砂砾层。山前煤系分布区被冲洪积扇松散沉积物覆盖，其厚度几十米至几百米，近山麓冲洪积扇顶部主要为粗颗粒砂砾，卵石层夹黏土透镜体，地下水位埋藏深，大量吸收大气降水和地表洪水渗漏以及山区基岩地下水侧向补给，形成了补给水源丰沛、富水性强的孔隙潜水含水层，覆盖在煤系之上，对矿区地下水的贮集、补给、径流和排泄都起着重要作用。在煤层回采过程中，为顶底板直接充水含水层的补给水源，矿床地下水补给条件好，矿坑涌水量动态变化平稳。例如，焦作煤田位于太行山南段弧形拐拆处的山前倾斜平原区内，山区广泛出露寒武奥陶系碳酸盐岩层，厚度达千米，为太行山岩溶水补给区，山前为典型的冲洪积堆积区，下伏石岩二叠纪煤系，冲积洪积扇宽度 3.5 ~ 11km，由砂砾、粗砂与黏土等松散岩层组成，在冲积扇上部砂砾层占冲洪积地层厚度的 60% ~ 80%，两个冲积扇之间地带则以黏土类为主，在冲洪积层底部砂砾含水层与下伏煤层顶底板含水层露头接触地带，孔隙水和基岩裂隙水、岩溶水有密切水力联系，形成矿井充水强补给进水边界。例如，演马庄矿浅部煤层露头为含水砂砾层覆盖，含水砂砾层与奥陶系石灰岩及石炭系薄层灰岩含水层发生水力联系，三者水位趋于一致，矿井排水后，在这一带水位保持高水头，致使演马庄矿 20 多年来矿井涌水量一直保持在 30 ~ 120m³/min。

(三) 位于冲积平原区的煤田

黄淮海平原区石炭二叠纪煤田位于该类地貌单元内。其特点主要是：区内地形平坦，有地表河流，煤系之上覆盖着巨厚新生界阻隔煤系。与大气降水及地表水的直接联系，矿床地下水补给条件不良、泄水不畅、交替缓慢，矿井涌水量一般初期较大，而后逐渐减少，地下水位不断下降，反映出以消耗贮存量为主的特点，地下水补给量有限。新生界下部含水层在某些地段直接覆盖在基岩面之上，它和浅部基岩风化带、煤层上覆和下伏含水层发生水力联系，成为煤层顶底板直接充水含水层的补给水源，也是沟通煤层上覆与下伏含水层地下水向煤层顶板砂岩含水层补给的通道。

第三节　普通水文地质因素

一、含水层与隔水层的特征

(一) 含水层特征

含水层特征系指在煤层开采过程中，向矿坑充水的直接与间接充水含水层的岩性、厚度、岩石成因类型、结构、含水空间形态、导水性和富水性等。正如第一节岩性及地层组合部分已叙述的，不同岩类的含水层因其岩性不同，发育着不同的含水空间形态，则地下水赋存与运移条件，储水和导水能力大小，富水性及其不均匀性均有很大差别；而同一岩类的含水层因其厚度、埋藏条件和岩层组合形式或结构不同，含水空间形态，地下水赋存条件和富水性亦有区别。因此，含水层特征不同，相应的煤田水文地质类型及其复杂程度也就不同，在采掘过程流入坑道水量差别很大，对水文地质勘探手段选择、工程量布置及防治水措施均有很大的影响。

煤田四种岩类含水层，一般来讲，碳酸盐岩类含水层储水与导水能力以及富水性较其他三种岩类含水层强，故对矿井充水强度大，煤田水文地质条件复杂。例如，我国主要大水煤矿区除开滦矿区 (属巨厚松散层覆盖下的裂隙充水煤田)、元宝山露天煤矿 (属孔隙充水煤田) 外，几乎均为岩溶充水煤田。

由于间接充水含水层与直接充水含水层有水力联系，但只能通过直接充水含水层向矿井充水，它是直接充水含水层的补水源。依据这些特征，可以划分出四种水力联系基本类型。

1. 直接充水含水层强、间接充水含水层强型矿井，涌水量大而较稳定。如焦作、峰峰、开滦、合山等煤田。

2. 直接充水含水层强、间接充水含水层弱型矿井，涌水量初期大，随着开采面积扩大，涌水量逐渐或很快减少。如大雁煤田。

3. 直接充水含水层弱、间接充水含水层强型矿井，涌水量中等至弱，随着开采面积扩大和开采水平加深，涌水量会逐步增大而趋于稳定。

4. 直接充水含水层弱、间接充水含水层弱型矿井，涌水量小，随着开采面积扩大和开采水平加深，涌水量不会有明显增加，如我国北方早、中侏罗世煤田。

（二）隔水层特征

隔水层特征系指在煤层开采过程中，能阻隔地表水和直接或间接将充水含水层的水流入矿井或能大大减弱流入矿井水量的岩层，其岩性、厚度、分布和力学强度等特征。

1. 煤系隔水层

煤系一般是由各种粒度砂岩、泥岩、砂质泥岩、煤和灰岩等组成。其中隔水层主要是泥岩、砂质泥岩，从力学属性来看属粘塑性岩石，力学强度低，岩石受力后发生塑性变形。当应力超过弹性极限后，发生破裂，破裂方式主要以黏性剪断为主，产生隐蔽裂隙和闭合裂隙。即使发育张裂隙，但裂隙中往往充填了自身破碎的泥质碎屑物，因此，这类岩石的含水性和导水性一般很弱，能起阻水作用。在采煤过程中，隔水层起阻隔或减弱地下水流入矿井作用，除了与岩性和力学性质有关外，还和隔水层厚度、分布、距煤层间距及其与含水层组合特征有关。阻隔含水层一般有以下几种形式。

（1）厚层泥岩、砂质泥岩、致密的粉砂岩隔水层分布在开采煤层冒落带顶部，其上部为中粗粒砂岩含水层。这种情况下，该隔水层将起着阻隔砂岩含水层水流入矿井的作用。这是因为，该隔水层是位于导水裂隙带下部范围内，泥岩及其上部砂岩因受煤层回采顶板冒落的影响而发生下沉，形成张断裂隙，其上部砂岩含水层即沿着泥岩中的裂隙渗透而流向矿井；但是在砂岩水渗透过程中，泥岩体积将发生体积膨胀，使裂隙闭合，因而阻隔了砂岩含水层中的水。

（2）泥岩、砂质泥岩和致密的粉砂岩互层分布在开采煤层与其下部承压含水层之间，其厚度足以抵抗煤层开采时采动矿压自上而下的破坏和下部承压含水层的水头压力自下而上的破坏时，亦即其总强度足以抵抗矿压与水压的共同作用时，则该隔水层将起到阻隔承压含水层水突然涌出流入矿井的作用。

（3）泥岩、砂质泥岩、致密的粉砂岩和含水层呈互层状或层间分布，隔水层在垂向上对含水层地下水起到较好的阻隔作用。在自然状态下，含水层只是在浅部能获得大气降水和第四系松散层水补给，大大减弱含水层在深部流入矿井水量。例如，开滦矿区煤系各含水层间有良好的隔水层（煤层、泥岩、沉积凝灰岩以及致密的粉砂岩），天然状态下，煤系各含水层在上游露头处接受新生界底部含水层的补给，主要沿层间流动，又在下游露头处排泄给新生界底部含水层，因此矿井涌水量主要来自新生界底部的卵砾石含水层。

2. 新生界隔水层

新生界是由各种粒径砂、砂砾石、黏土和砂质黏土等组成。其中隔水层主要是黏土、砂质黏土，从力学属性来看属黏性土，是良好的隔水层，其阻隔地面水和含水层地下水程度与岩石力学性质、厚度和分布有关。厚层黏土层，分布稳定，塑性指数高，则隔水性良好。隔水层阻隔地面水和含水层地下水一般有以下几种形式。

（1）厚层黏土层、砂质黏土层，分布于新生界底部，覆盖在煤系之上，阻隔新生界砂砾含水层与地表水与煤系基岩含水层发生水力联系。

（2）厚层黏土和砂质黏土层与砂层、砂砾层互层而成层分布，其分布稳定，将新生界含水砂层、砂砾层划分为几个含水层组，阻隔各含水层组间水力联系，造成下部含水层组补给条件差。

二、含水层、隔水层与煤层的组合关系

含水层、隔水层与煤层的组合关系是指含水层、隔水层与煤层间的相互位置和接触关系。

（一）含水层与煤层的相互位置

1. 当含水层位于煤层底板以下时，组成底板充水煤矿床时，矿床地下水补给区在矿区外围，地下水径流途径较长，水压较高，进水途径除了直接揭露涌水外，主要通过断层密集地带或交错尖灭处，隔水层薄弱地带、采空露顶面积过大地区，突水涌入矿井。属于此类矿床一般为岩溶充水煤矿床，有华北石炭二叠纪煤矿区与早侏罗世芋县煤矿区，鄂西南早二叠世松宜、蒲圻、长阳矿区，鄂南、湘中、粤北、川东、桂中和贵州晚二叠世黄石七约矿区，涟邵、连阳、华蓥山、天府南桐、松藻、合山和扎佐矿区，粤北三叠—侏罗纪南岭矿区。

（2）当含水层位于煤层顶板以上时，组成顶板充水煤矿床时，矿床地下水补给区，除了在煤层地段和地表分水岭汇水范围内接受大气降水垂直渗漏补给外其余主要通过煤层露头区风化裂隙带与老窑塌陷区垂直渗透补给和在断层对口部位接受煤层上覆与下伏含水层的侧向补给。进水途径，在开拓回采过程中顶板直接涌水、淋水，主要在顶板冒裂带范围内含水层地下水流入矿坑。属于此类矿床的，如南方赣中丰城和赣东乐平晚二叠统岩溶含水层充水为主的煤矿区，滇东、黔西、川南，闽西南、闽中区；湘南区晚二叠统裂隙含水层充水为主的煤矿区，主要是恩洪、来宾、后所、庆云、圭山、六枝、盘城、水城、织金—纳雍、筠连、龙（岩）—永（定），天湖山、永安—加福、清（流）—连（城）、上京、两市塘、牛马司、洪山殿、白沙、永来、湘永、华塘、马田、袁家、梅田、街洞等矿区；北方中生代下、中侏罗统裂隙含水层充水为主的煤田，主要是彬长、焦坪、黄陵、榆神府、大同、鹤岗、鸡西、双鸭山、勃利、东胜、大雁、阵旗、伊敏、北票等矿区。

（二）含水层与煤层的接触关系

（1）当含水层顶板与煤层底板直接接触，或含水层顶板与煤层底板间分布有隔水层，其厚度小于含水层水的压力和采矿对底板破坏的高度，以及含水层底板的承压水沿含水层顶板的构造裂隙导升高度之和时，组成底板直接充水煤矿床，属于此类矿床，一般为岩溶充水煤矿区，以各矿区最底部主采煤层的水害条件而言，主要包括：峰峰、鹤壁、开滦、霍县、蒲白、澄合、京西、轩岗等石炭二叠系煤矿区，南方二叠系和三叠侏罗系岩溶充水煤矿区。

（2）当巨厚碳酸盐岩含水层与煤层底板间分布有隔水层，其厚度大于含水层水的压力与采矿两者对底板的破坏高度和含水层底板的承压水沿含水层顶板的构造裂隙导升高度之和时，隔水层内有一至数层薄至中厚层碳酸盐岩，组成底板间接充水煤矿床，属于此类矿床的有焦作、淄博、肥城、淮北、淮南、平顶山等石炭二叠系煤矿区。

（3）当含水层底板与煤层顶板直接接触或隔水层底板与煤层顶板以上冒裂带顶面间距内分布有含水层与隔水层呈间互层时，组成顶板直接充水煤矿床。两者不同之处是，前者在采煤开拓掘进或回采中顶板直接涌水、淋水方式流入矿井；后者在煤层回采后，顶板来压在冒裂带范围内，含水层地下水

177

通过垂直渗漏或涌水方式流入矿井。

由上述可知，含水层、隔水层与煤层组合关系是控制矿井充水方式与充水途径的主要因素。因此，三者之间相对位置与接触关系不同，矿井充水方式与进水途径发生变化，煤矿床水文地质勘探类型也就不同，相应的煤田水文地质条件有差异，水文地质勘探方法有所区别。

第四节　人为因素

一、煤田开拓方法及开拓方式对水文地质条件的影响

在许多情况下，采用适当的煤田开拓方法与开拓方式，可以使水文地质条件复杂的煤田变得相对简单；开拓方法或方式不当，可以使水文地质条件相对简单的煤田变得复杂，而复杂的煤田则变得更加复杂。

（一）井田划分

在一般情况下，一个煤田的井田划分主要考虑煤层储量及构造情况，很少考虑水文地质条件。但在某些特殊的水文地质条件下，井田划分还应考虑煤田水文地质的具体条件，否则后患无穷，甚至引起灭顶之灾。例如，对于煤层顶底板具有一个或几个强径流带或强岩溶带的煤田，在井田划分时就应把这些强径流带或强岩溶带放在井田边界煤柱范围之内，使其不能成为煤层开采的威胁，或至少不能成为先期开采的威胁。广西合山煤田就深有这方面的经验和教训。该煤田为一近南北向的长椭圆形不对称的完整向斜，西翼较平缓，东翼陡峻甚至直立、倒转，所有生产矿井都位于西翼的北部和中部。煤层顶底板均为合山组石灰岩，岩溶发育，尤其每隔2km或4km就有一条北西西向强岩溶带。当井下巷道遇到这些强岩溶带时，就会发生大量突水，甚至淹井。例如，柳花岭矿遇强岩溶带时最大涌水量为9000m^3/d；溯河里兰等矿则曾遭淹没（现已恢复）；石村矿于1990年遇强岩溶带（总涌水量81600m^3/d）而淹没；马鞍矿于-220m被总涌水量59040m^3/d的水平突水而淹没。但多年来的经验证明：只要井下不触及这些强岩溶带，矿井就可以安全生产。掌握了这一规律之后，就把这些强岩溶带作为各井的井田边界，留下

防水煤柱 (亦即井田边界煤柱)，不去碰它，各矿只是在这些强径流带之间的弱含水地段进行采煤。这样一来，在水文地质条件非常复杂的合山煤田，各矿井 (东矿、柳花岭矿、溯河矿、里兰矿及一些地方小矿) 居然能一直保持安全开采，这就把矿井水文地质条件变得相对简单。现正把这一经验用于开发该煤田的南部新区。与此相反，该煤田的石村矿及马鞍矿就违反了这个规律，石村矿横跨几个强岩溶带，马鞍矿则正建在强岩溶带上；故矿井淹没后就一直难以恢复，须重新划分井田，改变原来的井田边界，以适应该煤田的水文地质条件，才能恢复安全生产。

与此同理，在有地表水流通过的缓倾斜煤田，划分浅部井田时，也应尽可能地将河流放在井田界边界上，可避免许多麻烦。

(二) 开拓顺序

在有些煤田，开拓顺序当否，能改善或恶化煤田的水文地质条件。当一个煤田，有些区段水文地质条件非常复杂，另一些区段则比较简单时，就应该先开发水文地质条件相对简单的区段，把水文地质条件最复杂的区段留到最后开发。这样，在整个开发和生产过程中就比较顺利。反之，如果先开发水文地质条件复杂的区段，则不但一开始就遇到困难，而且连后期开发的位于水文地质条件简单区段的矿井也将受到先期开采矿井水害的威胁，这样就使水文地质条件本来简单的区段也复杂化了。因此，"先简单后复杂"是煤田开拓所必须遵循的一条重要原则和常规。

当整个煤田的水文地质条件都很复杂，在任何区段单开一个井，都难以承受其巨大水量时，只要煤田的含水构造规模不很大，可以在煤田内同时开拓几口井，以分担其水量，使煤田开发成为可能。这叫作"多井联合疏干"。湖南的煤炭坝煤田就是这样做的。该煤田为一向北东东敞开的不对称向斜，面积仅20余平方公里，煤层底板下有茅口灰岩，顶板上有长兴灰岩，距煤层都很近。岩溶都非常发育，还与地表水有联系，补给水源非常充分。水文地质条件十分复杂。其水量之大，显然非单独一个矿井所能承担。于是在该煤田的向斜两翼各开两对矿井，同时疏排地下水，总水量达 $8175m^3/h$。由于有 4 对井共同分担，水量还可以承受，因而能一直坚持正常开采。

(三) 井筒类型选择

井筒类型可分为立井和斜井两大类。用立井开拓还是用斜井开拓，除了要考虑煤层储量及地质构造外，还应考虑水文地质条件。例如，在巨厚新生界含水层覆盖下的煤田，以用立井开拓为宜。用冻结或钻井法都可以顺利通过巨厚的新生界。只要没有特殊原因（如新构造运动、地震、井筒结构不合理等），井筒维护一般也比较容易。如用斜井开拓，则不但井筒开凿十分困难，即使勉强通过了新生界，也无法长期维护井筒安全，给以后的正常生产留下无穷后患。但对于山间河谷冲积砂砾含水层覆盖下的煤田，则一般宜从河谷两侧山地或台地用斜井（正斜井或反斜井）开拓，比在河谷中用立井开拓要顺利得多。

当煤层底板为较厚的流沙层、塑性黏土层或主要岩溶含水层时，一般宜用立井或反斜井开拓，以避免与其直接接触。如用正斜井开拓，则不仅凿井与维护都很困难，还会导致矿井水文地质条件复杂化，给以后的正常生产留下后患。与此同理，当煤层顶板以上有主要岩溶含水层或不良工程地质层时，则不宜用立井或反斜井开拓，而以正斜井开拓为宜。

（四）井筒位置选择

井筒应布置在含水层层数少、含水性弱位置，一般要求避开强含水层与断层。基岩井筒在掘进中揭露含水层或见断层发生涌水，可进行地面预注浆及工作面注浆处理，但涌水量大，则矿井建设投资增加，矿井投产期一拖再拖，给煤炭工业建设带来很大损失。例如，20世纪50年代末，开滦矿区荆各庄矿主井在井深188.50m突水258m³/h，处理二年无效被迫停建，到70年代才恢复。70年代中期，淮北矿区临涣主井在井深400m以上，见2条落差分别为2.8m和17m断层，发生3次突水，最大突水量290m³/h，处理二年，费用约201多万元。开滦矿区钱家营矿，副井在井深278m见断层，涌水量125m³/h，工作面注浆8个月。80年代，邯郸矿区云驾岭矿，1998年开工，至今未投产，主井总涌水量904m³/d，副井942m³/h，井筒注水费约600万元。

（五）井底车场布置

井底车场应布置在坚硬和稳定性强的隔水岩层或弱含水层地段，而且距底板承压含水层之间应有足够的安全厚度，尽可能避免穿过断层破碎带和强含水层。

因井筒落底后，开凿井底车场时，井下永久水仓与泵房尚未建立，矿井排水能力小，一旦发生突水，将造成矿井被淹井。例如，焦作矿区中马村矿 1955 年建井，竖井井筒布置在井田中三断层附近，井底车场开凿在构造发育的富水性地段。井筒落底后，1958 年 3 月，−164m 水平临时水仓掘进，在 73m 巷道中先后揭露 4 条断层，距离 L8 灰岩承压含水层只有 5～6m，含水层水压达 2.5MPa，在断层带附近发生"底鼓"突水，计算水量 105m³/min，淹井后，经注浆排水恢复。1958 年 10 月 16 日，在井底车场东部和车库回风巷和专用回风上山掘进工作面发生底鼓，矿井再次被淹，直至 1990 年才投产。以后在演马庄矿、冯营矿建井，井底车场顺煤层倾斜方向开凿在煤层顶板弱含水的砂岩中，距底板 L8 灰岩承压含水层有足够安全厚度，使永久水仓、泵房及保护井底防水闸门建成，并下防、排水能力形成后，再向外掘进运输大巷进入采区，保证了基建阶段井巷掘进工程顺利进行。

开滦矿区东欢坨矿 3 号井（原风井）被迫自动淹井更为明显的例子。东欢坨矿位于开平煤田车轴山向斜东南翼，为一第四系冲积层覆盖下的隐蔽式煤田。

（六）运输大巷布置

运输大巷布置一般是将主要运输大巷布置在煤层底板不受采动影响的坚硬和整体性的岩层中，因井巷维护工程量少，煤柱损失少。当煤层底板以下为强承压含水层，如北方石炭二叠纪煤田和南方晚二叠世煤田底板进水为主的岩溶充水矿区，为了预防底板突水，运输大巷布置应结合水文地质条件和煤层顶板岩石物理力学特征，从而避免水害，实现安全、快速掘进。布置方式一般如下。

（1）煤层顶板岩石坚硬、完整，把井底车场布置在煤层顶板含水性弱砂岩层内，防、排水系统建立后，将运输大巷转做于煤层底板隔水岩层或薄层灰岩。属于这种布置方式的有北方岩溶充水矿区一些煤矿区，例如，焦作矿区演马庄矿、冯营矿等。

（2）煤层底板为碳质泥岩、泥岩，井巷受地下水浸泡后易变形，井巷常造成垮巷和底板突水事故，井巷经常需要维修，影响排水。将井底车场直接建在煤层底板灰岩岩溶不发育地段，在防排水形成后，将运输大巷掘进在灰岩内。属于这种布置方式有南方岩溶充水矿区，例如湖南煤炭坝煤矿。

二、采煤方法对水文地质条件的影响

所谓采煤方法对水文地质条件影响，是指采动后造成了老顶周期来压，上覆岩层遭到破坏和矿山压力对隔水底板破坏，从而导致煤层上覆和下伏含水层地下水天然流场改变而集中流入矿井。

煤层在未开采之前，煤系岩体内应力处于平衡状态。煤层上覆和下伏含水层中的地下水由补给区流向排泄区，受自然条件下岩性、地形、地貌、地质构造等条件控制。采动后使岩体平衡状态被破坏，为达到新的应力平衡，发生了围岩变形、移动和破坏，从而对井下回采工作面与巷道产生了矿山压力；在矿山压力作用下，出现了诸如顶板冒落、底板隆起、煤壁或岩壁片帮支架拆断、岩层移动、煤与沼气突出、冲击地压、煤的挤出等一系列现象；其中顶板冒落和底板隆起，一般情况下，会改变煤层上覆和下伏含水层地下水赋存、运移条件，触发和诱发矿井顶底板突水。

(一) 煤层顶板破坏及顶板突水

当用全部垮落法采煤时，在采空区上方形成三个破坏带，即冒落带、裂隙带和弯曲带。在冒落带和裂隙范围内，连续分布的含水层受到破坏，出现了"泄水口"，赋存在含水层内地下水流入矿井。因此，在采煤时，应尽量避免因采动而产生的冒落带和裂隙带高度扩展到煤层顶板以上强含水层，以减少从顶板大量来水。为了确定冒落带和裂隙带高度，煤炭系统的科研、生产和教学单位对不同地质和水文地质条件的矿井的顶板跨落、上覆岩层遭到破坏和顶板突水关系做了大量研究工作，总结出很多经验或半理论公式。从这些公式中可以看出，冒落带和裂隙带高度受煤层厚度、倾角、分层开采数、煤层顶板岩性组合和岩石物理力学强度等因素控制。因此，通过地质勘探取得有关资料后，就有可能对未受到构造破坏的煤层顶板以上强含水层，在开采条件下是否会发生顶板突水做出评价。

(二) 煤层底板破坏及底板突水

矿井底板突水的原因，是含水层的水压、采动矿压、隔水层厚度及导水裂隙的存在等因素共同作用的结果。回采煤层时，采空区顶部和底部岩体内形成免压区。采空区倾斜边缘支撑压力区或弧形高压区是采空区底板突水区，尤其是在两个区交界处剪切弧形带附近是突水集中之处，据峰峰、井

陉、淄博、徐州4个矿区31次回采工作面突水实例统计，发生在剪切弧形带附近的占93%，其他部分占7%。

采煤工作面的斜长越大，则支撑压力越大，支撑压力对底板的破坏深度也越大。同时，还由于采煤工作面越长，悬顶区的跨度就越大，下伏含水层的水头压力对悬顶区隔水底板所产生的纵横弯矩也越大，就越容易使底板破坏而突水。故缩短工作面，有助于防止底板突水。必要时再配合人工放顶，以减小悬顶区的纵横跨度，防止底板突水的效果更佳。如底板突水的威胁很严重时，还可以改用房柱式开采或充填法开采，一般可以避免底板突水。

第十章 环境科学概论

第一节 环境及环境问题

一、环境

所谓环境总是相对于某个中心而言的，它因中心事物的不同而不同，随中心事物的变化而变化。对环境科学来说，中心事物是人类，环境就是人类生存的环境。

人类的环境可以分为社会环境和自然环境两种。

社会环境是指人们生活的社会制度和上层建筑的条件，例如，社会的经济基础及其相应的政治、法律、宗教、艺术、哲学观点和机构等。它是人类在物质资料生产过程中，共同进行生产而结合起来的生产关系的总和。

自然环境是指以自然界事物为主体的外部空间，以及直接或间接影响生物体或生物群体生存的一切事物的综合，是人类赖以生存和发展的物质基础，包括大气圈、水圈、土壤圈、生物圈及岩石圈各圈层。

在环境科学中所讨论的环境主要指自然环境。

(一) 环境的概念

"环境"的含义是非常丰富的，在不同的学科中，由于研究对象和内容的不同，对其概念的界定也不一样。下面从三个层次介绍环境的概念。

1. 哲学定义

从哲学的角度看，环境是一个相对概念，即环境是一个相对于主体而言的客体，它与其主体相互依存，因此其内容也随着主体的不同而改变。因此，要正确把握环境的概念及其实质，首先要明确主体。

2. 科学定义

在环境科学中，"环境"是决定其学科性质、特点、研究对象和内容的最基本的概念。其科学定义的确立是以人类对环境问题的认识的逐步深入为前提的。对于环境科学而言，环境的定义应该是"以人类社会为主体的外部世界的总体"，此处所说的"外部世界"主要指人类已经认识到的、直接或间接影响人类生存与社会发展的周围事物。它既包括未经人类改造的自然界众多要素，如阳光、空气、陆地、土壤、水体、天然森林、草原、野生生物等；又包括经过人类社会加工改造过的自然界，如城市、村落、水库、港口、公路、铁路、空港及园林等。

《中国大百科全书·环境科学卷》将环境定义为："环境是指围绕着人群的空间及其中可以直接或间接影响人类生活和发展的各种自然因素和社会因素的总称。"

3. 工作定义

它是从实际工作的需要出发，对"环境"一词的法律适用对象和范围所做的规定，其目的是保证法律的准确性及实施的可操作性。《中华人民共和国环境保护法》中规定："本法所称环境，是指影响人类生存和发展的各种天然的和经过人工改造的自然因素的总体，包括大气、水、海洋、土地、矿藏、森林、草原、野生生物、自然遗迹、人文遗迹、自然保护区、风景名胜区、城市和乡村等。"

(二) 环境的分类

1. 按环境的主体划分

可分为人类环境和生物环境两类，其中人类环境是以人类为主体，其他的生命体和非生命体都被视为环境要素，即环境就是人类生存的环境。在环境科学中，大多数人采用这种分类方法。

2. 按环境的范围大小划分

可分为特定空间环境 (如航天、航空的密封舱环境等)、劳动环境 (如车间)、生活区环境 (如居室环境、院落环境)、城市环境、区域环境 (如流域环境、行政区域环境等)、全球环境和星际环境等。

二、环境问题

(一) 环境问题的概念

环境问题是指由于人类活动作用于人们周围的环境所引起的环境质量

变化，以及这种变化反过来对人类的生产、生活和健康的影响问题。

环境问题与环境污染不尽相同，开始人们认为环境问题仅仅指环境污染，即有害物质在自然环境中某一系统区域内发生积聚，其积聚量达到危及或潜在危及人类和生物正常生存的问题。环境问题不仅包括环境污染，还包括生态破坏、臭氧层减少、噪声等一切形式的环境恶化或对生物圈的一切不利的影响。

环境问题的产生主要是对自然资源的不合理开发和利用。社会发展需要大量的物质资源，随着社会的发展、生产力的提高、人口的剧增，所消耗的物质资源越来越多，加之人们不认识或违背自然规律，对资源进行大量不合理的开发利用，从而破坏了生态平衡，产生了环境问题。例如，大量砍伐森林，破坏草原，引起严重的水土流失、水旱灾害的频繁发生和沙漠化。在农业上，大量农药的使用，在防治害虫和其他有害生物的同时，杀死了它们的天敌，从而引起害虫和其他有害生物的猖獗。

(二) 环境问题分类

原生环境问题(第一类环境问题)。它是指自然界固有的不平衡性以及不同地区自然条件的差异所造成的环境问题。即自然因素导致自然环境的破坏，从而影响人类和生物的活动和生存，如太阳辐射的变化引起洪涝干旱等；地球热力和动力作用会导致火山爆发、地震活动等。

次生环境问题(第二类环境问题)。它是指由人类的生产和生活活动所造成的环境问题。这类环境问题是当前环境科学研究的主要课题，表现为环境污染和生态破坏。

环境污染是由人类生产和生活活动产生的废弃物而引起环境中物质组分的改变(某些物质的过分集中)，如八大公害。

生态破坏是由人类不适当的生产和生活方式而引起的自然生态系统结构和功能的损坏。如滥伐森林引起的水土流失，滥猎生物所引起的物种减少，不适当的灌溉引起土壤退化，水利工程引起的一系列问题等。

第二节　环境科学

一、环境科学的研究对象及特点

(一) 环境科学的研究对象

环境科学是一门研究人类社会发展活动与环境演化规律之间相互作用关系，寻求人类社会与环境协同演化、持续发展途径与方法的科学。

环境科学以"人类—环境"系统为研究对象，研究"人类—环境"的发生、发展和调控的科学。"人类—环境"系统是人类与环境所构成的对立统一体，是以人类为中心的生态系统。

通过调整人类行为，保护、发展、建设环境，从而使环境永远为人类社会持续、协调、稳定的发展提供良好的支持与保证。

(二) 环境科学的特点

(1) 综合性环境科学是 20 世纪 60 年代，随着经济高速发展和人口剧增形成的第一次环境问题而兴起的一门综合性很强的学科。它涉及面广，具有自然科学、社会科学、技术科学交叉渗透，几乎涉及现代科学的各个领域。研究范围也涉及管理、经济、科技、军事等部门。

(2) 人类所处地位的特殊性。人类与环境是辩证统一体，相互依赖，互为因果。人类作用呈正效应时，即有利于环境质量的恢复和改善时，环境的反作用也呈正作用，即有利于人类的生存和发展；反之，人类将受到环境的报复。我国近几年的生态灾害就是环境对人类报复的结果。

二、环境科学的基本任务与研究内容

(一) 环境科学的基本任务

(1) 探索全球范围内自然环境演化规律，包括大气圈、水圈、岩石圈、生物圈。

(2) 探索全球范围内人与环境的相互依存关系。

(3) 协调人类的生产、消费活动同生态要求之间的关系，推动可持续发展。

(4) 探索区域污染综合防治的途径。运用工程技术 (环境工程) 及管理措施 (法律、经济、教育和行政手段)，从区域环境的整体调节人类与环境的关系。

(二) 环境科学的研究内容

(1) 环境质量的变化和发展是环境科学研究的核心。

(2) 环境科学研究人类活动影响下，环境质量的发展变化规律及其对人类的影响，并研究如何调控环境质量的变化和改善环境质量。

(3) 环境科学现阶段的研究重点是控制污染破坏和改善环境质量，包括污染综合防治、自然保护和促进人类生态系统的良性循环。环境质量既包括自然环境质量 (物理环境、化学环境及生物环境)，也包括社会环境、经济环境等方面的内容。

三、环境科学的分支学科及其与相邻学科的关系

环境科学是一门由多学科到跨学科的庞大科学体系组成的新兴学科，是一门介于自然科学、社会科学和技术科学之间的边缘学科。由此形成了三个分支学科及多门环境学科的体系。

属于环境自然科学的有：环境地学、环境土壤学、环境生物学 (含环境微生物学)、环境化学、环境数学、环境生态学、环境医学和环境物理学。

属于环境工程科学的有：环境工程学、大气污染控制工程、水体污染控制工程、固体废物处理与利用、噪声控制工程、环境系统工程、环境生态工程、环境监测和环境评价。

属于环境社会科学的有：环境管理学、环境美学、环境法学、环境规划学、环境经济学、环境教育学和环境信息学。

也可以将环境科学按性质与作用分为三部分：基础环境学、应用环境学和环境学。

基础环境学包括：环境数学、环境物理学、环境化学、环境地学、环境生物学、环境医学、环境空气动力学。

应用环境学包括：环境工程学、环境管理学、环境规划、环境监测、环境质量评价、环境经济学、环境法学、环境行为学。

基础环境学和应用环境学分别从各自角度应用本学科的理论和方法研

究解决环境问题，从而形成分支，又相互交叉。如环境化学是运用化学理论和方法解决环境问题，20世纪60年代形成环境化学，由于运用化学的理论和方法，对大气、水、土壤环境中化学污染物特性、发生机理、迁移转化规律进行研究，因而产生大气污染化学、水污染化学和土壤污染化学。为了进行环境污染化学研究，必须对化学污染物进行监测分析，因而产生环境分析化学。运用化学原理研究污染物的回收利用或无害化处理等化学治理技术，产生环境工程化学。环境化学既是化学分支，又是环境科学的分支。

20世纪70年代出现理论环境学，它主要研究人类生态系统的结构和功能，生态流的运行规律，以及环境质量变化对人类生态系统的影响，确定导致人类生态系统受到损害或破坏的极限，寻求调控人类环境系统的最佳方案。研究内容包括：环境科学的方法论、环境质量综合评价的理论和方法、环境综合承载力的分析、经济与环境协调度的分析、环境区划理论及合理布局的原理和方法、生产地域综合体优化组合的理论和方法，等等。

四、环境科学的形成与发展

环境科学是在环境问题日益严重的情况下产生和发展起来的一门综合性科学。到目前为止，这门学科的理论和方法还在发展之中。

环境科学的形成和发展，大体上可分为两个阶段：①有关科学分别探索阶段；②环境科学的出现（20世纪50年代开始）。

随着人类对环境认识的提高，环境科学的内涵将逐渐扩大。

第三节　环境保护

环境保护就是利用现有的环境科学的理论与方法，协调人类和环境的关系，解决各种环境问题的人类活动的总称。

一、环境保护的发展历程

近百年来，世界各国主要是发达国家的环境保护工作，大致经历了四个发展阶段。

（一）限制阶段（无控制）

环境污染早在10世纪就已发生，如英国泰晤士河的污染、日本足尾铜矿的污染事件等，此后相继出现了"八大公害事件"。由于当时尚未搞清这些公害产生的原因和机理，所以一般只是采取限制措施。如英国伦敦烟雾事件后，制定了法律，限制燃料使用量与污染物排放时间。

人们对环境污染也进行过治理，并以法律、行政等手段限制污染物排放，但还没有环境保护的概念。

（二）"三废"治理阶段（末端控制）

发达国家环境污染问题日益突出，环境保护成了举世瞩目的国际性大问题，于是各发达国家相继成立了环境保护专门机构。但当时的环境问题还只限于工业污染问题，所以保护工作主要是治理污染源，减少排放量。

那时，人们对环境保护有初步认识，认为环境保护是对大气污染和水污染等进行治理，对固体废弃物进行处理和利用，即所谓"三废"治理，以及排除噪声干扰等技术措施和管理工作。目的是消除公害，使人体健康不受损害。

（三）综合防治阶段（全程控制）

联合国在瑞典斯德哥尔摩召开了第一次人类环境会议，并通过了《人类环境宣言》，这次会议成为人类环保工作的历史转折点，它加深了人们对环境问题的认识，将环境问题由单一的污染问题扩大到整个生态环境破坏问题，并首次将环境与人口、资源和发展联系在一起，从整体上解决环境问题。

《只有一个地球》一书提出，环境问题不仅是工程技术问题，更是社会经济问题，为人类环境会议提供了背景材料。20世纪70年代中期，人们逐渐从发展与环境的对立统一关系来认识环境保护的含义，认为环境保护不仅是控制污染，更重要的是合理开发利用资源，经济发展不能超出环境容许的极限。提出"环境保护从某种意义上说，是对人类的总资源进行最佳利用的管理工作"。所以，环境保护不仅是治理污染的技术问题、保护人群健康的福利问题，更重要的是经济问题和政治问题。

（四）规划管理阶段（超前控制）

由于发达国家经济萧条与能源危机，各国都急需协调发展、就业与环境之间的关系，并寻求解决的方法与途径。该阶段环保工作的重点是：制定经济增长、合理开发利用自然资源与环境保护工作相协调的长期政策。其特点是：重视环境规划与环境管理，对环境规划措施，既要求促进经济发展，又要求保护环境。

环境保护的广泛含义为人们接受。发达国家的政府首脑大声疾呼：保护环境是人类所面临的重大挑战，是当务之急，健康的经济和健康的环境是完全相互依赖的。越来越多的发展中国家也认识到环境保护与经济相关的重要性。

1992 年 6 月 3 日至 14 日在巴西里约热内卢召开的联合国环境与发展大会，标志着世界环境保护工作又迈上了新的征途，即探索环境与人类社会发展的协调方法，实现人类与环境的可持续发展，至此，"环境与发展"已成为世界环保工作的主题。

二、环境保护的任务、目的和内容

(一) 环境保护的任务

运用现代环境科学的理论和方法，在合理开发利用自然资源的同时，深入认识并掌握污染和破坏环境的根源与危害，有计划地保护环境，预防环境质量的恶化；控制环境污染破坏，保护人体健康，促进经济与环境的协调发展，造福人民，贻惠于子孙后代。

(二) 环境保护的目的

随着社会生产力的进步，在人类征服自然的能力与活动不断增加的同时，运用先进的科学技术，研究破坏生态平衡的原因，寻求避免和减轻破坏环境的途径与方法。

(三) 环境保护的内容

环境保护的内容一般包括两个方面：一是保护和改善环境质量，保护人民的身心健康，防止机体在环境污染影响下产生遗传变异和退化；二是合理开发利用自然资源，减少或消除有害物质进入环境，以及保护自然资源、加强生物多样性保护，维护生物资源的生产能力，使之得以恢复和扩大再生产。

《中华人民共和国环境保护法》明确提出环境保护的基本任务是："保护

和改善生活环境与生态环境，防治污染和其他公害，保障人体健康，促进社会主义现代化建设的发展。"具体任务如下：

（1）大气污染防治；

（2）水污染防治（包括海洋污染与防治）；

（3）土壤污染防治；

（4）固体废物污染与防治；

（5）食品污染与防治；

（6）噪声及其他污染与防治（包括噪声污染、热污染、光污染、放射性污染、辐射污染等）；

（7）自然资源的开发利用与保护。

第十一章　水污染与防治

本章在简要介绍了水资源、水质指标与标准、水体污染和水体自净等基本概念的基础上，重点阐述了水体中主要的污染物质及其危害、水资源管理与废水处理及利用、常用的污水处理技术方法等内容。

第一节　水资源及其在环境中的重要作用

水具有生产资料和生活资源的属性，是工农业生产必不可少的自然资源与环境要素之一。随着人口的增长和经济的发展，水资源短缺的现象在很多地方出现，逐渐成为制约人类生存和发展的重要因素。保护水资源、防止水体污染是当今人类的迫切任务之一。

一、全球水资源状况

地球上 97.3% 是海水，不能使用；淡水占 2.7%，其中 77.78% 以冰川和冰冠在两极存在，很难被利用。与人类关系密切又比较容易开发利用的淡水约为 $4 \times 10^6 km^3$，占地球水量的 0.3%。而且这些水在时空分布上不均匀。

二、我国水资源状况与利用中的问题

（一）我国人均水资源量低于世界平均水平

我国水资源总量，降水量 6 万亿 m^3，占全球的 5%，占世界第三位；年径流量 2.7 万亿 m^3，相当全球年径流量的 5.5%，居世界第六位。但人口多，人均径流量 2400m^3/（人·年），相当世界人均水平的 1/4，在世界上排第 110 位。

（二）分布极不平衡

我国自然条件复杂，水资源时空分布不平衡。表现在降水地区分布和季节分布不平衡，而且年际变化大。例如，淮河以北耕地占全国64%，水资源占19%；淮河以南耕地占36%，水资源占81%。

（三）水量变化大，可利用少

我国降水特点是全年60%的雨量集中在夏秋季节的3~4个月内，而且蓄水能力差，使一年中河川中的径流量变化十分显著，有所谓的丰水期、平水期和枯水期之分。河流的最大流量与最小流量相差十几倍。例如，淮河差11~12倍。松花江的哈尔滨段丰水期流量为6000m³/s，而枯水期仅150m³/s。这种水量变化，不仅使水的供需矛盾加剧，而且造成枯水期河流纳污能力降低，加重水系污染，是水质恶化的重要原因。

（四）水资源利用中的问题

（1）开发不当造成水环境变化。突出表现在不合理的围湖造田方面。据统计，20世纪50年代后期，全国被围掉的湖面积至少在133.3万hm²以上。造成湖泊水面缩小，蓄水能力降低，生态环境改变。2008年我国特大洪水造成严重损失的原因之一是湖的蓄水调控能力减少。

（2）水利工程对水文状况的影响。例如，根治海河工程，主要从排涝考虑，工程建设后，使海河流域平原降水在100d内全部进入渤海，排除华北333.3万hm²涝田的积水。但由于降水很快被排走，使华北平原的水源补给减少，从而加剧缺水的矛盾。

（3）用水浪费加剧水资源短缺。每生产单位工业产品的耗水量是工业发达国家的几倍到几十倍，循环利用率低。农业用水浪费更大，急需节水灌溉技术及推广。

（4）水污染使淡水资源减少。我国七大水系中近一半河段污染严重，86%的城市河段水质普遍超标，城市生活污水及工业废水的处理率远远低于发达国家。

三、水在环境中的重要性

人类与水的关系十分密切，水是人类生活、生产不可缺少的资源，水对人类社会生存与发展的意义主要表现在水的功能方面。

（一）生活用水

对人类社会而言，生活用水可分为城镇生活用水和农村生活用水两类。城镇生活用水主要是家庭用水（饮用、卫生），此外，还包括各种公共建筑用水、消防用水及浇灌绿地等市政用水。受城市性质、经济水平、气候、水源水量、居民用水习惯和收费方式等因素的影响，人均用水量变化较大，发达地区一般高于欠发达地区，丰水地区一般高于缺水地区。城镇生活用水约占全球用水量的7%，我国城镇用水则占全国总用水量的5.8%（2012年），农村生活用水占5.4%。以维持起码的生活质量为基准，我国居民生活用水标准为每人每年30m^3。北京城区的生活用量略高于此数为50m^3，美国达180m^3。受供水条件及生活水平所限，通常农村人均日生活用水量一般小于城镇生活用水量，而且水质差别很大。

（二）生产用水

水在生产中的利用涉及水能、水量、水质等多方面，按水的功能划分，生产用水主要包括工业用水和农业用水。

1. 工业用水主要集中在火力发电、纺织、造纸、钢铁和石油石化等行业。工业用水约占全球用水量的22%，非高度工业化国家的标准为每人每年20m^3。2009年我国工业用水量2484×108m^3，占用水总量的20.2%。

2. 农业用水主要包括农业灌溉用水和林业、牧业灌溉用水及渔业用水。农业用水量由于受气候条件的影响，在时空分布上变化比较大，同时还与作物的品种和组成、灌溉方式和技术、管理水平、土壤、水源以及工程设施等具体条件有关。在我国华北地区，种1hm^{2}蔬菜需水375～525m^3，种1hm^{2}小麦需水600～700m^3。目前，农业用水占全球用水总量的65%，我国农业灌溉用水则占到全国用水总量的68%。

为维持每日10462J（2500cal）热量的食物，每人每年需水300m^3，每日12555J（3000cal）热量食物则需水400m^3。

生产与生活合计，每人每年的需水量约为350～450m^3，以维持中等发达以下的生活水平。由此推算，全球每年9000km^{3}的总水量可以供养201亿～250亿人口，其前提条件为水分能够及时地持续地供应。但是，地球上水分的分配，无论在时间上还是空间上都极不均衡，而且人口的分布也很不均匀。因此，实际上能够供养的人口将远低于此理论值。

（三）生态用水

良好的生态环境是保障人类生存发展的必要条件，但生态系统自身的维系与发展同时也要消耗一定的水量。江河湖泊必须保持一定的流量，以满足水生生物的生长，并利于冲刷泥沙、冲洗盐分、保持水体自净能力以及交通旅游等的需要；植物蒸腾、土壤水、地下水和地表水蒸发，以及为维持水沙平衡及水盐平衡也需要一定的入海水量。

由以上分析可以看出，地球上的水资源是宝贵的，水对于人类生存是重要的，保护水资源、防治水体污染是刻不容缓的工作。

一、水质

水质是指水和水中所含杂质共同表现出来的综合特征。

天然水体在循环过程中，无时不与外界接触。由于水极易与各种物质混杂，溶解力又较强，所以任何天然水体都不同程度地含有多种多样的杂质。

虽然任何一种水体都是环境物质的水溶液，都受到了自然界的污染；但在大多数情况下，这种污染程度极其低微，不会造成多大危害。天然水的这些特点，是在人类的生活及生产活动未作用于天然水体之前就固有的，这种水质叫水质本底或水体的背景值。

二、水质指标与标准

（一）水质指标

水质的好坏，常用一些指标来表示，其项目繁多，可从以下两方面分类。

1. 天然水质指标

（1）物理指标：温度、色度、臭味、浑浊度、透明度、总残渣、过滤性残渣（即溶解性蒸发残渣）、非过滤残渣（悬浮物）、电异率等。

（2）化学指标：pH、矿化度、总硬度、金属离子、酸根离子及气体等。

（3）生物学指标：包括细菌总数、总大肠菌群数、各种病原菌等。

2. 污水的水质指标

污水的水质指标涉及物理、化学、生物等各个领域，除天然水的常规项目外，还包括一些氧平衡的指标，如 DO、BOD、COD、TOP 等。为了反映水体被污染的程度，通常用悬浮物（SS）、有机物（BOD、COD、TOC 等）、酸碱度（酸度、碱度、pH）、细菌和有毒物质等指标来表示。

（1）悬浮物。悬浮物是污水中呈固体状的不溶性物质，它是水体污染的基本指标之一。悬浮物的存在大大降低了光的穿透能力和水的透明度，减少了水的光合作用并妨碍水体的自净作用，从而降低生活和工业用水的质量，影响水生生物的生长。

（2）有机物。由于有机物的组成比较复杂，要分别测定各种有机物的含量十分困难，通常采用生物化学需氧量（BOD）、化学需氧量（COD）和总有机碳（TOC）等综合指标来表示有机物的浓度。

（3）pH。污水的 pH 对污染物的迁移转化、污水处理厂的污水处理、水中生物的生长繁殖等均有很大的影响，因此成为重要的污水指标之一。

（4）细菌与总大肠菌群。常用细菌总数和大肠菌数两种指标表示水体被细菌污染的程度。1ml 污水中的细菌数要以千万计，其中大部分寄生在死亡有机体上，这些细菌是无害的；另一部分细菌，如霍乱、伤寒、痢疾菌等则寄生在活的有机体上，对人、畜是有害的。衡量水体是否被细菌污染可用两种指标表示：一是 1ml 水中细菌的总数；二是大肠菌的数量。大肠菌是在流行病学上评价潜在危险性的重要指标。许多国家规定，饮用水中不得检出大肠菌。

（5）有毒物质。各个国家都根据实际情况制定出地面水中有毒物质的最高容许浓度的标准。有毒物质包括无机有毒物（主要指重金属）和有机有毒物（主要指酚类化合物、农药、PCB 等）。我国的《地表水环境质量标准》中列出的有毒有害物质共有 49 种，《地下水质量标准》中列出的有毒有害物质共有 28 种。

除以上 5 种表示水体污染的指标外，还有温度、颜色、放射性物质等，也是反映水体污染的指标。

（二）水质标准

水环境质量标准是为保障人体健康、保证水资源有效利用而规定的各种污染物在天然水体中的允许含量，是根据大量实验资料并考虑现有科学技术水平和经济条件制定的。

197

1.地表水环境质量标准

依据地表水水域环境功能和保护目标，按功能高低，《地表水环境质量标准》依次划分为五类。

Ⅰ类：主要适用于源头水、国家自然保护区。

Ⅱ类：主要适用于集中式生活饮用水地表水源地一级保护区、珍稀水生生物栖息地、鱼虾类产卵场、仔稚幼鱼的索饵场等。

Ⅲ类：主要适用于集中式生活饮用水地表水源地二级保护区、鱼虾类越冬场、洄游通道、水产养殖区等渔业水域及游泳区。

Ⅳ类：主要适用于一般工业用水区及人体非直接接触的娱乐用水区。

Ⅴ类：主要适用于农业用水区及一般景观要求水域。

国家规定的各行业水质标准，是为保证水源能长期满足需求而定的各种水质成分的浓度范围，意为各种物质只要在此规定范围内，便有安全保证。

2.生活饮用水卫生标准

饮用水直接关系到人们的日常生活和身体健康，保证供给人们安全卫生的饮用水，是水环境保护的根本目的。该标准是指经过必要的净化处理和消毒后要求达到的水质标准。

制定生活饮用水卫生标准的主要原则如下。

(1)卫生上安全可靠，饮用水中不应含有各种病原微生物和寄生虫卵。

(2)化学成分应对人体无害，不应对人体健康产生不良影响或对人体感官产生不良刺激。

(3)使用时不致造成其他不良影响。

3.污水排放标准

为控制各类工业废弃物对水体的污染，2016年修订的《污水综合排放标准》，分年限规定了69种污染物的最高允许排放浓度和部分行业的最高允许排放浓度。

4.农田灌溉水质标准

为了防止土壤、地下水和农产品污染，保障人体健康，维护生态平衡，国家环境保护局于2012年颁布了《农田灌溉水质标准》。需要注意的是，这个标准适用于以地面水、地下水和处理后的城市污水及与城市污水水质相近的工业废水作为水源的农田灌溉用水，而不适用于医药、生物制品、化学试剂、农药和化工等行业的废水。

第二节　水体污染与水体自净

一、水体与水体污染

水体有两个含义：一是指海洋、湖泊、河流、沼泽、水库、地下等载体中水的总称；二是在环境科学中，把水体中的水及水中的溶解性物质和悬浮性物质、水生生物和底泥等作为完整的水域生态系统或完整单元的自然综合体。

水体可以根据类型或区域划分，按照类型分为海洋水体、内陆水体（地表水体和地下水体），地表水体可分为河流、湖泊、水库等。按照区域划分的水体，是指某一具体的被水覆盖的地段，例如长江、黄河、太湖等。

废水或污水进入水体后，立即产生两个互相关联的过程：一是水体污染过程，二是水体自净过程。这两个过程是可以相互转化的，对于同一水体的水、生物、底质来说，这两个过程也是相对的。但在某一水域或一定时间内，又总是存在相对主要过程，这便决定了水体污染的总特征。如距离排污口近的水域，往往表现为污染恶化过程，而形成严重的污染区；相邻的下游水域则常常表现为污染净化过程，而形成轻度污染区；最后恢复到原来水体质量状态，则为净化区。

按照《中华人民共和国水污染防治法》的定义，水污染是指水体因某种物质的介入，而导致其化学、物理、生物或者放射性等方面特征的改变，从而影响水的有效利用，危害人体健康或者破坏生态环境，造成水质恶化的现象。

从环境保护角度出发可以认为，任何物质若以不恰当的数量、浓度、速率、排放方式排入水体，均可造成水体污染。总之，凡外系物质进入水体的数量超过水体的自净能力，达到破坏水体原有用途时，则为水污染或水体污染。

二、水体中主要的污染物质及其危害

造成水体的水质、底质、生物质等的质量恶化或形成水体污染的各种物质或能量均可能成为水体污染物。在自然物质和人工合成物质中，都有一些对人体或生物体有毒、有害的物质，如汞、镉、铬、砷、铅和氰化物等，均为已确认的水体污染物。在第一届联合国人类环境会议上提出的28类环境主要污染物中，有19类属于水体污染物。

由于水体污染物的种类繁多，因而可以用不同方法、标准或从不同的角度将其分成不同的类型。如按水体污染物的化学性质，可分为有机污染物和无机污染物；按污染物的毒性，可分为有毒污染物和无毒污染物。此外还可按其形态、制定标准的依据（感官、卫生、毒理、综合）等划分。从环境保护的角度，根据污染物的物理、化学、生物学性质及其污染特性，可将水体污染物分为以下几种类型。

（一）化学性污染物

1. 酸、碱、盐污染

主要指排入水体中的酸、碱及一般的无机盐类。酸主要来源于矿山排水及许多工业废水，如化肥、农药、钢铁厂酸洗废水、黏胶纤维及染料等工业的废水。碱性废水主要来自碱法造纸、化学纤维制造、制碱、制革等工业的废水。酸性废水和碱性废水可相互中和产生各种盐类；酸性、碱性废水亦可与地表物质相互作用，也生成无机盐类。所以，酸性或碱性污水造成的水体污染必然伴随着无机盐的污染。酸、碱性废水的污染，破坏了水体的自然缓冲作用，抑制着细菌及微生物的生长，妨碍了水体自净作用，此外还腐蚀管道、水工建筑物和船舶；与此同时还因其改变了水体的pH，增加了水中无机盐类和改变了水的硬度等。

世界卫生组织规定饮用水pH的适合范围是 7.0 ~ 8.5，极限范围是 6.5 ~ 9.2；在渔业水体中，pH一般不应低于6.0或高于9.2；饮用水标准中，无机盐类总量最大合适值为 500mg/L，极限值为 1500mg/L。

硝酸盐是无毒的，但是在人的胃里可还原为亚硝酸盐，亚硝酸盐与胃中的胺作用可生成亚硝胺，而亚硝胺则是致癌、致突变和致畸的物质。

2. 重金属污染物

重金属在地球上分布普遍，是具有潜在生态危害性的一类污染物。电镀、冶金、化学等工业排放的废水中常含有各种重金属。与其他污染物相比，重金属排入天然水体后不但不能被微生物分解，反而能够富集于生物体内，并可以将某些重金属转化为毒性更强的金属有机化合物。

（1）汞（Hg）。汞的毒性很强，无机汞可转化为甲基汞，而有机汞化合物的毒性又超过无机汞。无机汞化合物如 $HgCl_2$、HgO 等不易溶解，因而不易进入生物组织；苯基汞（$C_6H_5H^{g-}$）等，均有很强的脂溶性，易进入生物组织，并有很高的蓄积作用。汞在无脊椎动物体中的富集可达 10 万倍，日本的水俣病就是人长期吃富集甲基汞的鱼而造成的。

汞污染来源主要是氯碱工业、塑料工业、电池工业和电子工业排放的废水；农业上使用的有机汞农药也是汞污染的重要来源；此外，煤和石油在燃烧时，以及制造水泥和焙烧矿石等过程都有微量汞被蒸发到空气中。产生毒性的浓度范围为 0.01 ~ 0.001mg/L。

（2）镉（Cd）。镉是银白色略有淡蓝色光泽的一种有色金属。镉的化合物毒性很大，蓄积性也很强，动物吸收的镉很少能排出体外。受镉污染的河水用作灌溉，可引起土壤镉污染，进而污染农作物，最后影响到人体。日本发生的骨痛病就是因为人吃了含镉污水生产的稻米所致。

镉主要来源于铅、锌矿的选矿废水和有关工业（电镀、碱性电池等）排放的废水，产生毒性的范围为 0.01 ~ 0.001mg/L。

（3）铬（Cr）。铬是银白色有光泽、坚硬而耐腐蚀的金属，是不锈钢的主要原料，也是人体必需的微量元素，参与体内的脂类代谢和胆固醇的分解与排泄。

其无机化合物有二价、三价、六价三种，其中三价、六价有毒，并以六价铬化合物毒性最大。通常废弃物中多为六价铬，废水中多为三价铬，其毒性的浓度范围为 1 ~ 10mg/L。铬可以通过消化道、呼吸道、皮肤和黏膜侵入人体，并因其具有氧化性，对皮肤、黏膜有强烈腐蚀性。

（4）砷（As）。砷是具有金属和非金属性质的物质，是传统的剧毒物，As_2O_3 即砒霜，对人体有很大毒性。砷在自然界中多以化合物存在。硫矿及含铁量高的土壤中，含砷量也较高。长期饮用含砷的水会慢性中毒，主要表现是神经衰弱、多发性神经炎、腹痛、呕吐、肝痛、肝大等消化系统障碍。研究表明，在慢性砷中毒人群中，皮肤癌、肝癌、肾癌、肺癌发病率明显升高。

(5) 铅 (Pb)。铅主要用作电缆、蓄电池和放射性材料，也是油漆、农药及某些医药的主要原料。可通过呼吸道、消化道或皮肤进入人体，其绝大部分形成不溶性的磷酸铅沉积在骨骼中。当人生病或不适时，血液中的酸碱便失去平衡，骨骼中的铅可再变成可溶性磷酸氢铅，进入血液，引起内源性铅中毒。受害器官主要是骨髓造血系统和神经系统，可引起贫血、神经机能失调等一系列病症。

铅污染主要来自矿产开采和冶炼过程中"三废"排放及使用含四乙基铅的汽油作燃料，其尾气造成大气污染。

(6) 其他重金属如锰、铜、锌、钼、硒、镍、铍、锡都是人体不可缺少的微量元素。但摄入量过多时，将危及人体健康。

总之，重金属对生物和人体的危害有如下特点。第一，具有毒性效应，一般重金属产生毒性的范围大约在 $1 \sim 10mg/L$ 以上。第二，生物通常不能降解，却能将某些重金属转化为毒性更强的金属有机化合物。第三，水中的重金属通过食物链，成千上万地富集而达到相当高的浓度，即食物链对重金属有富集放大作用，如淡水鱼可富集汞 1000 倍，镉 3000 倍，砷 330 倍，铬 201 倍等。第四，重金属可通过多种途径进入人体，并蓄积在某些器官中，造成累积性中毒，中毒症状有时需要一二十年才显现出来。

3. 需氧性有机污染物

或称耗氧有机物，是水体中最经常与最普遍存在的一种污染物。天然水体中的有机物一般是水中生物生命活动的产物，人类排放的生活污水和大部分工业废水中也都含有大量有机物质，其中主要是耗氧有机物，如碳水化合物、蛋白质、脂肪和酚、醇等。生活污水和很多工业废水，如石油化工、制革、焦化、食品等工业的废水中均有这类有机物。这些物质的共同特点是：大多没有毒性，进入水体后，在微生物的作用下，最终分解为简单的无机物质，并在生物氧化分解过程中消耗水中的溶解氧。水中的溶解氧耗尽后，有机物将由于厌氧微生物的作用而发酵，生成大量硫化氢、氨、硫醇等带恶臭的气体。因此，这些物质过多地进入水体，会造成水体中溶解氧严重不足甚至耗尽，从而恶化水质，并对水中生物的生存产生影响和危害。

耗氧有机物种类繁多，组成复杂，因而难以分别对其进行定量、定性分析。因此，一般不对它们进行单项定量测定，而是利用其共性，如它们比较易于氧化，故可用某种指标间接地反映其总量或分类含量。在实际工作中，常用下列综合指标来表示水中有机物的含量，即化学需氧量（COD）、生物化学需氧量（BOD）、总有机碳（TOC）等。

（1）生化需氧量（BOD）。指水中有机物经微生物分解所需的氧量，用单位体积的污水所消耗氧的量表示（mg/L）。在人工控制的条件下，使水样中的有机物在微生物作用下进行生物氧化，在一定时间内所消耗的溶解氧的数量，可以间接地反映出有机物的含量，这种水质指标称为生物化学需氧量。BOD 越高，水中需氧有机物越多，耗氧有机污染越重。由于微生物分解有机物是一个缓慢的过程，通常微生物将耗氧有机物全部分解需 20d 以上，并与环境温度有关。目前国内外普遍采用在 20℃条件下培养 5d 的生物化学过程需要氧的量为指标，记为 BOD5 或简称 BOD。BOD5 能相对反映出耗氧有机物的数量，同时，它在一定程度上亦反映了有机物在一定条件下进行生物氧化的难易程度和时间进程，具有很大的实用价值。清洁水体中 BOD5 含量应低于 3mg/L，BOD5 超过 10mg/L 则表明水体已受到严重污染。

（2）化学需氧量（COD）。表示用化学氧化剂氧化水中有机物时所需的氧量，以每升水消耗氧的毫克数表示（mg/L）。COD 值越高，表示水中有机污染物污染越重。常用的氧化剂主要是高锰酸钾和重铬酸钾。高锰酸钾法（简记 CODMJ，适用于测定一般地表水。重铬酸钾法对有机物反应较完全，适用于分析污染较严重的水样。COD 的主要缺点之一是它不能区分可被生物氧化的和难以被生物氧化的有机物质，其主要优点是测定时间短。因此，在许多情况下使用 COD 试验代替 BOD 试验，在积累了足够的资料和经验、确定了可靠的相关系数之后，COD 数据常常能用来说明 BOD 值。目前，国际标准化组织（ISO）规定，化学需氧量指 CODO，而称 COEW 为高锰酸盐指数。

（3）总有机碳（TOC）和总需氧量（TOD）。TOC 是评价水中有机污染物质的一个综合参数，由于用 BOD 和 COD 两个指标都反应不出难以氧化分解的有机物的含量，加上测定都比较费时，不能快速反应水体被需氧有机物污染的程度，国内外正在提倡用 TOC 和 TOD 作为衡量水质有机物污染的指标。

TOD 是指水中能被氧化的物质 (主要是有机碳氢化合物，含硫、含氮、含磷等化合物) 燃烧变成稳定的氧化物所需的氧量；TOC 是指水中所有有机污染物中的碳，氧化后变成 CO_2，通过测定 CO_2 含量间接表示水中有机物的含量。这两个指标能实现自动快速测定，它们基本包含了水中所有有机物的含量。测定方法是在特殊的燃烧器中，通过催化剂作用，在 900℃温度下，使水样汽化燃烧，然后测定气体中氧气的减少量和 CO_2 含量，从而确定水样中的有机物量。

(4) 溶解氧 (DO)。溶解氧是指溶解在水中氧气的含量，常用 DO 表示。溶解氧是水质的重要参数之一，是 BOD 测定的基础，通过水体 DO 的变化可反映出水体受有机污染物污染状况。DO 可以用浓度表示，也可用相对单位——饱和度表示。耗氧有机物在水体中分解时会消耗水中大量的溶解氧，如果耗氧速度超过了氧由空气中进入水体内和水生植物的光合作用产生氧的速度，水中的溶解氧便会不断减少，甚至被消耗殆尽；这时水中的厌氧微生物繁殖，有机物腐烂，水发出恶臭，并给鱼类生存造成很大威胁。因此，水中溶解氧含量的大小是反映自然水体是否受到有机物污染的一个重要指标，是保护水体感官质量及保护鱼类和其他水生物的重要项目。一般较清洁的河流中，DO 在 7.5mg/L 以上。DO 在 5mg/L 以上有利于浮游生物生长，3mg/L 以下不足以维持鱼群的良好生长，4mg/L 的 DO 浓度是保障一个多鱼种鱼群生存的最低浓度，我国的一般饲养鱼种 (青、草、鲢、鳙) 要求溶解氧的浓度在 5mg/L 以上。溶解氧多，适于微生物生长，水体自净能力强。水中缺少溶解氧时，厌氧细菌繁殖，水体发臭。因而溶解氧是判断水体是否受到有机污染和污染程度的重要指标。

4. 营养物质污染

又称富营养污染。生活污水和某些工业废水中常含有一定数量的氮、磷等营养物质，农田径流中也常携带大量残留的氮肥、磷肥，含磷洗涤剂的污水中也有不少的磷。这类营养物质排入湖泊、水库、港湾、内海等水流缓慢的水体，可促使藻类大量繁殖，这种现象便被称为水体"富营养化"。

含氮化合物在水体中的转化分为两步：第一步是有机氮转化为无机氮中的氨氮；第二步则是氨氮的亚硝化和硝化，使无机氮进一步转化。这两步转化都是在微生物硝化细菌作用下进行的。

在缺氧的水体中，硝化反应不能进行；相反，却可能在硝化菌的作用下，产生反硝化作用。有机氮在水体的转化过程一般需很长时间。

水体中所有的无机磷几乎都是以磷酸盐形式存在的。

水体"富营养化"是水体遭到污染后的一种外观现象。主要是由于这类水体接纳了大量能刺激植物生长的氮、磷等生活污水以及某些工业废水和农田排水，在微生物作用下，分解为可供水中藻类吸收利用的物质，而使藻类大量繁殖，成为水体中的优势种群。它使得水体溶解氧下降，水体上层处于过饱和状态，中层处于缺氧状态，底层则处于厌氧状态，并伴随 pH 变化。藻类死亡后，沉入水底，在厌氧条件下腐烂，分解，又将氮、磷等植物营养物质重新释放进入水体，再供藻类利用。这样周而复始，形成了氮、磷等植物营养物质在水体内部的物质循环，使植物营养物质长期保存在水体中。所以，缓流水体一旦出现富营养化，即使切断外界营养物质的来源，水体还是很难恢复，这是水体富营养化的重要特征。

水体"富营养化"首先会对鱼类生长产生不利影响，随着水体营养化程度的加剧，产鱼量逐渐减少，在藻类大量繁殖的季节，还会出现大批死鱼现象；其次，当藻类等浮游生物大量繁殖时，因优势浮游生物物种的颜色不同而使水面出现红、绿、蓝等色，同时，水体混浊发臭，观感变差，丧失旅游观光价值；最后，藻类的大量繁殖和死亡除使水体散发恶臭外，还影响自来水厂供水，堵塞过滤池，使自来水有无法除去的臭味；并因富营养水体含有过多的硝酸盐，而不适于饮用。

5. 有机有毒污染物

有机有毒污染物质的种类很多，主要有各种有机农药、有机染料及多环芳烃、芳香胺等人工合成的有机物。常常对人和生物体有毒性，有的能引起急性中毒，有的可导致慢性疾病，有些已被证明是致畸、致癌、致突变的物质。有机毒物主要来源于焦化、染料、农药、塑料合成等工业废水，农田径流中也有残留的农药。这些有机物大多具有较大的分子和较复杂的结构，不易被微生物所降解；在自然环境中，这类物质降解需十几年甚至上百年，因此在自然环境中不易除去。

（1）有机农药。有机农药主要分为有机氯、有机磷两大类。有机磷类农药在水体中较易降解，存留的时间短，尚未出现广泛的污染，只是在河流、湖泊、河口和沿海海域有局部的污染。有机氯类农药被广泛用作杀虫剂、除草剂、灭菌剂、杀线虫剂、杀螨剂和杀螺剂等。除来自生产农药的工厂排出废水之外，主要来自广大农田排水和地表径流。

这类农药的特点如下。

①蒸汽压低，挥发性小，使用后消失缓慢，残留期长。

②对害虫具有广谱、剧毒、高效等性能。使用广泛与消耗量大，易造成环境污染。

③因其结构上的原因，难以被生物降解，且水溶性低而脂溶性高，易在动物体内累积，对动物和人体造成危害。可通过食物链进入人体和动物体内，在肝、肾、心脏等组织中蓄积。经过食物链的传递、浓缩和富集，可达到惊人的水平。

④一些有机氯类农药（如DDT）在水中悬浮于水面。在汽水界面上的DDT随水一起蒸发进入大气中，因而在世界上没有使用过DDT的地区也能检测出DDT。

目前，有机氯农药污染主要是指DDT、六六六和各种环戊二烯类。大量科学资料证明，有机氯农药已经参加了水循环及生命过程，呈全球性分布；其危害性除造成鱼类、水鸟类大批死亡外，对人类及其后代存在严重的潜在威胁，其中以六六六、DDT最具代表性。因此，各国对有机氯农药在食品中的残留控制甚严。德国、日本、美国等不允许在食品中检出环戊二烯类杀虫剂。中国在20世纪60年代开始，禁止在蔬菜、茶叶、烟草等作物上施用DDT、六六六，在20世纪80年代初对各种作物全面禁用DDT、六六六。

(2) 多氯联苯（PCB）。PCB的物理、化学性能极稳定，不易转化、水解，并难于生化分解，可长期存在于水中。同时，具有耐热、耐酸、耐碱、耐腐蚀、导热性能优良、绝缘性好等特点。多以混浊状态存在或吸附于微粒物质上，因具有脂溶性，能大量溶解于水面的油膜中。它进入人体主要蓄积在脂肪组织及各种脏器内。日本的米糠油事件，就是人食用被PCB污染了的米糠油而导致中毒的。

环境中的PCB主要来源于PCB的制造和使用的工矿企业等所排放的含PCB的废水和废气，含PCB的废油、渣浆、涂料剥皮等进入水中，沉积于水底，然后缓缓地向水中迁移。PCB极难溶于水而易溶于脂肪和有机溶剂，但在强烈搅动或存在表面活性剂的条件下，PCB 可部分溶于水，并且极难分解，能在生物体的脂肪中大量累积。所以，PCB 的主要危害是排放于环境后，经食物链传递被富集而进入人体，鱼体中 PCB 含量则高达 1CT6 数量级。

6. 一般有机污染物质

（1）油类污染。自 20 世纪 60 年代以来，全球石油产量急剧增加，成为重要的能源和化工原料。石油及其产品和组成成分，通过各种渠道和途径散布到环境中，特别是各种水体中。它漂浮在水面上随水流动，到处扩散，已成为世界性的污染问题。

水体油污染主要是炼油和石油化学工业排放的含油废水、运油车船和意外事件的溢油及清洗废水、海上采油等造成的。通常压舱水含油率为 1%，洗船水含油率达 3%，这是造成内河、港湾水面上经常覆盖大量油膜的原因。近年来，全世界每年排入海洋的石油及其制品可高达数百万吨至上千万吨，约占世界石油总产量的 5%。其中，通过河流排入海洋的废油约有 500 万 t，船舶排放和事故溢油约 150 万 t，海底油田泄漏和井喷事故排放约 100 万 t。

油膜隔绝了大气与水体之间的气体交换（主要阻隔氧进入水中），与此同时，油膜的生物分解和自身的氧化作用，又消耗水中大量的溶解氧，耗氧速率大于复氧速率，水体因而缺氧。油膜减弱太阳辐射透入水体的能量，影响水体植物的光合作用，因而减少了水体氧气的来源。油膜还玷污水中兽皮毛和水鸟羽毛，使他们失去保温、游泳和飞行能力。

石油及其制品进入水体后，可发生复杂的物理和化学变化，如扩散、蒸发、溶解、乳化、光化学氧化等，不易氧化分解的形成沥青块而沉入水底，给环境带来严重后果。石油污染不仅是因为石油的各种成分都有一定的毒性，还因为它具有破坏生物的正常生活环境，造成生物机能障碍等作用。据专家计算，海水中 1L 石油完全氧化，需要消耗 40 万 L 海水的溶解氧。鱼类在含油为 0.01mg/L 的水中存活 1d，鱼肉就出现臭味，降低食用价值。在水中含油浓度为 20mg/L 时，鱼类根本不能生存。石油污染对鱼苗和鱼卵的危害就更大了，海水含油浓度为 0.01mg/L 时，畸形鱼苗可达 23%~40%，0.1mg/L 时孵化的鱼苗都有缺陷，存活期仅 1~2d。此外，石油污染还会破坏海滨风景区和海滨浴场。有时还会使水面着火，危及桥梁、船舶。海洋一旦受到石油严重污染，要经过 5~7 年，海洋生物才能重新繁殖起来。

(2) 酚类化合物。酚是芳香族碳氧化合物，苯酚是其中最简单的一种。酚类化合物是有机合成的重要原料之一，具有广泛的用途。

酚类化合物在自然界中广泛存在，目前，已知的就有 2010 种以上。冶金、焦化、钢铁、炼油、塑料、有机合成、合成纤维、农药、制药、造纸、印染及防腐剂制造等工业排放污水中均含有酚。酚虽然易被分解，但水体中酚负荷超量时，亦造成水污染。

酚作为一种原生质毒物，低浓度能使蛋白质变性，高浓度使蛋白质凝固沉淀，主要作用于神经系统。对各种细胞有直接损害，对皮肤和黏膜有强烈的腐蚀作用，长期饮用被酚污染的水源可引起头昏、出疹、瘙痒、贫血及各种神经系统症状。水体受酚污染后，会严重影响各种水生生物的生长和繁殖，使水产品产量和质量降低。水体低浓度酚影响鱼类生殖洄游，仅 $0.1 \sim 0.2 mg/L$ 时，鱼肉就有异味，降低食用价值，浓度高时可使鱼类大量死亡，甚至绝迹。灌溉水含酚浓度大于 100mg/L 时，可引起农作物和蔬菜减产及枯死。

(3) 氰化物。氰化物是剧毒物，可分为两类：一类为无机氰，如氧氰酸及其盐类氰化钠、氰化钾等；一类为有机氰或腈，如丙烯腈、乙腈等。无机氰的毒性主要表现在破坏血液，影响运送氧和氢的机能而致死亡。在多种氰化物中氰化氢的毒性最大，急性中毒时出现头昏头痛、耳鸣眼花、全身无力、呼吸困难等症状。

氰化物多数是由人工制成时，但也有少量存在于天然物质中，如苦杏仁、枇杷仁、桃仁、木薯和白果之中。

(二) 物理性污染物

1.悬浮物污染

排入水体中的悬浮物不仅增加了水体的浑浊度，影响水体的外观，还大大降低了光的穿透能力，减少水中植物的光合作用并妨碍水体的自净；还可能堵塞鱼鳃，导致鱼类死亡，造纸废水中的纸浆对此影响最大。水中的悬浮物有吸附凝聚重金属及有毒物质的能力，又可能是各种污染物的载体，能吸附一部分水中的污染物并随水流动迁移。因此，不少重金属离子并不完全以溶液状态存在，而是相当一部分被吸附在悬浮物上。

2. 热污染

热污染是指人类活动产生的一种过剩能量排入水体，使水体升温而影响到水生态系统结构的变化，造成水质恶化的一种污染。水体热污染主要来源于工业冷却水。其中以动力工业为主，其次为冶金、化工、石油、造纸和机械工业。据美国统计，动力工业冷却水量占全国工业冷却水量的80%以上。

一般核电站的热能利用率为31%～33%，低于火力电站。火力发电站产生的废热，有10%～15%通过烟囱排出。而核电站的废热则几乎全部由冷却水带出。

热污染常见的便是水温升高，水中溶解氧下降，对水生生物造成一种威胁，严重缺氧时会引起鱼类大批死亡；随着水温升高，水中化学反应和生化反应速率也随之提高，许多有毒有害物质的毒性增强，如氟化物、重金属离子等；水体热污染还可使水生生物群落、种群结构发生剧烈变化，一些适于在较低水温中生长的有益生物种类消失，被一些适合在较高水温中生长的有害生物种类代替；同时，水温的骤升骤降还易引起鱼类等水生生物的死亡。

3. 放射性物质

人工的放射性污染主要来源于铀矿开采和精炼、原子能工业、放射性同位素的使用等。

放射性污染物通过水体可影响生物，灌溉农作物亦可受到污染，最后可由食物链进入人体。放射性污染物放出的 α、β、γ 等射线可损害人体组织，并可蓄积在人体内造成长期危害，促成贫血、白细胞增生、恶性肿瘤等各种放射性病症。

(三) 生物性污染

主要指致病菌和病毒，多来自于生活污水、医院污水、畜禽饲养场污水、屠宰及肉类加工和制革等工业废水。通过动物和人排的粪便中含有的细菌、病毒及寄生虫类等污染水体，引起各种疾病传播。病原微生物污染的特点是：数量大、分布广、繁殖速度快，大多数对不良的环境条件有一定抗性。它们在水中能生存一定时间，有的还能繁殖或侵入水生生物体内；一旦条件适宜，便大量繁殖，对人体健康危害很大。

三、水体自净

（一）自净作用的概念

自净作用是大自然中物质运动的一种形式。自然环境都具有消纳一定量的污染物质、使自身质量保持洁净的能力。

在自然中，水的溶解能力较强，极易溶入和混入各种污染物质。通过运动不断产生各种物理的、化学的、生化的和微生物的作用，使污染物发生分解、降解、挥发或沉淀，使其存在形态和化学结构等变化，从而改变污染物在水体中的组成和浓度，使浓度逐渐降低，经过一段时间（或距离）后被净化的水体可以恢复到污染前的状况。水体这种对于污染具有随时间和空间的变化而自然降低，对于污染具有缓冲和承受能力，抗拒污染，维持原有特性的功能，称为水体的自净作用。

工业废水和生活污水一经流入江河或其他水域，污染物被稀释，同时，其中的有机物和其他物质由于受到氧和微生物的作用而分解、沉淀。水体可以在其环境容量范围以内，经过水体的物理、化学和生物的作用，使排入的一定数量的污染物质浓度降低，逐步恢复原有水质。水体自净能力是有限的。当水体接纳的污染物数量超过自净能力时，则不能恢复到无害的状态，水便形成污染。也就是说，如果污水排放量超过水体自净作用的容许量，水域即受到污染。

（二）水体自净过程

一般说来，水体自净过程包括稀释、混合、沉淀、挥发、中和、氧化还原、化合分解、吸附、凝聚、微生物对有机物的分解代谢及不同生物群体的相互作用等物理、化学、生物和生物化学的过程。因此，按作用机理，水体自净过程可分为物理自净、化学自净和生物自净三个方面，统称为广义的自净作用。

1. 物理自净

物理自净是指污染物进入水体后，只改变其物理性状、空间位置，而不改变其化学性质，不参与生物作用。如污染物在水体中所发生的混合、稀释、扩散、挥发、沉淀等过程。通过上述过程，可使水中污染物的浓度降低，使水体得到一定的净化。物理自净能力的强弱取决于水体的物理条件，如温度、流速、流量等，以及污染物自身的物理性质如密度、形态、粒度等。物理自净主要发生在海洋和容量大的河段等水体。

物理净化过程主要是污染物进入水体后，可沉降的固体逐渐沉积到水底，形成污泥，而悬浮物、胶体和溶解性物质则因混合稀释，降低浓度。所谓稀释，就是废水中高浓度污染物由于清洁水的稀释作用，使其浓度降低。就河流来说，即参与混合稀释的河水流量与废水流量之比，亦称径污比。很明显，河水流量越大，其稀释比也越大，废水能得到较为充分的稀释，稀释的效果也就越好。

根据国内外一些资料，当径污比小于8时，河流水质受到严重污染，出现黑臭；径污比大于60时，水质较好；径污比为8～60时，水质一般。在大多数情况下，稀释和混合是不可分离的两个过程，稀释效果有相当一部分应归之于混合作用。影响混合的因素主要有以下三种。

（1）河水流量与废水流量的比值。比值越大，达到完全混合所需的时间就越长；或者说必须通过较长的距离，才能使废水与整个河流断面上的河水达到完全均匀的混合。

（2）废水排放口的形式。如废水在岸边集中一点排入水体，则达到完全混合所需的时间较长；如废水分散地排放至河流中央，则达到完全混合所需的时间较短。

（3）河流的水文条件。如河流水深、流速、河床弯曲情况，是否有急流、跌水等，都会影响到混合程度。

2. 化学自净

化学自净是指污染物在水体中以简单或复杂的离子或分子状态迁移，并发生了化学性质或形态、价态上的转化，使水质亦发生了化学性质的变化。如酸与碱中和、氧化—还原、分解—化合、吸附—解吸、胶溶—凝聚等过程。这些过程能改变污染物在水体中的迁移能力和毒性大小，亦能改变水环境化学反应条件。各种金属元素，尤其是重金属元素，在水溶液中能形成难溶解的氢氧化物沉淀物。

影响化学自净的环境条件有酸碱度、氧化还原电势、温度、化学组分等，污染物自身的形态和化学性质对化学自净也有很大影响。

3. 生物自净

水体存在着各种各样的细菌、真菌、藻类、水草、原生动物、贝类、昆虫幼虫等生物，通过生物的代谢作用（异化作用和同化作用），使水中污染物数量减少，浓度下降，毒性减轻，直至消失。

生物自净是指水体中的污染物经生物吸收、降解作用而发生消失或浓度降低的过程。主要指悬浮和溶解于水体中的有机污染物在微生物作用下，发生氧化分解的过程。水体生物自净作用也被称为狭义的自净作用。

有机污染物进入水体后，在微生物的作用下氧化分解为无机物，使有机污染物的浓度大大减少。这一过程需要消耗氧，如果所消耗的氧得不到及时补充，自净过程就要停止，水质就会恶化。因此，水中溶解氧的存在是维持水生生物生存和净化能力的基本条件，也是衡量水体自净能力的主要指标。

有机物的自净过程一般可分为三个阶段。

第一阶段：易被氧化的有机物所进行的化学氧化分解。本阶段在污染物进入水体后数小时内即可完成。

第二阶段：有机物在水中微生物作用下的生物化学氧化分解，本阶段持续时间的长短随水温、有机物浓度、微生物种类与数量等而不同，一般要延续多日。

第三阶段：含氮有机物的硝化过程，这个阶段最慢，一般要延续一个月左右。

在水体自净中，生物化学过程占主要地位。

生物自净与生物的种类、环境的水热条件、营养物质比例（包括碳氮比）和供氧状况等因素有关。

上述几种净化过程是交织在一起的。以河流的自净为例，当一定量的污水流入河流时，污水在河流中首先混合和稀释，比水重的粒子逐渐沉降在河床上，易氧化的物质利用水中的溶解氧进行氧化。但大部分有机物由微生物活动氧化分解而变成无机物，所消耗的氧气可通过河流表面在流动过程中不断地从大气中获得；同时由浮游植物光合作用所放出氧气而得以补充，其中生成的无机营养物则被水生植物所吸收。这样，河水流经一段距离以后，便可得到一定程度的自然净化。

（三）水体自净过程的特征

废水污染物一旦进入水体后，就开始了自净过程。该过程由弱到强，直至趋于恒定，使水质逐渐恢复到正常水平。其过程的特征如下。

（1）进入水体中的污染物，在连续自净过程中，总的趋势是浓度逐渐下降。

（2）大多数有毒污染物经各种物理、化学和生物作用，转变为低毒或无毒的化合物。如 2，4-D 是一种有毒的有机氯除草剂，它在微生物作用下，经历复杂的分解过程，最终分解为无毒的二氧化碳、水和氯根。又如氰化物可被氧化为无毒的二氧化碳和硝酸根（或氨）。

（3）重金属一类的污染物，从溶解状态被吸附或转变为不溶性化合物，沉淀后进入底泥。

（4）复杂的有机物，如碳水化合物、脂肪和蛋白质等，不论在溶解氧富裕或缺氧条件下，都能被微生物利用和分解，先降解为较简单的化合物，再进一步分解 CO_2 和水。

（5）不稳定的污染物在自净过程中转变为稳定的化合物。如氨转变为亚硝酸盐，再氧化为硝酸盐。

（6）在自净过程的初期，水中溶解氧数量急剧下降，达到最低点后又缓慢上升，逐渐恢复到正常水平。

（7）随着自净过程的进行，有毒物质浓度或数量下降，生物种类和个体数量也就逐渐随之回升，最终趋于正常的生物分布。

进入水体的大量污染物，如果含有机物过高，微生物就可利用丰富的有机物为食料而迅速繁殖，溶解氧随之减少。随着自净过程的进行，使纤毛虫之类原生动物有条件取食细菌，则细菌数量又随之减少，而纤毛虫又被轮虫、甲壳类所吞食，使后者成为优势种群。有机物分解所生成的大量无机营养成分，如氮、磷等，使藻类生长旺盛，藻类旺盛又使鱼、贝类动物随之繁殖起来。

不同水体由于条件不同而有不同的自净作用。地下水的自净作用是指污染物在进入地下水层的途中和在地下水层内所发生的变化，包括土壤孔隙的过滤作用、土壤吸附作用、土粒表面的离子交换作用和土壤表层微生物的分解作用等；但由于地下水流动缓慢，以致有些在地表水中容易分解的污染物，一旦进入地下水后却长期不能消除，因而，防止地下水污染十分重要。海洋是承接大部分陆地水污染物质的场所，它以其庞大的水量、独特的理化性质和海流对污染物净化有特殊作用。例如，由于海水密度大而将陆地排入的污水首先集中在表层稀释扩散，但大规模的海流也常把污染物质携运到离污染源很远的地方。

(四) 影响水体自净过程的因素

水体自净作用是一个十分复杂的过程，与污染物的性质和浓度、水体的水情动态、水生生物活动及各种环境因素有关。如有机氯农药及合成洗涤剂等污染物，因稳定性极高而需10年以上时间才能分解，它们随地球水循环不断积累蔓延，以致在南极企鹅、北极熊、格陵兰冰块、太平洋中部的龟类身上都发现了其踪迹。同时，水的净化作用也是明显的，水体流量大，流速快，输送污染物质的能力强而易于混合稀释；水温影响水中微生物净化作用，我国南方高温多雨地区的酚、氰和耗氧废弃物的氧化还原过程及生物化学分解过程强度较大，速度也快；泥沙状况也影响到净化，如黄河水中含砷量与含沙量有正相关关系，这是由于泥沙吸附砷的能力很强，每年由黄土高原进入黄河的砷的数量为万吨级，因而黄河水中的砷问题实际是泥沙的含砷问题；水生生物包括动、植物和微生物，它们的种类和数量对净化的影响主要与分解污染物的能力和微生物多少有关，有些水生生物不仅在自净过程中有主要作用，而且还能作为水体污染或达到自净的指示者；大气、阳辐射、水体底质、地质地貌条件等对净化水也有不同的作用。如水体底质能富集污染物质，基岩和沉积物之间还有着不断的物质交换过程，有的水库因库底有铬铁矿露头而使底层物质和水中含铬较高。汞进入水体后则常吸附于泥沙上而随之沉淀，并在底泥中累积。又如位于冲积洪积扇上部的地面水受污染后，不仅影响下游地面水的自净作用；而且由于地面水与地下水的联系，而把污染物迁移到下游地下水中去。

总之，影响水体自净过程的因素很多，归纳起来主要有：受纳水体的地形，水文条件，微生物种类与数量，水温，复氧能力 (风力、风向、水体紊动状况) 以及水体和污染物的组成、性质，污染物的浓度及排放方式等。所以，水体自净作用往往需要一定的时间、一定范围的水域以及适当的水文条件。

第三节　水体污染防治

对水体污染防治的根本措施是加强对水资源的规划管理，保护水源不受污染和开展对废水的处理及综合利用，以减少废水的排放量。

一、水污染防治的对策

由于大量污水的排放，我国的许多河川、湖泊等水域都受到了严重的污染。水污染防治已成为我国最紧迫的环境问题之一。

根据发生源的不同，水污染主要分为工业水污染、城市水污染和农村水污染。对各类水污染应分别采取如下基本防治对策。

（一）工业水污染防治对策

在我国污水排放总量中，工业污水排放量约占 60%。工业水污染防治是水污染防治的首要任务。国内外工业水污染防治的经验表明，工业水污染的防治必须采取综合性对策，从宏观性控制、技术性控制以及管理性控制三个方面着手，才能收到良好的效果。

1. 宏观性控制对策

首先在宏观性控制对策方面，应把水污染防治和保护水环境作为重要的战略目标，优化产业结构与工业结构，合理进行工业布局。

目前我国的工业生产正处在一个关键的发展阶段。应在产业规划和工业发展中，贯穿可持续发展的指导思想，调整产业结构，完成结构的优化，使之与环境保护相协调。工业结构的优化与调整应按照"物耗少、能源少、占地少、污染少、运量少、技术密集程度高及附加值高"的原则，限制发展那些能耗大、用水多、污染大的工业，以降低单位工业品或产值的排水量及污染物排放负荷。积极发展第三产业，优化第一、第二与第三产业之间的结构比例，达到既促进经济发展，又降低污染负荷的目的。在人口、工业的布局上，也应充分考虑对环境的影响，从有利于水环境保护的角度进行综合规划。

我国制定的《淘汰落后生产能力、工艺和产品的目录》(第一批、第二批和第三批)以及清洁生产标准中，均考虑了节水降耗的内容。

215

2. 技术性控制对策

技术性控制对策主要包括：推行清洁生产、节水减污、实行污染物排放总量控制、加强工业废水处理等。

（1）积极推行清洁生产。清洁生产是通过生产工艺的改进和改革、原料的改变、操作管理的强化以及废物的循环利用等措施，将污染物尽可能地消灭在生产过程之中，使废水排放量减少到最少。在工业企业内部加强技术改造，推行清洁生产，是防治工业水污染的重要对策与措施。

（2）提高工业用水重复利用率。减少工业用水量不仅可以减少排污量，而且减少工业新鲜用水量。我国在许多行业，与先进发达国家相比，用水浪费现象非常严重。应提高工业用水的重复利用率，包括厂内的重复利用、工厂之间的重复利用，大力发展循环经济。

（3）实行污染物排放总量控制制度。污染物排放总量控制既要控制工业废水中的污染物浓度，又要控制工业废水的排放量，从而减少排放到环境中的污染物总量。目前，我国对排水中的 COD、氨氮，废气中的烟尘、卫业粉尘和二氧化硫，以及工业固体废物等六种污染物的排放实行总量控制。

（4）促进工业废水和城市生活污水的集中处理。工业废水和生活污水进入城市下水道，然后进入污水处理厂集中处理。工业废水必须达到进入城市下水道的水质标准，如果达不到需要，应进行适当处理。

3. 管理性控制对策

完善废水排放标准和相关水污染控制法规和条例，加大执法力度。

（二）城市水污染防治对策

我国 2014 年城市废水的集中处理率为 45.6%，未处理的城市废水进入江河湖海，造成严重污染。因此，加强城市水污染综合防治是非常重要的。

（1）将水污染防治纳入城市发展的总体规划，建设雨水和污水分流制下水管道，建设城市污水处理厂。

（2）城市废水的防治遵循集中处理与分散处理相结合的原则，集中建设大型污水处理厂，具有建设投资少、运行费用低、易于管理的特点。

（3）在缺水地区积极将城市水污染的防治与城市水资源化相结合。

（4）加强城市地表和地下水源的保护。

（5）大力开发低耗高效废水处理与回用技术。

传统城市污水处理的缺点是运行费用高、基建投资大，能有效去除污水中有机物，但不能有效去除污水中的氮、磷等营养物质。新的污水处理技术采用厌氧生物处理技术、生物膜法、天然净化系统等。

(三) 农村水污染防治对策

农村水污染的来源，例如，农田中使用的化肥、农药，会随雨水径流进入地表水或渗入地下水体，畜禽养殖粪尿及乡镇居民生活污水等。应采取以下对策。

1. 发展节水型农业

农业用水量占我国用水总量的 70% 左右，节水农业既减少水资源流失，又减少化肥和农药随排灌水的流失，减少对环境的污染。

(1) 大力推行喷灌、滴灌等各种节水灌溉技术。

(2) 制定合理的灌溉用水定额，实行科学灌水。

(3) 减少输水损失，提高灌溉利用系数。

2. 合理利用化肥和农药

根据有害生物的发生规律，合理科学地使用农药，减少农药对环境的污染。发展控释肥、缓释肥等新型肥料，减少农田使用肥料对水体造成的污染。

3. 加强对畜禽排泄物、乡镇企业废水及村镇生活污水的有效处理

加强对畜禽粪尿的综合利用，采用干出粪等粪尿清理方式。加强对乡镇企业的环境管理，对农村生活污水进行处理。

二、常用的废水处理方法与流程

(一) 废水处理的基本方法

废水处理就是把废水中的污物以某种方法分离出来，或者将其分解为无害稳定物质。一般要达到防止毒害和病菌传染、避免有异臭和厌恶感的可见物、能满足不同用途等要求。

废水中的污染物质是多种多样的，其处理方法可按作用原理分为三大类，即物理法、化学法、生物法。不论何种废水，往往需要通过几种方法组成的处理系统，对不同的污染物质应采取不同的方法，才能达到处理的要求。

217

1. 物理处理法

主要是利用物理作用分离废水中呈悬浮状态的污染物质，在处理过程中不改变其化学性质。属于物理法的处理方法主要有以下几种。

(1) 沉淀 (重力分离) 法。利用废水中的悬浮物和水的密度不同的原理，借重力沉降作用，从水中分离出来。沉淀装置有沉砂池、沉淀池、隔油池等。废水在沉淀装置的停留时间一般是沉砂池约 2min，沉淀池、隔油池 1.5 ~ 2h。

(2) 过滤法。是用过滤介质截留废水中的悬浮物。过滤介质有钢条、筛网、砂、布、塑料、微孔管等。过滤设备有栅、筛微滤机、砂滤池、真空过滤机、压滤机等。处理效果与过滤介质孔隙度有关。

(3) 离心分离法。废水中的悬浮物借助离心设备或水的旋转，在离心力作用下，悬浮物与水分离。离心力与悬浮物的质量成正比，与转速的平方成正比。由于转速在一定范围内人工可以控制，所以能获得很好的分离效果。离心法广泛用于处理乳钢废水氧化铁皮的去除以及从洗羊毛废水中回收羊毛脂或污泥脱水等。

(4) 浮选 (气浮) 法。此法是将空气打入废水中，使废水中乳状油粒 (粒径在 0.6 ~ 2.5μm) 黏附到空气泡上。油粒随气泡上升至水面，形成浮渣而去除。废水在浮选池大约停留 0.5 ~ 1h。为了提高浮选效果，有时需向废水中投加混凝剂。这种方法的除油效率可达 80% ~ 90%。

2. 化学处理法

利用化学反应方法来分离、回收废水中的污染物或改变污染物的性质，使其从有害变为无害。属于化学处理方法的有以下几种。

(1) 混凝法。水中的胶体物质，通常带有电荷，胶状物间互相排斥不能凝聚，多形成稳定的混合液。若水中投加带有相反电荷的电解质 (即混凝剂) 后，可使废水中胶状物呈中性，失去稳定性，并在分子引力作用下，凝聚成大颗粒而下沉。混凝法可去除多种高分子物质、有机物和某些重金属毒物 (汞、镉、铅) 等。常用的混凝剂有聚丙烯酰胺、硫酸铝、明矾、硫酸亚铁、三氯化铁等。上述混凝剂可用于含油废水、染色废水、煤气站废水、洗毛废水等处理；此法具有设备简单、易于实施、推广与维护等优点，但也存在运行费用高、沉渣量大等不足。

（2）中和法。利用化学方法使酸性废水或碱性废水中和达到中性的方法。往酸性废水中投加碱性物质如石灰、石灰石、白云石等，使废水变成中性。对碱性废水可吹入含 CO_2 的烟道气进行中和，也可用酸中和。

（3）氧化还原法。废水中的溶解性有机物或无机物，在投加氧化剂或还原剂后，由于电子的迁移运动，而发生氧化或还原作用，变为无害物质。常用的氧化剂有空气、漂白粉、氯气、臭氧等。氧化法多用于处理含酚、氰、硫等废水；常用的还原剂有铁屑、硫酸亚铁、二氧化硫等。还原法多用于处理含铬和汞的废水。

（4）电解法。在废水中插入电极。在阴极板上接受电子，使离子电荷中和，转变为中性原子。上述综合过程使阳极上发生氧化作用，在阴极上发生还原作用。目前用于含铬废水处理等。

（5）萃取（液—液萃取）法。将不溶于水的溶剂投入废水中，使废水中的溶质溶于溶剂中，然后利用溶剂与水的比重差，将溶剂分离出来。再利用溶剂与溶质沸点差，将溶质蒸馏回收，再生后的溶剂可循环使用。例如含酚废水的回收，常用的萃取剂有醋酸丁酯、苯等，酚的回收率达 90% 以上，常用的设备有脉冲筛板塔、离心萃取机等。

（6）吹脱法。往废水中吹进空气，使废水中的溶解性气体吹入大气中。此法可用于含 CO_2、H_2S、HCN 的废水处理。

（7）吸附法。将废水通过固体吸附剂，使废水中的溶解性有机或无机物吸附到吸附剂上，常用的吸附剂为活性炭。此法可吸附废水中的酚、汞、铬、氰等有毒物质。此法还有除色、脱臭等作用。一般多用于废水深度处理。

（8）电渗析法。电渗析是一种在电场的作用下，使溶液中离子通过膜进行传递的过程。废水通过阴、阳离子交换膜所组成的电渗析器时，废水中的阴、阳离子就可得到分离，达到浓缩和处理的目的。

电渗析法的特点是：电渗析只能将电解质从溶液中分离出去（脱盐），水中不解离及解离度小的物质难以用此方法分离除去，故不能除去有机物、胶体物质、微生物、细菌等；电渗析使用直流电，设备操作简单，并有利于环保；主要应用于海水、苦碱水淡化及废水处理回收等。

（9）反渗透法。通过一种特殊的半渗透膜，在一定的压力下，将水分子压过去，而溶质则被膜所截留，废水得到浓缩，而压过膜的水就是处理过的水。膜材料有醋酸纤维素、磺化聚苯醚、聚砜酰胺等有机高分子物质。操作压力一般需要 $30 \sim 50 \text{kg/cm}^2$。目前已用于海水淡化，含重金属的废水处理，以及废水深度处理等方面，处理效率达90%以上。

3. 生物处理法

污水的生物处理就是采用一定的人工措施，创造有利于微生物生长、繁殖的环境，使微生物大量繁殖，利用微生物新陈代谢功能，使污水中呈溶解和胶体状态的有机污染物被降解并转化为无害的物质，使污水得以净化。生物处理法具有高效低耗的优点，因而在废水处理中广泛应用。

活性污泥法是在废水中有足够的溶解氧时，将空气连续注入曝气池的污水中，经过一段时间，水中即形成繁殖有巨量好氧微生物的絮凝体——活性污泥；活性污泥具有很强的吸附和氧化分解有机物的能力，能够吸附水中的有机物；生活在活性污泥上的微生物以有机物为食料，获得能量并不断生长增殖，有机物被去除，污水得以净化。采用活性污泥法处理废水的前提是好氧微生物氧化有机物需要一定数量的氧，因此，废水中要有足够的溶解氧。由于该方法具有净化效率高等优点，是当前使用最广泛的一种生物处理方法。

第十二章 大气污染与防治

大气是人类生存环境的重要组成部分，是满足人类生存的基本物质，是必不可少的重要资源。随着社会的发展，人们在生产和生活实践中，不断地影响着周围大气环境的质量。人与大气环境之间在不断地进行着物质和能量交换。大气环境质量直接影响着人与动植物的生存。本章主要讨论大气污染及污染源、大气污染的影响及全球大气问题和大气污染的综合防治。

第一节 大气组成与结构

一、大气的组成

大气是由多种成分组成的混合气体。除去水汽和杂质的空气称为干洁空气（干燥清洁空气）。它的主要成分为氮、氧、氩和二氧化碳，其含量占全部干洁空气的99.6%（V/V）。氖、氦、氪、氙、氢、臭氧等次要成分只占0.4%左右。

由于空气的垂直运动、水平运动以及分子扩散，使得干洁空气的组分比例直到距地面90~100km的高度还基本保持不变，因此可看作为大气中的恒定组分。其主要原因是氮气和稀有气体的性质不活泼，而自然界中由于燃烧、氧化、岩石风化、呼吸、有机物腐解所消耗的氧基本上又由植物光合作用释放的氧所补偿。

大气中的水汽含量随时间、地域、气象条件的不同而变化。水汽在干旱地区可低到0.02%，而在温湿地带可高达6%。大气中的水汽含量虽然不大，但对天气变化却起着重要的作用，因而也是大气中的重要组分之一。

悬浮微粒是指由于自然因素和人为活动而生成的颗粒物，如岩石的风化、火山爆发、物质燃烧、宇宙落物以及海水灌溉等。无论是它的含量、种类，还是化学成分都是变化的。

根据以上组分含量可以判定大气中的外来污染物。若大气中某个组分的含量远远超过上述标准含量，或自然大气中本来不存在的物质在大气中出现，即可判定它们是大气的外来污染物。在上述各个组分中，一般不把水分含量的变化看作外来污染物。

二、大气的结构

大气层中空气质量的分布是不均匀的，总体看，海平面处的空气密度最大，随高度的增加，空气密度逐渐变小。在超过 1000 ~ 1400km 的高空，气体已非常稀薄，因此，通常是把从地球表面到 1000 ~ 1400km 作为大气层的厚度，超过 1400km 就是宇宙空间了。

大气在垂直方向上的温度、组成与物理性质也是不均匀的。根据大气温度垂直分布的特点，在结构上可将大气分为五层。

（一）对流层

对流层是大气圈中最接近地面的一层。对流层的厚度从赤道向两极减少，低纬度地区为 17 ~ 18km，高纬度地区为 8 ~ 9km，其平均厚度约为 12km。对流层集中了占大气总质量 75% 的空气和几乎全部的水蒸气，是天气变化最复杂的层次。对流层具有如下两个特点。

1. 气温随高度增加而降低

由于对流层的大气不能直接从太阳辐射中得到热能，但能从地面反射得到热能而使大气增温，因而靠近地面的大气温度高，远离地面的空气温度低，高度每增加 100m，气温约下降 0.65° C。对流层顶温度为 –53 ~ –83° C。

2. 空气具有强烈的对流运动

近地层的空气接受地面的热辐射后温度升高，与高空冷空气发生垂直方向的对流，构成了对流层空气的强烈对流运动；一旦大气中进入污染物，则能够得到扩散和稀释。

对流层中存在着极其复杂的天气现象，如雨、雪、霜、雹、云、雾等。人类活动排放的污染物主要是在对流层聚集，大气污染主要也是在这一层发生。因而对流层的状况对人类生活影响最大，与人类关系最密切，是我们研究的主要对象。

（二）平流层

对流层顶至高度约 50 ~ 55km 处为平流层。平流层内空气比较干燥，几乎没有水汽和尘埃，大气透明度好，是现代超音速飞机飞行的理想场所。平流层内温度先是随高度增加变化很小，直到 30 ~ 35km，温度约为 –55° C；再向上，温度随高度的增加而升高，到平流层顶升至 –3° C 以上。这是因为在高约 15 ~ 35km 范围内，存在着厚度约为 20km 的臭氧层。臭氧层中，臭氧能够强烈吸收来自太阳的紫外线，同时在紫外线的作用下被分解为分子氧和原子氧；这些分子氧和原子氧又能很快地重新化合生成臭氧，释放出大量的热量，造成了气温的上升。所以臭氧层使地球生物免受紫外线的照射，同时又对地球起保温作用。由于平流层的空气无垂直对流运动，主要是平流运动，污染物一旦进入则难于扩散。

（三）中间层

平流层顶至高度 85km 处为中间层。由于该层的臭氧稀少，而且氮、氧等气体所能直接吸收的太阳短波辐射大部分已被上层大气吸收，其温度垂直分布的特点是气温随高度的增加而迅速降低，其顶部气温可低于 –83 ~ –113℃。这种温度分布下高上低的特点，使得中间层空气再次出现强烈的垂直对流运动。

（四）热成层

热成层（又称暖层）位于 85 ~ 800km 的高度之间。这一层空气更加稀薄，气体在宇宙射线作用下处于电离状态，因此又将其称为电离层。由于电离后的氧能吸收太阳的短波紫外线辐射，使空气迅速升温，因此气温是随高度的增加而增加。电离层能将地面发射的无线电波反射回地面，对全球的无线电通信具有重要意义。

（五）散逸层

热成层顶以上的大气统称为散逸层，也称为外层。该层大气极为稀薄，气温高，分子运动速度快。有的高速运动的粒子能克服地球引力的作用而逃逸到太空中去，所以称其为散逸层。

第二节　大气污染及污染源

一、大气污染

（一）大气污染的概念

按照国际标准化组织（ISO）做出的定义：大气污染通常是指由于人类活动和自然过程引起某种物质进入大气中，呈现出足够的浓度，达到了足够的时间，并因此而危害了人体的舒适、健康和福利或危害了环境的现象。

这里指明了造成大气污染的原因是人类活动和自然过程。人类活动包括人类的生活活动和生产活动两个方面，而生产活动又是造成大气污染的主要原因。自然过程则包括了火山活动、山林火灾、海啸、土壤和岩石的风化以及大气圈的空气运动等。由于大气的自净作用，会使自然过程造成的大气污染，经过一段时间后自动消除。所以说，大气污染主要是人类活动引起的。

（二）大气污染的类型

1. 根据污染的范围大小分类

（1）局部性大气污染：如某个工厂烟囱排气所造成的直接影响。

（2）区域性大气污染：如工矿区或其附近地区的污染，或整个城市的大气污染。

（3）广域性大气污染：是指更广泛地区、更广大地域的大气污染，在大城市及大工业区可以出现这种污染。

（4）全球性大气污染：指跨国界乃至涉及整个地球大气层的污染，如温室效应、臭氧层破坏、酸雨等。

2. 根据污染物的化学性质及存在状况分类

（1）还原型大气污染（煤烟型）：这种大气污染常发生在以使用煤炭为主，同时也使用石油的地区，它的主要污染物是 SO_2、CO 和颗粒物。在低温、高湿度的阴天，风速很小，并伴有逆温存在的情况下，一次污染物受阻，容易在低空聚积，生成还原性烟雾。伦敦烟雾事件就属于这类还原型污染，故这类污染又称伦敦型污染。

（2）氧化型大气污染（汽车尾气型）：这种类型的污染多发生在以使用石油为燃料的地区，污染物的主要来源是汽车排气、燃油锅炉以及石油化工企业。主要的一次污染物是 CO、NOx 和碳氢化合物。这些大气污染物在阳光照射下能引起光化学反应，生成臭氧、醛类、过氧乙酰硝酸酯等二次污染物。这些物质具有较强的氧化性，对人的眼睛黏膜有强烈的刺激作用。洛杉矶光化学烟雾就属于这种类型污染。

3. 根据燃料性质和污染物的组成分类

（1）煤炭型大气污染：煤炭型污染的主要污染物是由煤炭燃烧时放出的烟尘、SO_2 等构成的一次污染物，以及由这些污染物发生化学反应而生成的硫酸、硫酸盐类气溶胶等二次污染物。造成这类污染的污染源主要是工业企业烟气排放，其次是家庭炉灶等取暖设备的烟气排放。

（2）石油型大气污染：石油型大气污染的主要污染物来自汽车排气、石油冶炼及石油化工厂的排放。主要污染物是 NO_2、烯烃、链状烷烃、醇、羰基化合物等，以及它们在大气中形成的臭氧、各种自由基及其反应生成的一系列中间产物与最终产物。

（3）混合型大气污染：混合型大气污染的主要污染物来自以煤炭为燃料的污染源排放、以石油为燃料的污染源排放，以及从工矿企业排出的各种化学物质等。例如，日本横滨等地区发生的污染事件就属于此种污染类型。

（4）特殊型大气污染：特殊型大气污染是指有关工厂企业排放的特殊气体所造成的污染。这类污染常限于局部范围之内，如生产磷肥的企业排放的特殊气体所造成的氟污染，氯碱厂周围形成的氯气污染等。

二、大气污染源

（一）大气污染源的概念

关于污染源，目前还没有一个通用的确切定义。按一般理解，它含有"污染物发生源"的意思，如火力发电厂排放 SO_2，为 SO_2 的发生源，因此就将发电厂称为污染源。它的另一个含义是"污染物来源"，如燃料燃烧对大气造成了污染，则表明污染物来源于燃料燃烧。通常我们所说的污染源，其含义指的是前者。大气污染源从总体来看，分为自然源和人为源，主要是人为源。

（二）大气污染源分类

为了满足污染调查、环境评价、污染物治理等不同方面的需要，对人为源进行了多种分类。下面简述一下人为源的分类。

1. 按污染源存在形式分

（1）固定污染源：排放污染物的装置、处所位置固定，如火力发电厂、烟囱、炉灶等。

（2）移动污染源：排放污染物的装置、处所位置移动，如汽车、火车、轮船等。

2. 按污染物的排放形式分

（1）点源：集中在一点或在可当作一点的小范围内排放污染物的污染源，如高烟囱。

（2）线源：沿着一条线排放污染物的污染源，如汽车、火车等。

（3）面源：在一个大范围内排放污染物的污染源，如低烟囱、民用煤炉。

3. 按污染物排放空间分

（1）高架源：在距地面一定高度上排放污染物的污染源，如烟囱。

（2）地面源：在地面上排放污染物的污染源，如煤炉、锅炉等。

第三节　大气污染的影响

大气是一切生物生存的最重要的环境要素。随着人为活动的增强，大气质量发生了很大改变，大气污染越来越严重。混进了许多有毒害物质的大气不但危害人体健康，影响动植物生活，损害各种各样的材料、制品，而且对全球气候的改变也产生了极大的影响。

一、大气污染对人体健康的影响

大气被污染后，由于污染物的来源、性质、浓度和持续时间的不同，污染地区的气象条件、地理环境等因素的差别，甚至人的年龄、健康状况的不同，对人会产生不同的危害。

大气中有害物质主要通过下述三个途径侵入人体造成危害：第一，通过人的直接呼吸而进入人体；第二，附着在食物或溶于水，随饮水、饮食而侵入人体；第三，通过接触或刺激皮肤而进入人体，尤其是脂溶性物质更易从皮肤渗入人体。大气污染对人体的影响，首先是感觉上受到影响，随后在生理上显示出可逆性反应，再进一步就出现急性危害的症状。大气污染对人的危害大致可分急性中毒、慢性中毒、"三致"作用三种。

（一）急性中毒

存在于大气中的污染浓度较低时，通常不会造成人体的急性中毒，但是在某些特殊条件下，如工厂在生产过程中出现特殊事故，大量有害气体跑出，外界气象条件突变等，便会引起居民人群的急性中毒。

（二）慢性中毒

大气污染对人体健康慢性毒害作用的主要表现是污染物质在低浓度、长期连续作用于人体后所出现的一般患病率升高。目前，虽然直接说明大气污染与疾病之间的因果关系还很困难，但根据临床发病率的统计调查研究证明，慢性呼吸道疾病与大气污染有密切关系。

城市居民呼吸系统疾病也明显高于郊区。通过北京市交通民警与园林工人呼吸道疾病的比较，无论是肺结核，还是慢性鼻炎或咽炎，交通民警的发病率都显著高于园林工人。另外，据比较，城市支气管炎患者也要比没有受到污染的农村高一倍。

如果大气受氟化物污染，可以使人鼻黏膜溃疡出血，肺部有增殖性病变，儿童形成斑轴，严重时导致骨质疏松，易发生骨折。例如，内蒙古沙德盖村由于一年四季遭受包头钢铁厂的氟污染，空气中氟的浓度达 $10\mu l/L$，儿童氟斑牙患病率达97%以上。

（三）"三致"作用

随着工业、交通运输业的发展，大气中致癌物质的含量和种类日益增多，比较确定有致癌作用的物质有数十种。例如，某些多环芳烃（如3，4-苯并芘）、脂肪烃类、金属类（如砷、铍、镍等）。这种作用是由于污染物长时间作用于机体，损害体内遗传物质，引起突变。如果诱发肿瘤，称致癌作用；如果是使生殖细胞发生突变，后代机体出现各种异常，称致畸作用；如果引起生物体细胞遗传物质和遗传信息发生突然改变作用，称致突变作用。

20世纪50年代以来，各国城市肺癌发病率普遍增高，我国城市居民肺癌发病率也很高。这主要是因为城市大气烟尘污染严重和汽车废气排放量急剧增加所致。

二、大气中主要污染物对农业的影响

当大气污染物达到一定浓度时，不仅直接或间接地危害人体健康，而且也危及农业生产，造成农作物、果树、蔬菜等生产的损失。有时这种危害不表现为直接的形式，而是污染物在植物体内积累；动物摄入了这样的植物饲料后，发生病害或使污染物进入食物链并得以富集，最终危害人类。大气污染对农业的危害首先表现在植物生产上。

大气污染对植物的危害，随污染物的性质、浓度和接触时间、植物的品种和生长期、气象条件等的不同而异。气体污染物通常都是经叶背的气孔进入植物体，然后逐渐扩散到海绵组织、栅栏组织，破坏叶绿素，使组织脱水坏死或干扰酶的作用，阻碍各种代谢机能，抑制植物的生长。颗粒污染物则能擦伤叶面，阻碍阳光，影响光合作用，影响植物的正常生长。

第四节　全球大气环境问题

目前，困扰世界的全球性大气环境问题主要是酸雨、全球气候变暖（即温室效应）与臭氧层的破坏。

一、酸雨

酸雨是指 pH < 5.6 的雨、雪或其他降水，是大气污染的一种表现。由于人类活动的影响，大气中含有大量 SO_2 和 NOx 酸性氧化物，通过一系列化学反应转化成硫酸和硝酸，随着雨水的降落而沉降到地面，故称酸雨。天然降水中由于溶解了 CO_2 而呈现弱酸性，一般正常雨水的 pH 为 5.6。一般认为是大气中的污染物使降水 pH 降低至 5.6 以下的，所以酸雨是大气污染的后果之一。

（一）世界酸雨分布

从 20 世纪 50 年代开始，美国东北部、西欧和北欧陆续发现酸雨增多的

现象，对环境造成严重威胁。在 1994 年，欧洲科西嘉岛测得过一次 pH 为 2.4 的酸雨，这已经与食醋的 pH 一样。70 年代初，北欧斯堪的纳维亚的许多湖泊中鳟鱼和鲑鱼神秘死亡。调查发现，瑞典 15000 个湖泊被酸化；挪威许多生长马哈鱼的河流被酸化；比利时、荷兰、丹麦、英国和原联邦德国环境酸化程度超过正常值的 10 倍以上。科学家们发现这些环境变化都是酸雨造成的，而且还发现北欧酸雨是英国和西欧排放的 SO_2 造成的。80 年代，酸雨成为北美洲严重的环境污染问题。1992 年美国 17% 的河流和 20% 的湖泊由于酸化而处于危险状态；有 15 个州的降水 pH 在 4.8 以下。加拿大的酸雨受害面积达 120 万 ~ 150 万 km^2，使 14000 个湖泊和许多地方的地下水酸化；加拿大政府称这是美国东北部工业区排出的大气污染物造成的，因而美国东北部的酸雨已经成为美加关系中的一个重大问题，有人称之为"政治污染"。在亚洲地区，日本和中国都已发现酸雨范围正在扩大；南美洲委内瑞拉 15 年来酸性物质大量排放，地表水和土壤大部分已被酸雨污染，酸化严重。

（二）中国酸雨概况

中国是一个燃煤大国，又处于经济迅速发展的时期，所以酸雨问题日益突出。目前，我国与日本已成为继北欧、北美后的世界第三大酸雨区。

据 2014《中国环境状况公报》公布："酸雨分布范围基本稳定，2014 年降水年均 pH 小于 5.6 的城市主要分布在华中、西南、华东和华南地区。华中酸雨区污染最为严重，降水年均 pH 小于或等于 5.6 的城市占 58.3%。湖南、江西分别是华中和华东酸雨区酸雨污染最严重的区域，华南酸雨区主要分布在以珠江三角洲为中心的东南部和广西东部，降水年均 pH 小于或等于 5.6 的城市占 58.9%。与 2013 年相比，有加重的趋势。西南酸雨区以四川的宜宾、南充，贵州的遵义和重庆为中心，降水年均 pH 小于或等于 5.6 的城市占 49.0%，酸雨污染有所缓和。华东酸雨区分布范围较广，覆盖江苏省南部、浙江全省、福建沿海地区和上海。高酸雨频率（＞80%）和高酸度降水（pH＜4.5）的城市比例仅次于华中酸雨区，分别为 21.0% 和 14.6%。北方城市中的北京，天津，河北的秦皇岛、承德，山西的侯马，辽宁的大连、丹东、锦州、阜新、铁岭、葫芦岛，吉林的图们，陕西省渭南和商洛，甘肃的金昌，降水年均 pH 小于 5.6。"

我国酸雨特点如下。

1.以长江为界，南方酸雨多于北方。我国南方酸雨现象十分普遍，而且有自北向南逐渐加重的趋势；我国北方酸雨现象很少，即使是在 SO_2、NOx 排放量很大的地区，也几乎没有酸雨出现。出现这个现象的原因较为复杂，大致有这样一些原因。

①北方土壤多属碱性，这些碱性尘粒被风带入空中，与降水中的酸性物质中和，使降水 pH 升高。

②南方多雨，土壤经雨水长期冲刷，石灰质减少，对酸的中和能力差，土地成为对酸雨耐性弱的土壤，因此，南方酸雨的危害容易暴露出来。

③北方天气干燥，雨水少，沙漠地区多。沙尘飞扬，使酸雨现象受到抑制。

④南方地区燃用的煤比北方地区含硫量高，因而排放到大气中的 SO_2 量多，造成严重的酸雨现象。

(2)我国酸雨属硫酸型。硝酸含量不足总酸量的10%，但随着城市汽车的增加，酸雨中硝酸的成分有增加的趋势。

(3)降水酸度有明显的季节性，一般冬季雨水 pH 低，夏季 pH 高。

(4)城区的酸雨比郊区严重。这说明城市的工业化活动对酸雨的形成是有影响的。

(三) 酸雨对环境的影响

1.对水生生态系统的影响

酸雨对水生生态系统的危害最为严重。酸雨使水体酸化，一方面使鱼卵不能孵化或成长，微生物组成发生改变，有机物分解缓慢，浮游植物和动物减少，食物链发生改变，鱼的品种与数量减少，严重时使所有鱼类死亡；另一方面，由于水体酸化，许多金属的溶解加速，例如加拿大和美国的一些研究表明，在酸性水体中，鱼体内汞的浓度很高；水体中金属离子的浓度增高，一旦超过了鱼类生存的环境容量，也导致鱼类大量死亡；由于酸雨造成的水生生态系统的破坏，导致成千上万的湖泊变成"死湖"，两栖类动物，例如青蛙也以极快的速度，在各大洲迅速减少甚至消失。

2.对陆生生态系统的影响

酸雨对陆生生态系统的影响表现在以下几个方面。

（1）土壤酸化。经常降落的酸雨使土壤 pH 降低，这种土壤酸化现象导致了一系列环境问题。

①土壤贫瘠化。在土壤酸化过程中，土壤里的营养元素钾、镁、钙等不断溶出、洗刷并流失；另一方面，由于土壤酸化，土壤中的微生物受到不利的影响，使微生物固氮和分解有机质的活动受到抑制，这都将导致土壤贫瘠化过程的加速，从而影响陆生生态系统中最重要的生产者——绿色植物的生存及产量。

②土壤中有毒元素的溶出。土壤酸化的结果将使许多有毒元素进入土壤溶液，例如铝、铜、镉等，其中有的伤害植物的根系，使树木不能吸收足够的水分和养料；有的对树干、树叶有伤害作用；还可能降低植物抗病虫害的能力，减少陆生生态系统的生产量。

（2）森林破坏。由于土壤酸化和酸雨的降落，陆生生态系统受到严重影响，其中最为严重的是森林。酸雨对森林的危害可以分为四个阶段。

第一阶段：酸雨增加了硫和氮，使树木生长呈现受益倾向。

第二阶段：长年酸雨使土壤中和能力下降，土壤酸化，K、Ca、Mg 等元素淋溶，使土壤贫瘠。

第三阶段：土壤中的 Al 和重金属元素被活化，对树木生长产生毒害。有研究证实，当植物根的 Ca/Al 比率小于 0.15 时，所溶出的 Al 具有毒性，抑制树木生长。而且在酸性条件下有利于病虫害的扩散，危害树木。

第四阶段：当树木遇到持续干旱等诱发因素，土壤酸化程度加剧，就会引起植物根系严重枯萎，树木将会大面积死亡。

酸雨对森林的破坏已经造成了无法挽回的损失。例如欧洲森林已有 10 万 km² 受酸雨危害遭破坏，50 万 km² 受损伤，据估计，由此造成的经济损失高达 90 亿美元。北美加拿大南部也发生森林破坏现象。我国有代表性的例子是四川万县地区的 65000km² 松林中，已有 26% 的松树枯死，还有 55% 的松树遭到严重危害；峨眉山山顶的冷松也因酸雨侵害有些已枯死。

3. 对农作物的影响

土壤酸化影响农作物生长，酸雨直接降落到植物叶面也会使植物受害或死亡，造成谷物减产。有研究结果认为，美国和加拿大每年因酸雨造成的农业损失高达 160 亿美元；也有人估计，美国每年因酸雨造成的农业损失达 35 亿美元。酸雨对其他农作物的影响已有人在进行研究。有报道称，pH 为

3.2 的模拟雨水大大降低了菜籽的生长速度，也影响大豆植物芽和根的生长，还会大大减少豆科植物上固氮菌所产生的根瘤。当雨水的 pH 从 5.6 下降到 3.0 时，萝卜根的生长速度大约降低 50%。

4. 对各种材料的侵蚀作用

（1）对建筑材料的侵蚀。大理石的主要化学成分是 $CaCO_3$，其遭受酸性侵蚀后生成 $CaSO_4$ 和 $Ca(NO_3)_2$。$CaSO_4$ 大部分被雨水冲走或以结壳形式沉积于大理石表面，而且很容易脱落；$Ca(NO_3)_2$ 全部被雨水冲走。

19 世纪 90 年代从埃及迁移到纽约的埃及方尖碑，是说明酸雨和大气污染对古建筑影响的一个例证。纽约市盛行西风，纪念碑东面的碑文仍清晰可见，而西面的碑文已被大气和酸雨中的污染物破坏。SO_2 和酸雨对古建筑的破坏已有许多证据，我国故宫的汉白玉雕塑、雅典巴特农神殿和罗马的图拉真凯旋柱都已受到酸性沉降物的侵蚀。有人估算，近几十年来，酸雨对古建筑的侵蚀作用，超过以往几百年甚至上千年。

（2）对金属的侵蚀。酸雨对金属材料的侵蚀有化学腐蚀和电化学腐蚀。化学腐蚀指活泼的金属与氢离子之间产生的置换反应，但大多数情况下还是产生电化学腐蚀；被腐蚀的金属生成难溶的金属氧化物，或生成离子被雨水带走。许多金属氧化物是疏松的附着层，完全没有阻挡进一步腐蚀的作用。研究表明，广州地区降水 pH 下降 1.0，四种碳钢的腐蚀速度增加了 $3.49 \sim 7.24 mg/m^2$。

（四）酸雨对人体的危害

酸雨对人体健康的影响是间接的。例如许多国家由于酸雨的溶浸作用，使地下水中 Al、Cu 等金属元素的浓度超出正常值的 10～100 倍，饮用这样的水必然对人体健康有害。此外，由于食物链的作用，如果食用受过酸性水污染的鱼类，则可能对人的健康造成危害。

二、臭氧层破坏

（一）臭氧层破坏现状

臭氧层中臭氧浓度很低，最高浓度仅 $10 \mu l/L$（体积比），若把其集中起来并校正到标准状态，平均厚度仅为 0.3cm。臭氧在大气中的分布主要集中在平流层 15～35km 附近。臭氧在大气中的分布不均匀，低纬度较少，高纬度较多，且无论在时间上还是在空间上，其形状及臭氧的浓度都处于变化中。就是这样一个臭氧层，却吸收了99%的来自太阳的高强度紫外线，保护了人类和生物免受紫外线的伤害。

自1958年对臭氧层进行观察以来，发现高空臭氧层有减少的趋势。20世纪70年代后，减少加剧，全球臭氧都呈现减少趋势，冬季减少率大于夏季。1995年英国科学家总结10年的观测结果，首次发现南极上空在9~10月平均臭氧含量减少50%左右，并出现了巨大的臭氧空洞。此后观测到全球性平流层臭氧浓度下降。南纬39°~60°减少5%~10%，近赤道地区减少1.6%~2.1%，北纬40°~64°减少1.2%~1.4%；并观测到我国华南地区减少3%，华东、华北减少1.7%，东北地区减少3%。我国设在昆明、北京的臭氧观测站，在1990—1997年间也观测到昆明上空臭氧平均含量减少1.5%，北京减少5%。总之，从20世纪70年代以来，全球臭氧层的破坏(损耗)已是客观事实。其原因目前还存在着不同的认识，但比较一致的看法为：人类活动排入大气的某些化学物质与臭氧发生作用，导致了臭氧的耗损。这些物质主要有N_2O、CCl_3、哈龙(溴氟烷烃)以及氟利昂等。越来越多的科学证据证实，氯和溴在平流层通过催化化学过程破坏臭氧是造成南极臭氧空洞的根本原因。最典型的是哈龙类物质和氟利昂。2015年，多国北极臭氧层考察队在北极发现了高活性粒子ClO和BrO浓度的升高与臭氧浓度的降低有着显著的对应关系，也支持了这种观点。

(二)氟利昂和哈龙

人类大规模地生产这种物质，主要有三方面用途：1.用于制冷和空调；2.用作气溶胶(如刮面、美发用的泡沫气溶胶)或喷雾剂、灭火剂；3.用作发泡剂，如合成泡沫塑料聚苯乙烯、聚氨酯等。

氟利昂(氯氟烷烃，CFC)常用放在CFC后面的数字构成某种组成氯氟烃的代号。其数字的含义是：个位数代表氟原子数，十位数代表氢原子数加一，百位数代表碳原子数减一，由这三位数的组合不难得出氟原子的个数。例如，CFC–12代表CF_2C_{12}，CFC–11代表$CFC1_3$，CFC–113代表$C_3F_3C_{13}$。

哈龙类物质(溴氟烷烃，Halon)的化学式按C、F、Cl、Br原子个数顺序组成四位数，放在哈龙的后面，构成某种哈龙的代号，例如哈龙–1301(Halon–1301)代表CF_3Br，哈龙–1211(Halon)代表CF_2ClBr。

1925年，美国化学家 T. 米德奇雷以门捷列夫元素周期表为指导，经过两年多的努力，制出沸点为 $-29.8°\,C$、化学性质相当稳定的 CF_2Cl_2，1930年美国杜邦公司投入生产。1960年以后，CFC-11、CFC-12等开始大量生产和使用，广泛用作制冷剂、喷雾剂、发泡剂和清洁剂。哈龙则是高效灭火剂。这类物质无毒、不燃烧、化学性质稳定、价格低廉，又有广泛用途，所以生产量直线上升，80年代中期它们的生产和使用达到高峰。

那么，氟利昂和哈龙是怎样进入平流层，又是如何破坏臭氧层的呢？

我们知道，就重量而言，人为释放的 CFC 和 Halon 的分子都比空气分子重，但这些化合物在对流层几乎是化学惰性的，自由基对其氧化作用也可以忽略。因此，它们在对流层十分稳定，不能通过一般的大气化学反应去除。经过一两年的时间，这些化合物会在全球范围内的对流层分布均匀，然后主要在热带地区上空被大气环流带入到平流层，风又将它们从低纬度地区向高纬度地区输送，从而在平流层内混合均匀。

第五节　大气污染综合防治

一、颗粒污染物治理技术

从废气中将颗粒物分离出来并加以捕集、回收的过程称为除尘。实现上述过程的设备装置称为除尘器。

(一) 技术参数

1. 烟尘的浓度

根据烟气中含尘量的大小，烟尘浓度可表示为以下两种形式。

(1) 烟尘的个数浓度。单位气体体积中所含烟尘颗粒的个数，称为烟尘个数浓度，单位为：个 /cm^3。在粉尘浓度极低时用此单位。

(2) 烟尘的质量浓度。每单位标准体积气体中悬浮的烟尘质量，称为烟尘质量浓度，单位为：mg/m^3。

2. 除尘处理量

该项指标表示的是除尘装置在单位时间内所能处理烟气量的大小，是表明装置处理能力大小的参数。烟气量一般用标准状态下的体积流量表示，单位为：m^3/h 或 m^3/s。

3. 除尘效率

除尘效率是表示装置捕集粉尘效果的重要指标，也是选择、评价装置的最主要的参数。

（1）除尘总效率（除尘效率）。除尘总效率是指在同一时间内，由除尘装置除下的粉尘量与进入除尘装置的粉尘量的百分比，常用符号 η 表示。实际上，总效率所反映的是装置净化程度的平均值，它是评定装置性能的重要技术指标。

（2）除尘分级效率。分级效率是指装置对某一粒径 d 为中心，粒径宽度为 D 的烟尘除尘效率。具体数值用同一时间内除尘装置除下的该粒径范围内的烟尘量占进入装置的该粒径范围内的烟尘量的百分比来表示。

（3）除尘通过率（除尘效果）。通过率是指没有被除尘装置除下的烟尘量与除尘装置入口烟尘量的百分比，用符号 e 表示。

（4）多级除尘效率。在实际应用的除尘系统中，为了提高除尘效率，往往把两种或多种不同规格或不同形式的除尘器串联使用，这种多级净化系统的总效率称为多级除尘效率。

(二)除尘装置

依照除尘器工作原理可将其分为机械式除尘器、过滤式除尘器、湿式除尘器、静电除尘器等四类。

1. 机械式除尘器

机械式除尘器是通过质量力的作用达到除尘目的的除尘装置，质量力包括重力、惯性力和离心力，主要除尘器形式为重力沉降室、惯性除尘器和旋风除尘器等。

（1）重力沉降室。重力沉降室是各种除尘器中最简单的一种，含尘气流通过横断面比管道大得多的沉降室时，流速大大降低。气流中大而重的尘粒，在随气流流出沉降室之前，由于重力的作用，缓慢下落至沉降室底部而被清除。该类型除尘器只能捕集粒径较大的尘粒，只对 $40\mu m$ 以上的尘粒具有较好的捕集作用，因此除尘效率低，只能作为初级除尘手段。

（2）惯性除尘器。利用粉尘与气体在运动中的惯性力不同，使粉尘从气流中分离出来的方法为惯性力除尘。常用方法是使含尘气流冲击在挡板上，气流方向发生急剧改变，气流中的尘粒惯性较大，不能随气流急剧转弯，便从气流中分离出来。

一般情况下，惯性除尘器中的气流速度越高，气流方向转变角度愈大，气流转换方向次数愈多，则对粉尘的净化效率愈高，但压力损失也会愈大。

惯性除尘器适于非黏性、非纤维性粉尘的去除。设备结构简单，阻力较小，但其分离效率较低，约为50%～70%，只能捕集10～20μm以上的粗尘粒，故只能用于多级除尘中的第一级除尘。

(3) 离心式除尘器。该除尘器使含尘气流沿一定方向作连续的旋转运动，粒子在随气流旋转中获得离心力，使粒子从气流中分离出来的装置为离心式除尘器，也称为旋风除尘器。

在机械式除尘器中，离心式除尘器是效率最高的一种。它适用于非黏性及非纤维性粉尘的去除。对大于5μm以上的颗粒具有较高的去除效率，属于中效除尘器，且可用于高温烟气的净化，因此是应用广泛的一种除尘器。它多应用于锅炉烟气除尘、多级除尘及预除尘。

2. 过滤式除尘器

过滤式除尘是使含尘气体通过多孔滤料，把气体中的尘粒截留下来，使气体得到净化的方法。按滤尘方式有内部过滤与外部过滤之分。内部过滤是把松散多孔的滤料填充在框架内作为过滤层，尘粒是在滤层内部被捕集，如颗粒过滤器就属于这类过滤器。外部过滤是用纤维织物、滤纸等作为滤料，通过滤料的表面捕集尘粒，故称为外部过滤。这种除尘方式的最典型的装置是袋式除尘器，它是过滤式除尘器中应用最广泛的一种。

用棉、毛、有机纤维、无机纤维的纱线织成滤布，用此滤布做成的滤袋是袋式除尘器中最主要的滤尘部件。滤袋形状有圆形和扁形两种，应用最多的为圆形滤袋。

过滤式除尘器在冶金、水泥、陶瓷、化工、食品、机械制造等工业和燃煤锅炉烟气净化中得到广泛应用。

3. 湿式除尘器

湿式除尘也称为洗涤除尘。该方法是用液体(一般为水)洗涤含尘气体，使尘粒与液膜、液滴或雾沫碰撞而被吸附，聚集变大，尘粒随液体排出，气体得到净化。

由于洗涤液对多种气态污染物具有吸收作用，因此它既能净化气体中的固体颗粒物，又能同时脱除气体中的气态有害物质，这是其他类型除尘器所无法做到的。某些洗涤器也可以单独充当吸收器使用。

湿式除尘器种类很多，主要有各种形式的喷淋塔、离心喷淋洗涤除尘器和文丘里式洗涤器等。湿式除尘器结构简单，造价低，除尘效率高，在处理高温、易燃、易爆气体时安全性好，在除尘的同时还可去除气体中的有害物。湿式除尘器的不足是用水量大，易产生腐蚀性液体，产生的废液或泥浆需进行处理，并可能造成二次污染。在寒冷季节易结冰。

4. 静电除尘器

静电除尘是利用高压电场产生的静电力（库仑力）的作用实现固体粒子或液体粒子与气流分离的方法。

由于静电除尘器的气流通过阻力小，又由于所消耗的电能是通过静电力直接作用于尘粒上，因此能耗低。静电除尘器处理气量大，又可应用于高温、高压的场合，因此被广泛用于工业除尘。静电除尘器的主要缺点是设备庞大，占地面积大，因此一次性投资费用高。目前静电除尘器在冶金、化工、水泥、建材、火力发电、纺织等工业部门得到广泛应用。

上述各种除尘设备原理不同，性能各异，使用时应根据实际需要加以选择或配合使用，主要考虑因素为尘粒的浓度、直径、腐蚀性等，以及排放标准和经济成本。

二、气态污染物治理技术

工农业生产、交通运输和人类生活中所排放的有害气态物质种类繁多，依据这些物质不同的化学性质和物理性质，需采用不同的技术方法进行治理。

燃烧过程及一些工业生产排出的废气中 SO_2 的浓度较低，而对低浓度 SO_2 的治理，目前还缺少完善的方法，特别是对大量的烟气脱硫更需进一步进行研究。目前常用的脱除 SO_2 的方法有抛弃法和回收法两种。抛弃法是将脱硫的生成物作为固体废物抛掉，方法简单，费用低廉，美国、德国等一些国家多采用此法。回收法是将 SO_2 转变成有用的物质加以回收，成本高，所得副产品存在着应用及销路问题，但对保护环境有利。在我国，从国情和长远观点考虑，应以回收法为主。

目前，在工业上已应用的脱除 SO_2 的方法主要为湿法，即用液体吸收剂洗涤烟气，吸收所含的 SO_2；其次为干法，即用吸附剂或催化剂脱除废气中的 SO_2。

第十三章　土壤污染与防治

　　土壤是组成环境的主要部分，是人类生存的基础和活动的场所。土壤有两个重要功能：一是对植物生长提供机械支撑能力，并同时能不断地供应和协调植物生长发育所需要的水、肥、气、热等肥力要素和土壤环境条件的能力，因此人类的衣、食、住、行都离不开土壤；二是从环境科学的角度看，土壤具有同化和代谢外界环境进入到土体物质的能力，即土壤能使输入的物质经过在土壤内的迁移转化，然后变为土体的组成部分或再向外界环境输出，所以土壤是保护环境的重要净化场所。人类在生产活动中，从自然界取得资源和能源，经过加工、调配、消费，最终再以"三废"形式直接向土壤或通过大气、水体和生物向土壤中排放和转化。当输入的污染物质数量超过土壤的容量和自净能力时，必然引起土壤恶化，发生土壤污染。而污染了的土壤又向环境输出污染物质，便引起大气、水体和生物的进一步污染，从而使环境状态发生变化，环境质量下降，造成环境污染，因此土壤污染是环境污染的重要组成部分。

　　由于土壤的组成成分、结构、功能、特性以及土壤在环境生态系统中的特殊地位和作用，使得土壤污染既不同于大气污染，也不同于水体污染，而且比它们要复杂得多。土壤是植物，特别是作物的生活环境，作为人类主要食物来源的粮食、蔬菜、象畜、家禽等农副产品都直接或间接地来自土壤，污染物在土壤中的富集必然引起食物污染，进而危害人体健康。

第一节　土壤在环境中的作用

一、土壤是植物生长繁育和生物生产的基础

绿色植物生长发育的五个基本要素，即光能、热量、空气、水和养分。其中养分和水分通过根系从土壤中吸取。植物能立足自然界，能经受风雨的袭击，不倒伏，则是由于根系伸展在土壤中，获得土壤的机械支撑的作用。土壤在植物生长繁育中有不可取代的特殊作用。

(一) 营养库的作用

植物需要的营养元素除 CO_2 主要来源于空气外，氮、磷、钾及微量营养元素和水分则主要来自土壤。

(二) 养分转化和循环作用

土壤中存在一系列的物理、化学、生物化学作用，在养分元素的转化中，既包括无机物的有机化，又包括有机物质的矿质化。既有营养元素的释放和散失，又有元素的结合、固定和归还。在地球表层系统中，通过土壤养分元素的复杂转化过程，实现营养元素与生物之间的循环和周转，保持生命周期生息与繁衍。

(三) 水源涵养作用

土壤是地球陆地表面具有生物活性和多孔结构的介质，具有很强的吸水和持水能力。土壤水源涵养功能与土壤总空隙度、有机质含量等土壤理化性质和植被覆盖度有密切的关系。植物枝叶对于水的截流和对地表径流的阻滞，以及根系的穿插和腐殖质形成，都能大大增加涵养水源、防止水土流失的能力。

(四) 稳定和缓冲环境变化的作用

土壤处于大气圈、水圈、岩石圈和生物圈的界面交界面，是地球表面各种物理、化学、生物化学过程的反应界面，是物质与能量交换、迁移等过程最复杂、最频繁的地带。这使得土壤具有抗外界温度、湿度、酸碱性、氧化还原性变化的缓冲能力。对进入土壤的污染物能通过土壤生物进行代谢、降解、转化、清除或降低毒性，起着"过滤器"和"净化器"的作用，为地上部分的植物和地下部分的微生物的生长繁衍提供一个相对稳定的环境。

（五）生物的支撑作用

土壤不仅是陆地植物的基础营养库，还是绿色植物在土壤中生根发芽，根系在土壤中伸展和穿插，获得土壤的机械支撑，保证绿色植物地上部分能稳定地站立于大自然之中。

二、土壤在地球表层环境系统中的地位和作用

土壤是地球表层系统自然地理环境的重要组成部分。土壤圈在地球表层环境系统中位于大气圈、水圈、岩石圈和生物圈的界面交接地带，是最活跃、最富生命力的圈层。土壤圈的物质循环是全球变化中物质循环的重要内容，是无机界和有机界联系的纽带，是生命和非生命联系的中心环境，是地球表层环境系统中物质与能量迁移和转化的重要环节。

从土壤圈与整个系统关系看，其功能有以下几个方面。

（1）对生物圈影响

支持和调节生物过程，提供植物生长的养分、水分与适宜的物理条件，决定自然植被的分布与演替。但土壤圈的各种限制因素对生物也起不良影响。

（2）对大气圈影响

大气圈化学组成，水分与热量平衡；吸收氧气，释放 CO_2、CH_4、H_2S、N_2O 等，对全球大气环境变化有明显影响。

（3）对水圈影响

降水在陆地和水体的重新分配，影响元素的地球化学行为、水分平衡、分异、转化及水圈的化学组成。

第二节　土壤污染

一、土壤环境元素背景值与土壤环境容量

（一）土壤环境元素背景值

土壤环境元素背景值，简称土壤环境背景值，是指未受或很少受人类

241

活动，特别是人为污染影响的土壤化学元素的自然含量。土壤环境背景值是在自然成土因素和成土过程综合作用下的产物。不同土壤类型的土壤环境背景值差别较大，是统计性的范围值、平均值，而不是简单的一个确定值。

目前在全球范围内已很难找到绝对不受人类活动影响的地区和土壤，现在所获得的土壤环境背景值只代表着远离污染源、尽可能少地受人类活动影响的有相对意义的数值。尽管如此，土壤环境背景值仍然是我们研究土壤环境污染、土壤生态，进行土壤环境质量评价与管理，确定土壤环境容量、环境基准基，制定土壤环境标准时重要的参考标准或本底值。

(二) 土壤环境容量

所谓土壤环境容量，是在人类生存和自然生态不致受害的前提下，土壤环境所能容纳的污染物的最大负荷量；也就是说，在一定的土壤环境单元和一定的时限内，遵循环境质量标准，既要维持土壤生态系统的正常结构与功能，保证农产品生物学的产量和质量，也不能使环境系统受到污染时土壤环境所容纳污染物最大负荷量。土壤环境容量是制定土壤环境标准的重要依据。

二、土壤污染的概念与特点

(一) 土壤污染的概念

土壤污染是指人类活动所产生的污染物通过各种途径进入土壤，其数量和速度超过了土壤的容纳能力和净化速度，从而使土壤的性质、组成及性状等发生变化，并导致土壤的自然功能失调和土壤质量恶化的现象。这只是一种定性的推述。迄今为止，国内外还没有制定出土壤污染的量的指标。目前，衡量土壤污染与否的指标有以下 3 个。

(1) 土壤背景值。

(2) 植物体污染物的含量。植物体污染物的含量和土壤的污染物含量之间存在着一定的关系，因而可以作为土壤污染指标之一。

(3) 生物指标。污染物进入土体后，通过土体对悬浮污染物质的物理机械吸收、阻留，胶体的物理化学吸附、化学沉淀、生物吸收等过程，污染物质不断在土壤中累积；当达到一定数量的时候，就会导致土壤中可溶性元素失去平衡，土壤组成、结构、酸碱度改变，土壤供应植物营养物质的功能发生变化，使土壤生产力下降，影响植物的生长发育。通过植物吸收，污染物经食物链传递、迁移和转化，最终影响到人体。所以植物生长发育是否受到抑制，生态环境有无变异，微生物群体有无变化，以及植物性食物对人体健康的危害程度，也是衡量土壤污染的一个指标。

（二）土壤污染的特点

（1）土壤污染具有不可逆转性。重金属对土壤的污染基本上是一个不可逆转的过程，许多有机化学物质的污染也需要较长的时间才能降解。例如，被某些重金属污染的土壤可能要100～200年时间才能够恢复。

（2）土壤污染具有隐蔽性和潜伏性。水和大气的污染比较直观，有时通过人的感觉器官也能发现。土壤污染往往是先通过农作物，如粮食、蔬菜、水果以及家畜、家禽等食物污染，再通过人食用后身体的健康情况来反映。从开始污染到导致后果，有一段很长的间接、逐步、积累的隐蔽过程。如日本的镉米事件，当查明事件原因时，造成公害事件的那个矿已经被采完了。

（3）土壤污染很难治理。如果大气和水体受到污染，切断污染源之后，通过稀释作用和自净作用有可能使污染问题不断逆转，但是积累在污染土壤中的难降解污染物则很难靠稀释作用和自净作用来消除。土壤污染一旦发生，仅仅依靠切断污染源的方法则往往很难恢复，有时要靠换土、淋洗土壤等方法才能解决问题，其他治理技术见效也较慢。因此，治理污染土壤通常成本较高，治理周期较长。

（4）土壤污染的累积性。污染物质在大气和水体中，一般都比在土壤中更容易迁移。这使得污染物质在土壤中并不像在大气和水体中那样容易扩散和稀释，因此容易在土壤中不断积累而超标，同时也使土壤污染具有很强的地域性。

（5）污染后果严重。土壤污染物会通过食物链富集而对动物和人体健康造成严重危害。

第三节 主要污染物在土壤中的迁移转化机理

一、重金属在土壤中的迁移转化机理

(一)重金属在土壤中的形态、迁移转化类型

重金属在土壤中的一般迁移转化的形式是复杂多样的，并且往往是以多种形式错综复杂地结合在一起。它们在土壤中的迁移转化，可以概括为以下三种类型。

1.机械迁移和转化

重金属的机械搬运，主要形式是重金属被包含于矿物颗粒或有机胶体内，或被吸附于无机、有机悬浮物上，随土壤水分流动而被迁移转化；也有随土壤空气而运动的，如元素汞可转化为蒸气扩散。

2.化学、物理化学迁移和转化

重金属在土壤中通过吸附与解离、沉淀与溶解、氧化与还原、络合、螯合、水解等一系列化学、物理化学作用迁移和转化。这些过程决定了重金属在土壤中存在的形态、积累的状况和污染的程度，是重金属在土壤中最重要的运动形式。

土壤中的重金属污染物能以吸附或络合或螯合物形式，和土壤胶体结合而发生迁移转化。重金属在土壤中的迁移转化受 pH、Eh（氧化还原电位）和土壤中存在的其他物质的显著影响。从它们和 pH 的关系来看，可分为下面几种情况：在 pH < 6 时，迁移能力强的主要是在土壤中以阳离子形态存在的重金属；在 pH > 6 时，迁移能力强的主要是以阴离子形态存在的重金属；碱金属阳离子和卤素阴离子的迁移能力在广泛的 pH 范围内都是很高的。从 Eh 的影响看，有的重金属随 Eh 的降低，其随水迁移的能力和对作物可能造成的危害便随之减小，如镉、锌、铜等，有的具有相反的趋势，如砷等。

3.生物迁移和转化

土壤中重金属的生物迁移，主要是指植物通过根系从土壤中吸收某些化学形态的重金属，并在其体内积累起来。一方面，这种含有一定量重金属

的植物如被食用，就有可能通过食物链对人体健康造成危害；另一方面，如果这种植物残体再进入土壤，会使土壤表层进一步富集。除植物吸收外，动物啃食重金属含量较高的表土，也是使重金属发生生物迁移的一种途径。所有重金属均能通过生物体迁移、富集和食物链相互联系。

（二）重金属形态及迁移转化

1. 镉（Cd）的形态及迁移转化

世界土壤中镉的含量为 0.01～0.7mg/kg，平均为 0.5mg/kg。我国土壤镉的含量为 0.017～0.230mg/kg，镉的背景值为 0.079mg/kg。由于表层土壤对镉的吸附和化学固定，使土壤中镉的分布集中于最表层几厘米内。土壤中镉的存在形态很多，大致可分为水溶性镉、吸附性镉和难溶性镉。水溶性镉为离子态和络合态，易迁移转化，可以被植物吸收，对生物危害大。胶体吸附态和难溶络合态的镉，不易移动，植物难以吸收，但两者在一定条件下可相互转化。

土壤中存在的无机镉化合物主要有 CdS、$CdCO_3$、$CdSO_4$、$CdCl_2$、$Cd(NO_3)_2$ 等。其中以 $CdCO_3$（多在石灰性土壤中）和 CdS（多在水淹土壤中）溶解度小，是镉在土壤中主要的化学沉淀形式，而 $CdSO_4$、$CdCl_2$、$Cd(NO_3)_2$ 的溶解度较高；尤其是在酸件条件下，溶解度提高，迁移强，易被植物吸收；在碱条件下，这些可溶性镉化合物也可以沉淀析出，降低活性。镉在土壤中的固定，主要由于黏土矿物和腐殖质的吸附。一般土壤胶体越多或胶体上的负电荷越多对镉的吸附能力越强。

2. 铬（Cr）的形态及迁移转化

铬在土壤中形态有 Cr^{2+}、Cr_3Cr^{5+} 和 Cr^{6+}。主要以正三价（Cr^{3+}、CrO^{2-}）和正六价（Cr_2Or、$CrOT$）的形式存在。其中以正三价 [如 $Cr(OH)_3$] 为最稳定，在土壤中最常见的 pH 和 Eh 范围内，Cr^{6+} 都可迅速还原为 Cr^{3+}。

由于铬在土壤中多呈难溶性化合物状态存在，难以迁移。因此，使用含铬的污水灌溉，几乎其中 85%～90% 的铬残留在土壤中，并主要积累在土壤表层，向下层迁移较少。

3. 砷（As）的形态及迁移转化

砷的化学性质与磷相似，但仍为金属元素；同时砷和其他重金属一样，是引起土壤污染的主要无机物，残留量较高，故一般把砷包括在重金属之内。

砷主要以三价态或五价态在土壤中存在；水溶性部分多为 AsGT、AsOr 等阴离子形式。水溶性砷可以与土壤中的 Fe、Al、Ca 等离子生成难溶性的砷化合物，是固定态的，不能被作物吸收，一般只占全砷的 5% ~ 10%。土壤中大部分砷以与土壤胶体及有机物相结合的形式存在。土壤胶体对砷的吸附，主要为黏土矿物，其次为有机胶体。含砷污染物进入土壤主要积累于土壤表层，很难向下移动。

砷被土壤吸附或转化与土壤 pH 有关，一般 pH 高，砷的吸收量减少。砷在碱性环境易变成可溶态。同时，砷的转化与 Eh 也有关系，一般旱地土壤中的砷主要为砷酸，易被土壤固定；灌水后，随着 Eh 降低，砷可转变为可溶性的亚砷酸。

4. 汞（Hg）的形态及迁移转化

汞主要分布于土壤表层 0 ~ 20cm。土壤中的汞以多种形态存在，常见的无机汞除水溶性和代换性的各种离子态汞外，主要是金属汞、氧化汞、硫化汞、土壤无机及有机胶体吸附的汞以及和腐殖质螯合的汞等。

土壤中的无机汞化合物少部分以 $HgCl_2$、$Hg(NO_3)_2$ 等形态存在。它们具有一定的溶解度，可以迁移转化进入水体或生物体中，绝大部分进入土壤并迅速被土壤吸持或固定。土壤中存在的无机汞化合物多数是难溶的，如 HgO、HgS、$HgCO_3$、$HgSO_4$ 等，其中以 HgS 最为稳定。

进入土壤的有机汞主要是有机的含汞农药，在土壤中同时进行着化学分解和微生物分解。其分解产物有的被土壤固定，有的进一步转移。微生物对有机汞的迁移转化有重要意义，并可以使无机汞转化为有机汞。如无机汞在嫌气条件下，可在细菌作用下生成甲基汞。甲基汞具有水溶性，可以进入生物体，毒害很大。一般来说，在水分较多、质地黏重的土壤中，甲基汞含量比水分少而砂性的土壤多。

5. 铅（Pb）的形态及迁移转化

土壤中的铅主要以二价态难溶性化合物存在。在土壤溶液中，铅的含量一般很低，并且大部分是被土壤固定的。铅在土壤中的迁移力十分微弱，主要集中于表层，随淋溶作用有轻度下移。

在矿区附近严重污染的土壤中，铅含量可高达 5000mg/kg。由于燃烧汽油而使铅进入土壤时，可以有卤化物和氯溴化物形态的铅存在。但它们很可能就转化为难溶性的化合物，像 $PbCO_3$、$Pb_3(PO_4)_2$ 和 $PbSO_4$ 等，使铅的移动性相对作物的有效性都较低。当 pH 降低时，部分被固定的铅可以释放出来。

土壤中的黏土矿物和有机质对铅的吸附力很强。土壤中有机铅螯合物的溶解度很低，植物难以吸收。作物吸取的铅一般只积累在根部和茎部，很少向其他部分输送。

二、有机污染物在土壤环境中的迁移转化机理

(一) 多环芳烃 (PAH) 在土壤环境中的迁移、转化

由于 PAH 主要来源于各种矿物燃料及其他有机物的不完全燃烧和热解过程。这些高温过程 (包括天然的燃烧、火山爆发) 形成的 PAH 大都随着烟尘、废气被排放到大气中。释放到大气中的 PAH 总是和各种类型的固体颗粒物及气溶胶结合在一起。因此，大气中 PAH 的分布、滞留时间、迁移、转化，进行干、湿沉降等，都受其粒径大小、大气物理和气象条件的支配。在较低层的大气中，直径小于 1pm 的粒子可以滞留几天到几周，而直径为 $1 \sim 10 \ \mu m$ 的粒子则最多只能滞留几天，大气中 PAH 通过干、湿沉降进入土壤和水体以及沉积物中，并进入生物圈。

1. 酚的微生物降解

酚对微生物虽具有一定毒害作用，但在适当条件下仍可被分解。土壤、污水中均发现一些能降解酚类的微生物。有人曾研究 300 个菌株，其中约有 42% 的菌株具有解酚能力。

中国科学院武汉微生物研究所曾分离得到两种解酚能力强的细菌——食酚假单胞菌和酚假单胞菌，两者都能在 0.2% 酚液中生长并分解酚。

酚类化合物的分解主要依靠生物化学氧化。而酚的分解速度决定于酚化合物的结构、起始浓度、微生物条件、温度条件等一系列因素。

从酚化合物的结构看，羟基的数目具有重要意义。单元酚易于生化分解，二元酚又较三元酚易于生化分解，但二元酚及萘酚对生化分解已有较大的稳定性。据实验，在 25℃ 的条件下，起始浓度为 1mg/L 的挥发酚在不到 3h 内就生化分解 30% 以上；而在同样条件下，β - 萘酚经过 13d 才分解完毕，

247

邻苯三酚经过21d还没有充分分解。

不仅羟基的数目，而且羟基的位置也影响化合物分解速度。在25℃条件下，起始浓度为5mg/L的间苯二酚经过25d分解了近90%；而在同样条件下，对苯二酚经过30d只分解了50%，对苯二酚只有在嫌气条件下分解；在好气条件下，相当一部分对位酚，如对苯二酚、对甲酚、对乙基酚对生物化学分解都有抑制作用。

2. 酚的化学氧化

除了生物分解外，也存在空气中氧对酚化合物的氧化过程，即所谓衡的化学氧化。酚的化学氧化需要"起曝作用"，如在紫外照射或过氧化物参与下，这一反应在自然条件下是可能发生的。酚的化学氧化过程有两个主要氧化方向：或者形成一系列循序的氧化物，最终分解为碳酸、水和脂肪酸；或者由于缩合和聚合反应的结果，形成胡敏酸或其他更复杂、更稳定的有机化合物。自然界存在着酚的化学氧化，但其氧化速度极为缓慢。

（二）多氯联苯在环境中的迁移与转化

多氯联苯（PCBs）是由氯置换联苯分子中的氢原子而形成的化合物，随其含氯原子的增加，可能为液态、浆态或树脂态。PCBs的物理化学性质极为稳定，高度耐啤碱和抗氧化。它对金属无腐蚀，具有良好的电绝缘性和良好的耐热性，完全分解需1000～1400℃。除一氯化物和二氯化物外均为不燃物质。

多氯联苯主要在使用和处理过程中，通过挥发进入大气，然后经干、湿沉降转入湖泊和海洋。转入水体的多氯联苯极易被颗粒物所吸附，沉入沉积物，使多氯联苯大量存在于沉积物中。虽然近年来多氯联苯的使用量大大减少，但沉积物中的多氯联苯仍然是今后若干年内食物链污染的主要来源。

土壤中的多氯联苯可通过挥发而损失，其挥发速率随联苯的氯化程度增多而降低，但随温度升高而增高，也可借助土壤微生物的作用，使低氯联苯得以分解。

关于PCBs降解的途径问题，从一些研究结果来看，可以认为：PCBs的分解也和苯环分解一样，首先形成二羟基化合物，然后再进一步降解。对于PCB的降解来说，只要PCBs发生脱卤作用，那么羟基即加入到苯环上之后再降解。由于高氯加入羟基较难，所以不易降解。不过，随着人们进一步研究，不久的将来也会找到降解高氯 PCBs 的微生物。

第四节　土壤污染防治与修复

对于土壤污染必须贯彻以"预防为主，防治结合"的方针。一是控制和消除污染源。首先要弄清楚污染源，然后采取切实有效的措施切断污染源，这是防止土壤遭受污染的最基本也是最重要的原则。此外，还需要建立控制废气、粉尘、废水、污泥垃圾等固体废弃物的排放标准，制定相应的法规和监督体制，严格执行农田灌溉水质标准，发展清洁工艺，严格执行农药管理法，制定农药在农产品中的最大残留量等。二是对已经污染的土壤进行改良、治理。

一、土壤污染防治

（一）土壤污染防治方法

对于已污染的土壤，目前国内外采用的治理方法可概括为四类，即工程措施、生物措施、农业措施和改良剂措施四类。

1. 工程措施

工程措施一般是指用物理或化学原理治理污染土壤，且工程数量较大的一类方法，具体的工程措施包括客土法、翻土法、水洗法、电动力学法、热解法和隔离法等。

（1）客土法。客土法是在被污染的土壤中加入大量非污染的干净土壤，覆盖在污染土壤表层或混匀，使土壤中污染物浓度降低，从而减轻污染危害。客土应选择土壤有机质含量丰富的黏质土壤，这样有利于增加土壤环境容量，减少客土工程数量。

（2）清洗法。清洗法也称水洗法，就是采用清水灌溉稀释或洗去土壤中污染物质，污染物被冲至较深土层。要采取稳定络合或沉淀固定措施，以防止污染地下水，并且这种方法只适用于小面积严重污染土壤的治理。

（3）隔离法。隔离法就是用各种防渗材料，如水泥、黏土、石板、塑料等，把污染土壤就地与非污染土壤或水体分开，以阻止污染物扩散到其他土壤和水体的方法。

（4）热解法。热解法就是把污染土壤加热，使土壤中污染物分解的方法。这种方法常用于能够热分解的有机污染物，如石油污染等。

（5）电化法。电化法也称电动力学法，就是应用电动力学方法去除土壤中污染物的方法。国外已有采用电化法净化土壤中重金属及部分有机污染物的报道。这种方法适用于其他方法难以处理的透水性差的黏质土壤，对砂性土壤污染治理不宜采用这种方法。

2. 施用改良剂

用改良剂治理土壤污染的主要作用是降低土壤污染物的水溶性、扩散性和有效性。具体技术措施包括：

（1）加入钝化剂使污染物沉淀。

（2）加入抑制剂或吸附剂。

（3）利用污染物之间的措抗作用。改良剂措施治理效果及费用都适中，比较适于中等程度污染土壤的治理，若与农业措施和生物措施相结合，治理效果会更佳。

3. 农业措施

治理污染土壤的农业措施包括：

（1）增施有机肥料。

（2）控制土壤水分。

（3）改变耕作制度。

（4）选择抗污染作物品种。

（5）选择合适的化肥种类和形态。一般来讲，农业措施投资少，无副作用；但治理效果相对较差，周期也比较长，仅适于轻度污染土壤的治理，最好与生物措施、改良剂措施配合使用。

4. 生物措施

生物措施就是利用生物（包括某些特定的动、植物和微生物）较快地吸走或降解净化土壤中污染物质，从而使污染土壤得到治理的技术措施。在现有的土壤污染治理技术中，生物措施也称生物修复技术措施，被认为是最有生命力的方法。

生物修复措施包括3种类型。

一是利用微生物作用分解降低土壤中污染物毒性。已有研究表明，不少细菌产生的特殊酶能还原土壤中重金属等污染物，并且对 Mn、Zn、Pb、Cu、Cd、Ni 等具有一定的亲和力。如产生的酶能使 Pb、Cd 形成难溶性磷酸盐。Barton 等人分离出来的和菌种能将硒酸盐和亚硒酸盐还原为胶态硒，将二价铅转化为胶态铅。胶态硒和胶态铅不具有毒性，且结构稳定。

二是由于植物具有特别强的吸收能力，可利用它们来降低土壤污染物浓度。例如英国发现某些植物如高山萤属类等，可吸收高浓度的 Cu、Co、Cd、Zn、Mn、Pb 等重金属元素。据现有的研究资料发现，禾本科、石竹科、茄科、十字花科、蝶形花科、杨柳科等科中的部分植物具有这一特性。

三是通过基因工程的新方法来获得超量积累、生长迅速的植物种类 (芸薹属植物)。例如，通过引入金属硫蛋白基因或引入编码 MerA (隶离子还原酶) 的半合成基因以及其他与重金属耐性有关的基因，以此来提高植物对金属的耐受性；最后通过这些超量积累植物体来回收污染土壤中的重金属元素，从而达到对重金属污染土壤的治理。因植物根系通常含较高浓度的重金属，所以割除植物时应尽量连根收走，对收获的植物应妥善处理。

(二) 土壤重金属污染防治

1. 镉 (Cd) 污染防治

土壤镉污染的防治对策重点在于防，而不在于治。因为进入土壤中的镉，常常累积于表层土壤，而很少发生输出迁移，也不可能像有机污染物那样可能发生降解作用。对被镉污染的土壤，迄今还没有发现经济有效的改造措施。这是一个严峻的事实。因此，控制镉污染源、减少镉污染物的排放是最中心和最关键的对策。

(1) 客土或换土，使高背景或污染区土壤中镉的浓度下降，但这种措施的经济支出太高。

(2) 使用有机肥料，可以增加土壤中腐殖质含量，使土壤对镉的吸持能力增强，增加土壤容量，提高土壤自净能力，从而减少植物的吸收。同时腐殖酸是重金属的螯合剂，在一定条件下能和镉结合固定，从而降低土壤中镉元素含量和毒害。研究发现，在镉污染土壤中施入不同量的有机肥并配合淋洗措施，可使 Cr^{6+} 转化为 Cr^{3+}，降低毒性。

(3) 在土壤中加入石灰性物质，提高环境 pH，形成氢氧化镉 $[Cd(OH)_2]$

沉淀，最终降低镉金属在土壤中的有效态含量。如中国科学院林业土壤研究所试验结果表明，当土壤含镉量在 4~10mg/kg 中度和重度污染区，每公顷施石灰 1.125~1875kg，可使水稻籽实含镉量从 1mg/kg 降至 0.4mg/kg 左右。土壤污染水平在 4mg/kg 以下的中度和轻度污染区，每公顷施石灰 1125kg，可使水稻籽实含镉量降至 0.1mg/kg 以下。

（4）在镉污染的土壤中加入磷酸盐类物质使之生成磷酸镉沉淀，适用于水田镉污染治理。

（5）清洗法改良土壤。清洗就是用清水或加入含有重金属水溶性的某种化学物质的水把污染物冲至根外层，再用含有一定配体水的化合物或阴离子与重金属形成较稳定的络合物或生成沉淀，以防止污染地表水。日本用稀盐酸或 EDTA 淹水清洗土壤重金属，用 EDTA（每 $100m^2$ 30kg）撒在稻田或旱地淹水或小雨淋洗，清洗 1~2 次；第一次可使耕作层土壤镉含量降低 50%，第二次使米镉从 1.7mg/kg 降到 0.33mg/kg，降低了 81%。

（6）种植富镉植物，如苋科植物，以吸收污染土壤中的镉。通过收获而带走部分镉，为一种尝试性的镉污染防治对策。在污染土壤上种树，不失为一个较有用的方法。

2. 砷（As）污染防治

（1）切断污染源。从引起土壤砷异常的原因着手，首先要切断土壤砷的输入途径，尤其对人为活动引起的土壤砷污染；其次应加强各种污染源的治理，杜绝污染物进入土壤之中。

（2）提高土壤对砷的吸附和固定能力。施加砷的吸附剂，促使土壤对砷的吸附，减少植物对砷的吸收。如在旱田使用堆肥、在桃树果园中施加硫酸铁，都可提高土壤吸附砷的能力，减少砷的危害。在土壤中施加硫粉，降低土壤 pH，加强土壤排水；采用畦田耕作，促进土壤通气，提高土壤 Eh，均能提高土壤固砷能力，降低砷的活性。

（3）降低砷活性。施加使砷沉淀为不溶物的物质，如施 $MgCl_2$ 可使土壤污染性砷形成 $Mg(NH_4)AsO_4$ 沉淀，从而降低砷的活性。施用抗砷害的物质，如施用 P 肥，由于 P 与 As 有拮抗作用，两者共存，可减少砷害。有人试验，土壤砷浓度为 12mg/kg 情况下，当 As/P=1 时，作物枯死，而当 As/P 为 0.2 时，几乎不出现砷害。

（4）客土或换土法。采用客土或换土法来改良被砷严重污染的土壤。客土法就是向砷污染土壤中加入大量的干净土壤，覆盖在表层或混匀，使污染物浓度降低或减少污染物与植物的接触，从而达到减轻危害的目的。换土法就是把砷污染土壤取走，换入新的干净的土壤。对换出的土壤必须深埋，妥善处理，以防止二次污染。

3. 汞（Hg）污染防治

（1）对已受汞污染的土壤，可施用石灰—硫黄合剂，其中的硫是降低汞由土壤向作物迁移的一种有效方法。在施入硫以后，汞被更牢固地固定在土壤中。

（2）施用石灰，以中和土壤的酸性，可降低作物根系对汞的吸收。当土壤 pH 提高到 6.5 以上时，可能形成难溶解的汞化合物——碳酸汞、氢氧化汞或水合碳酸汞。石灰的施入不仅能将汞变成难溶性的化合物，而且钙离子能与任何微量的汞离子争夺植物根际表面的交换位，从而降低了汞向作物内的迁移。

（3）施用磷肥，由于汞的正磷酸盐较其氢氧化物或碳酸盐的溶解度小，所以施用磷肥也是降低土壤中汞化合物毒害作用的一种有效方法。

（4）施入硝酸盐，可使土壤内汞化合物的甲基化过程减弱。因高浓度的硝酸盐能抑制甲基化微生物的生长，从而减少汞向作物体内的迁移及毒害。

（5）水田改旱田。从一些地区的污染调查结果来看，土壤含汞量对水稻糙米中汞的残留量影响较大，而对一些旱田作物如小麦、大豆、麻等的影响较小。贵州省环境保护研究所进行的研究表明，将污染稻田改成旱地，土壤自净能力增强，土壤总汞残留系数由 0.94 降到 0.59；改种苎麻后，土壤总汞自净恢复速度可提高 8.5 倍。如含汞 82mg/kg 的稻田土壤，若继续栽水稻，恢复到背景含量水平需 86 年，改为旱田种植苎麻后，恢复到背景含量需要 10 年。因此，对已污染的土壤可采取水田改成旱田的方式，提高土壤的自净能力，使植物受害程度降低。

4. 铅（Pb）污染防治

铅在土壤中的移动性差，外源铅在土壤中的滞留期可达上千年。随着人们对铅对环境生态和人体健康影响的研究深入及环境意识的增强，土壤铅污染的防治已在世界各国受到了普遍重视。

(1) 切断污染源。土壤铅污染主要是通过空气、水等介质形成的二次污染。因加铅汽油的使用是形成全球性铅污染的重要原因，故近年来不少国家已在着手减少或区域性禁止使用加铅汽油。无疑，这一措施的推广将明显地减少全球环境中铅的排放量，有效地改善环境中铅的含量水平。通过大气传输、沉降形成区域性土壤铅污染的另一主要来源是冶炼厂或矿区的烟囱和其他设施排放高浓度含铅尘埃。由于含铅尘埃中细微颗粒可在空中停留几小时到几天，从而使铅尘可远距离传输，扩大污染区域。据报道，在距冶炼厂30km 的地方尚可发现土壤含铅量升高的现象。采用具有减尘措施的排放设施，严格按照空气质量标准，改善并控制污染源区空气环境质量，是防止形成厂、矿区域性土壤环境污染的重要保证。不合理的污水灌溉可形成灌区大面积土壤铅污染。我国已颁布了农田灌溉水水质标准，严禁未经处理或处理但不符合灌溉水标准的污水灌田，是防止污灌区土壤铅污染的重要途径。

(2) 换土法。对于严重污染土壤，利用外源铅主要分布在表层的特点，国外有采取换土清污的办法。这种消除铅污染的方法耗资太大，不宜大面积应用。

(3) 调节土壤酸碱性。土壤体系的酸碱度总体上对铅的吸收和迁移影响明显，不但影响土壤铅对植物的有效性，而且可能影响铅在植物体内的存在形态及转移机理。土壤 pH 愈低，土壤铅的有效态量愈高，愈有利于植物吸收。这可能是低 pH 有利于 Pb^{2+} 通过自由扩散出入根部及自由空间；而在高 pH 条件下，Pb^{2+} 很容易与根系表面及内部的有效阴离子形成沉淀。例如施用熟石灰提高土壤 pH，莴苣各器官的含铅量随土壤 pH 增加均明显下降；在土壤 pH 由对照的 6.86 升至 8.00 时，叶、根、茎的铅含量分别下降为对照的32.8%、58.0%、59.0%。由于我国铅污染的酸性土占较大比例，pH 也影响土壤黏土矿物对铅的吸附能力，pH > 6 时，重金属离子很易被黏土矿物吸附。另外，土壤体系 pH 还可影响铅化合物的溶解度及铅的络合物的稳定常数等。这些因素均使得土壤 pH 升高，可有效地阻止植物对铅的吸收。

(4) 施有机与无机肥料。土壤中某些元素在生物化学作用中与铅的抗性可显著地影响植物对铅的吸收。土壤贫磷、硫时，植物对铅的吸收明显地增加。有人认为在施磷肥情况下，土壤及植物中形成磷酸铅沉淀，可降低土壤铅的有效性及其在植物内的毒性。1998 年，周鸿在铅污染土壤改良研究中，采用施用钙、镁、磷肥等无机肥料改良污染土壤,白菜叶铅量可明显下降,特别是心叶铅含量比对照可下降70%以上。施用腐殖酸肥料对于改良铅污染土壤也是一种较为理想的方法。试验表明,施用腐殖酸类肥料,不但使萝卜各器官铅含量比对照明显下降,且生物产量较对照高,土壤物理性质也有所改善。

(5)植物措施。植物对铅的吸收转化能力随植物种类而异,主要取决于植物的遗传因素。在环境铅污染监测中,已发现水生、陆生植物中均有某些属种对铅有特殊富集功能,这些植物已被成功地用作环境铅污染的"生物监测器"。陆生植物如遍布全球的苔藓对铅有明显的富集作用。在暖温带地区,西班牙苔藓就是一个有用的环境铅生物监测器。

二、生物修复

生物修复是指利用生物的生命代谢活动,减少土壤环境中有毒有害物的浓度或使其完全无害化,从而使污染了的土壤环境能够部分地或完全地恢复到原初状态的过程。

生物修复与传统的化学修复、物理和工程修复等技术手段相比,它具有投资和维护成本低、操作简便、不造成二次污染等优点,具有潜在或直接经济效益。

由于植物修复更适应环境保护的要求,因此越来越受到世界各国政府、科技界和企业界的高度重视和青睐。自20世纪80年代以来,生物修复已经成为国际学术界研究的热点问题,并且开始进入产业化初期。美国、英国、德国、荷兰等国家已经把治理土壤污染问题摆在与大气污染和水污染问题同等重要的位置,而且已从政府角度制定了相关的修复工程计划。但是,目前我国对土壤污染的严重性和治理工作的紧迫性尚未加以足够的重视。典型地区的调查结果表明,我国的土壤污染问题已经相当严重,并且对水环境质量和农产品质量构成明显的威胁。无论是从投资成本还是管理等多方面考虑,采用生物修复技术都是一条非常适合我国国情的土壤污染治理途径。

第十四章　环境监控与评价

环境监测是环境科学的一个重要分支，是在环境分析的基础上发展起来的一门学科。"监测"一词的含义可理解为监视和检测，因此，环境监测就是以环境为对象，运用物理、化学和生物技术手段，监视和检测反映环境质量现状及其变化趋势的各种标志数据的过程。它以表征环境质量现状及其变化趋势为主要目的，可为环境管理、污染治理和环境规划等提供科学的决策依据，是环境保护的基础。

第一节　环境监测分类及基本原则

一、环境监测的目的和分类

(一) 环境监测的目的

环境监测的目的概括起来有以下五个方面。

(1) 对环境中各项要素进行经常性监测，及时、准确、系统地掌握和评价环境质量状况及发展趋势。

(2) 对污染源排放状况实施现场监督监测和检查，及时、准确地掌握污染源排放状况及变化趋势。

(3) 开展环境监测科学技术研究，预测环境变化趋势并提出污染防治对策与建议。

(4) 开展环境监测技术服务，为经济建设、城乡建设和环境建设提供科学依据。

(5) 为政府部门执行各项环境法规、标准，全面开展环境管理工作，提供准确、可靠的监测数据和资料。

(二) 环境监测分类

按照环境监测的目的，一般可以分为以下三类。

1. 常规性监测

常规性监测又称监视性监测、例行监测，是监测工作的主体，是对有关项目进行定期、长时间的监测，主要包括污染源控制排放监测和环境污染趋势监测。污染源控制排放监测主要是对主要污染物进行定时、定点监测，获得的数据可以反映污染源污染负荷变化的某些特征量，也能粗略地估计污染源排放污染物的负荷，目前这类监测正在向连续自动（或半自动）化方向发展。污染趋势监测是通过建立各种监视网站（如水质监测网、大气监测网等），不间断地收集数据，用以评价环境污染的现状、污染变化趋势，以及环境改善所取得的进展等，从而确定一个区域、一个国家的污染状况。

2. 研究性监测

研究性监测又称科研监测，指针对科学研究的特定目的而进行的高层次监测，例如背景调查监测、污染规律研究、标准监测方法、标准物质的研制等等。研究性监测因涉及的学科较多，遇到的问题较复杂，所以需要较高的科学技术知识和周密的计划，一般要多学科相互协作方能完成。

3. 应急性监测

应急性监测又称特定目的监测、特例监测，是监测站仅次于监视性监测的一项重要任务，大多是为了确定各种紧急情况下的污染程度和波及范围，以便在污染造成危害之前发出警报，采取措施。与监视性监测不同，它是一种非定期定点的监测。应急性监测的内容和形式很多，如：内容上有可再生资源监测、污染事故监测、纠纷仲裁监测、考核验证监测、咨询服务监测等；形式上除一般的地面固定监测外，还有流动监测（监测车、船等）、空中监测、卫星遥感监测等形式。

除按上述分类外，环境监测还可按环境要素或污染物存在的介质分类，可分为大气监测、水质监测、土壤监测、生物监测、固体废弃物监测、噪声和振动监测、热污染监测、光污染监测、卫生监测等。

二、环境监测的基本原则

(一) 实用、经济原则

监测不是目的，是手段；监测数据不是越多越好，而是越有用越好；监测手段不是越现代化越好，而是越准确、可靠、实用越好。所以在确定监测技术路线和技术装备时，要进行费用—效益分析，经过技术经济论证，尽量做到符合国情、省情、市情、县情。

(二) 优先污染物优先监测原则

1. 污染影响范围大的优先

例如燃煤污染、汽车尾气污染是全世界范围的污染问题。因此，二氧化硫、氮氧化物、一氧化碳、臭氧、颗粒物及其所含组分如铅、苯并芘等应优先监测。

2. 污染问题严重的优先

例如在环境中的含量已接近或超过规定标准，其污染趋势仍在上升，具有潜在危险的污染物应优先监测。

3. 样品具有广泛代表性的优先

例如采集和分析河流底泥样品，比经常监测个别水样更为经济有效。又如监测树干上的地衣群落的组成和数量以了解某一地区硫氧化物和光化学烟雾的情况，比监测个别大气项目更有代表性。

优先监测的污染物应具有相对可靠的测试手段和分析方法，并能获得正确的测试数据。已经有环境标准或评价标准，能对测试数据做出正确的解释和判断。确定优先监测的污染因子视监测对象和目的不同而异。如饮用水源应优先监则重点影响健康的项目，游览水域应优先监测能造成水质腐败的因子并注意感观指标，农田灌溉和渔业用水要优先安排毒物的监测，交通干线应优先监测汽车排出的主要有毒气体等。

第二节　环境监测的质量体系

环境监测的质量体系包括质量保证和质量控制两个方面的内容。

一、环境监测的质量保证

质量保证是环境监测中十分重要的技术工作和管理工作。众所周知，环境监测对象具有成分复杂，流动性、变异性大，在时间、空间和量级上分布广泛，不易准确测量的特点。特别是大规模的环境调查，经常需要在许多实验室同步进行测定，这就要求各参加实验室提供的监测数据具有足够的准确度和可比性。然而，由于实验室间人员的技术水平、仪器设备及环境条件等存在差异，难免会出现调查资料互相矛盾、某些数据不能利用的情况，造成人力、物力和财力的浪费。因此，科学地管理环境监测的各个环节，保证数据准确可靠，提高监测质量，是环境监测中值得重视的问题。

质量保证是保证测试数据可靠性的全部活动，是整个环境监测过程的全面质量管理。所谓数据可靠性，即监测数据的准确性、精密性、代表性、完整性以及可比性。

（1）准确性：测量值尽可能与真实值接近。

（2）精确性：测定值具有良好的重现性。

（3）完整性：能得到预期或计划要求的有效数据。

（4）代表性：从具有代表性的时间、地点及规定条件下进行采样而取得的数据。

（5）可比性采集样品、测量方法、单位、现场条件等都在可比之列。

质量保证的内容包括：制定监测计划——根据技术条件的需要和可能、经济成本和效益确定监测指标和数据质量要求；规定相应的监测系统——诸如采样方法、样品处理及保存方法仪器设备的选择和校准、试剂和基准物的选用和制备、分析方法的标准化和规范化、质量控制程序、数据的记录和整理；进行人员技术培训；保障实验室的清洁和安全以及编写有关文件、指南、手册等。

为搞好环境监测质量保证，必须建立质量保证程序并作出规定。如美国环保局在基本建立质量保证程序之后，颁发文件推行质量保证，规定凡是提供环境质量数据的实验室都要执行全面的质量保证程序。在常规分析中，要求作一批样品，至少需 10% 的平行双样和 10% 的加标样品，采用明码或密码，用控制图做检查。还规定每年对该局所属的和签订合同的实验室考核

4次（每3个月进行一次），不合格的予以取消。生产的环境监测仪器必须向环保局申请，当对仪器进行测试并符合国家标准局的标准时，才能在监测中正式使用。各实验室使用的仪器除进行日常项目校正外，还要定期全面校正维修后的仪器在全面校正后才能使用。

二、环境监测的质量控制

环境监测质量控制是指为达到监测计划所规定的监测质量而对监测过程采用的控制方法。一般包括以下几方面内容。

（一）实验室内部质量控制

实验室内部质量控制是实验室分析人员对分析质量进行自我控制的过程，包括空白试验、仪器设备的定期标定、平行样分析、加标样分析、密码样分析以及绘制和使用质量控制图等。它能反映实验室监测分析质量的稳定性，发现监测分析中的异常情况，以便于及时采取适当的校正措施。

（二）实验室外部质量控制

实验室外部质量控制是针对使用同一种分析方法时，由于实验室与实验室之间条件不同（如试剂、蒸馏水、玻璃器皿、分析仪器等）和操作人员不同，引起测定误差而提出的。进行这类质量控制是用测定标准样品或统一样品、测定加标样品、测定空白平行样品等方法加以确证，它能找出实验室内部不易发现的误差，特别是系统误差，以便及时予以校正，提高数据质量。

（三）报告数据的质量控制

（1）报告数据的质量控制必须是有效数据。数据报告前，应对采样、分析测试、分析结果的计算等环节的数据进行逐一核实，确认无误后上报。对由于采样人员或分析测试人员的差错，以及样品损伤或破坏等原因造成的错误数据必须去除。

（2）超出分析方法灵敏度的数据不能上报。因超出实验分析方法灵敏度的数据是毫无意义的。

（3）对于未检出和检出限以下的数据，取0至检出限之间的中间值较为合适。但当测定的各浓度值有25%以上低于最小检出量时，则不能用此法。

（4）测定中出现极值，在没有充分理由说明错误所在的情况时，不能随意舍去，但报告时要加以说明。

（5）整理好的各类数据经反复核准无误后，按要求填写表格，上报有关环境管理机构。

第三节 环境监测方法

环境监测方法是在现代分析化学各个领域的测试技术和手段的基础上发展起来的，用于研究环境污染物的性质、来源、含量、分布状态和环境背景值。它应有灵敏、准确、精密、选择性好、操作简便和连续自动等特点。环境监测工作中，由于污染因素性质不同，所采用的方法也不同。环境监测方法的种类较多，每种方法都有一定的适用范围、测定对象和特点。常规实验室分析方法可分为化学分析法和仪器分析法。

一、化学分析法

化学分析法是以化学反应为基础测定待测物质含量的方法，包括滴定法（酸碱滴定、氧化还原滴定、沉淀滴定、络合滴定）和重量法。其主要特点是准确度高，相对误差一般小于0.2%；仪器设备简单，价格便宜；灵敏度低，适用于常量组分测定，不适用于微量组分测定。

（一）重量法

重量分析法是用准确称量的方法来确定试样中待测组分含量的分析方法：重量分析时，通常先用适当的方法使待测组分从试样中分离出来，或将待测组分转化为含该成分并具有确定组成的化合物，然后通过准确称重，由称得的重量确定试样中待测组分的含量。

重量分析法用分析天平直接称量待测物，不需要基准物质。对于高含量组分的测定，相对误差一般为0.1% ~ 0.2%；对于低含量组分的测定，误差较大，操作麻烦费时，故该法不适用于微量或痕量组分的分析。按所用的分离方法不同，重量分析法可分为直接过滤法、蒸干法、气化法、萃取法和沉淀法。

（二）滴定法

滴定法是将一种已知准确浓度的试剂溶液——标准溶液滴加到待测组分溶液中，直到所加试剂与待测组分按化学的计量关系反应完全时为止，然后根据标准溶液的浓度和滴入体积，计算待测组分的含量。加入的标准溶液也称为滴定剂。滴定剂与待测组分按化学式计量关系定量反应完全这一点称为化学计量点（简称计量点），即理论终点。在滴定操作时，一般借助于指示剂在化学计量点附近的颜色变化来指示滴定终点。由于指示剂不一定恰好在化学计量点时变色，因此滴定终点与化学计量点不一定恰好符合，由此而引起的误差称为滴定误差。选择合适的指示剂，使滴定误差尽可能地小，是滴定分析的关键问题。根据反应的类型，滴定分析法可分为酸碱滴定法、氧化还原滴定法、络合滴定法、沉淀滴定法。

二、仪器分析法

仪器分析法根据污染物的物理和物理化学性质可分为光学分析法、电化学分析法、色谱分析法、热量分析法和放射化学（又称活化）分析法等。仪器分析法特点是：①灵敏度高，适用于微量、痕量甚至超微量组分的分析；②选择性强、对试样预处理要求简单；③响应速度快，容易实现连续自动测定；④有些仪器可以联合使用，如色谱—质谱联用仪等，该方法可使每一种仪器的优点都能得到更好地利用；⑤仪器的价格比较高，有的十分昂贵，设备复杂。

（一）光学分析法

光学分析法是根据物质发射电磁波或电磁波与物质作用而建立起来的一类分析方法，可归纳为以下两大类。第一类，光谱（波谱）分析法，是以物质发生辐射或辐射与物质作用而引起内能发生变化为基础的光学分析法。例如原子吸收与原子发射光谱分析，紫外、可见和红外分子吸收光谱分析，分子荧光分析，拉曼光谱分析，核磁共振和顺磁共振波谱分析，电子能谱分析，X射线荧光分析等。第二类，非光谱分析法，是以物质引起辐射的方向或某些物理量的改变为基础的光学分析法。例如折射法、偏振法、旋光色散法、四二向色性法、浊度法、X射线衍射法、电子显微镜法等。

（二）电化学分析法

电化学分析法是根据被测物质溶液的各种电化学性质（电极电位、电流、电量、电导或电阻等）来确定其组成及其含量的分析方法，可归纳为以下三类。

第一类，是根据在某一特定条件下化学电池（电解池或电导池）中的电极电位、电量、电流—电压特性以及电导（电阻）等物理量与溶液浓度的关系进行分析的方法。例如电位测定法、恒电位库仑法、极谱分析法和电导法等。这类分析法的特点是操作简便、分析快速，但溶液的电参数与溶液组分间关系随实验条件而变。它主要用于微量组分的定量分析。

第二类，是以化学电池的电极电位、电量、电流、电导等物理量的突变作为指示滴定终点的分析方法。因此也称为电容量分析法。例如电位滴定法、恒电流库仑滴定法、电流滴定法和电导滴定法等。这类分析方法的精确度比第一类高，但操作较麻烦，多数用于常量组分的定量分析。

第三类，是将试液中某一被测组分通过电极反应转化为金属或其氧化物固相，然后由工作电极上析出的金属或氧化物的重量来确定该组分量的分析方法，称为电重量分析法，即电解分析法。它主要用于常量无机组分的定量分析与分离。

电化学分析法的灵敏度和准确度都很高，适用面广。由于在测定过程中得到的是电学信号，因此易于实现自动化和连续分析。

第四节　生物监测

生物监测是指利用生物对环境污染或变化所产生的反应来阐明环境污染状况的一门技术。与其他环境监测技术相比，生物监测主要通过生物对环境的反应，来显示环境污染对生物的影响，从而掌握环境污染物是否有害及危害程度，为环境管理提供更有效的信息。而其他环境监测技术，如物理或化学监测，虽然能准确地反映环境污染物及其浓度，但不能同时显示出污染物（或其浓度）对生物及人体是否有害，而环境监测的最终目的是为控制污染、最大限度地降低污染物对生物的危害提供背景资料，因此生物监测技术受到了国内外的广泛重视。

一、生物监测技术的基本原理

生物监测技术诞生于 20 世纪初，其机理及应用研究，经历了一个从生物整体水平到细胞水平、基因和分子水平的逐步深化的发展过程。20 世纪 90 年代，细胞生物学和分子生物学研究领域的迅速发展，加上信息科学技术的突飞猛进，使生物监测技术迈进了一个新的发展时期。

生物监测的基本原理是利用生命有机体对污染物的种种反应，来直接地表征环境质量的好坏及所受的污染程度，其理论基础是生态系统理论。生态系统是由包括生产者、消费者、分解者的生物部分和非生物环境部分所组成的综合体。从低级到高级，它包含有生物分子—细胞器—细胞—组织—器官—器官系统—个体—种群—群落—生态系统等不同的生物学水平。污染物进入环境后，会对生态系统在各级生物学水平上产生影响，引起生态系统固有结构和功能的变化。例如，在分子水平上，会诱导或抑制酶活性，抑制蛋白质、DNA、RNA 的合成。在细胞水平上，引起细胞膜、细胞器等结构和功能的改变。在个体水平上，对动物导致死亡，行为改变，抑制生长发育与繁殖等；对植物表现为生长速度减慢，发育受阻，失绿黄化及早熟等。在种群水平上，引起种群数量密度、结构、物种比例、遗传基础和竞争关系等的改变；在群落水平上，引起群落中优势种、生物量、种的多样性等的改变。生物监测正是利用生物的组分、个体、种群或群落对环境污染所产生的反应来监测和表征环境污染的状况和程度。根据监测的环境要素，生物监测可以分为水污染生物监测、大气污染生物监测、土壤污染生物监测；根据生物监测所用的对象和技术手段，生物监测又可分为植物、动物、微生物、水生生物和分子监测技术。

二、水污染生物监测

在天然水域中存在的各种水生生物之间，以及它们和赖以生存的水环境之间，处于相互依存、相互制约的稳定的平衡状态；一旦水体受到污染，水环境发生变化，各种水生生物会对此产生不同的反应，从而构成水体污染监测的生物学根据。水污染生物学监测开展得比较早，方法也比较成熟。主要方法有：微型生物群落法、指示生物法、污水生物系统法和生物标志物法等。

（一）微型生物群落法

微型生物是特指生活在水体中的包括细菌、藻类、原生动物、轮虫、线虫和甲壳类等微小生物。微型生物群落是水体生态系统的重要组成部分，对水体污染有敏感和稳定的反应。最常用的微型生物群落法是聚氨酯泡沫塑料块法，又称 PFU 法。它是将聚氨氯酯泡沫塑料块这种三维的基质投入水体，收集其中的微型生物。所获得的微型生物群落种类可达 85%，因此具有环境的真实性。基质的使用不受时间和空间的限制，即可在任何时间浸泡于任何水体的任何深度。相对于其他的生物群落法（如浮游生物法、底栖动物法等），PFU 法具有快速、经济和准确等优点，该法也适用于工业废水的监测。

（二）指示生物法

利用对水环境中污染物敏感的或有较高耐受性的生物种类的存在或缺失，来指示其所依赖的水体污染状况的方法称为指示生物法。这种方法是最经典的水体污染的生物监测方法之一。指示生物应具有生命周期长、有固定住处等特点，以便持久地反映污染物对水体的综合影响。主要包括底栖动物、浮游动物、鱼类等。从分类地位看，大型无脊椎动物的应用最为广泛。指示水体严重污染的生物有颤蚓类、细长摇蚊幼虫、小颤藻等；指示水体中等污染的生物有四角盘星藻、脆弱刚毛藻等；指示水体清洁的生物有扁蜉、蜻蜓、田螺等。

（三）污水生物系统法

1909 年，科尔克威茨和马森所提出的污水生物系统至今仍被广泛地用于水体污染的生物监测。该系统的要点是，受污染河流的自净作用，导致了河流从上游向下游形成了一系列污染程度由高到低的连续区带；每一带中都生活有一些特征生物，构成生物区系；根据区系的生物特征可鉴别河流的不同区带受有机污染的程度。在从重污带到中污带、直至寡污带的时空推移过程中，水体中与此相对应的特征生物的种类和数量，将经历以细菌和低等原生动物为主，到以细菌为食的耐污动物占优势、藻类大量出现、原生动物类增多及高等的鱼类出现，直至最后细菌数量很少、藻类种类增多、轮虫等微型动物占优势的演替过程。

（四）生物标志物法

生物标志物法是以研究污染物作用下生物体内各种指标的变化为特征的一种监测技术。生物标志物所包含的生物层次是最为广泛的，它覆盖了从生物分子到细胞器、细胞、组织、器官、个体、群体、群落，直至生态系统的所有范畴，是最完整和最综合的生物监测。生物标志物可分为两类：一类是暴露生物标志物，仅指由污染物引起的生物体的变化，重在变化；另一类是效应生物标志物，指污染物对生物体的不利效应，重在效应。生物标志物具有特异性、警示性和广泛性，它的优势在于能反应污染物的累积作用，确定污染物与生物效应之间的因果关系，揭示污染物的暴露特征，更具备现场应用性等。指示水体污染的主要生物标志物有细胞色素 N501A1、金属硫蛋白（MT）、DNA 加合物等。

第五节　环境质量评价

环境质量是当今世界各国普遍关注的重大问题。几千年的文明史使人们认识到，人体的健康、人群的生活、人类社会的经济发展以及自然生态系统的维持与当地的环境质量密切相关。人类的行为，尤其是人类社会的经济发展行为必然会引起环境质量的变化；而环境质量的变化，有的将有利于人类的生存与进一步的发展，有的则不利于人类的生存和发展。在人类社会生存需要和持续发展的推动下，人们越来越关注人类社会行为所引起的环境质量变化问题，以及如何评价环境质量变化问题，于是，环境质量评价就逐渐发展成为当代环境科学的一个重要分支。开展区域环境质量评价可以摸清区域环境的污染程度及其变化规律，从而为制订环境目标、环境规划以及对区域环境污染进行总量控制提科技学依据。

一、环境质量评价的基本概念

环境质量表征环境优劣的程度，指一个具体的环境中，环境总体或某些环境要素对人群健康、生存和繁衍以及社会经济发展适宜程度的量化表达。有的学者进一步概括为："环境质量是环境系统客观存在的一种本质属性，是能够用定性和定量的方法加以描述的环境系统所处的状态。"

　　环境质量评价是环境科学的一个重要分支，也是环境管理的一项重要工作。环境质量评价就是按照一定的标准和方法，对环境质量给予定性和定量的说明和描述。环境质量评价的对象是环境质量及其价值。通过环境质量评价，可以判断环境质量的优劣程度，从而进一步认识环境质量价值的高低，确定环境质量与人类生存发展之间的关系，为保护和改善环境质量提出具体可行的措施。环境质量评价是一个理论和实践相结合的实用性强的学科，它为环境管理、环境污染综合治理、环境标准的制订、生态环境建设及环境规划提供技术依据，为国家环境保护政策提供信息，是环境保护的一项基础性工作，是贯彻"预防为主、防治结合、综合治理"环境管理原则的具体体现。同时，环境质量评价工作中，尤其是对一些以前没有通过的建设项目进行环境影响评价时，必然要开展一些基础性研究或专项研究，从而可以促进环境科学的发展。

二、环境质量评价的类型

　　根据评价时间的不同，环境质量评价可以分为环境质量回顾评价、环境质量现状评价和环境影响评价三种类型。

　　(一) 环境质量回顾评价

　　根据某一地区历年积累的环境资料对该地区过去一段时间的环境质量进行评价，通过回顾评价可以揭示出该区域环境污染的发展变化过程。

　　(二) 环境质量现状评价

　　根据近期环境资料对某一地区的环境质量进行评价。通过这种形式的评价，可以阐明环境质量的现状，为进行区域环境污染综合治理提供科学依据。

　　(三) 环境影响评价 (也称环境质量预断评价)

　　它是指对拟议人类活动给环境带来的影响进行评价。《中华人民共和国环境保护法》规定，在新的大中型厂矿企业、机场、港口、铁路干线及高速公路等建设以前，必须进行环境影响评价，编制环境影响报告书。

　　除此之外，根据评价要素，环境质量评价还可以分为单要素评价、多要素评价和综合评价。就某一环境要素进行评价称为单要素评价，如对大气、水体、土壤环境的评价；对两个或多个要素进行评价，称为多要素评价；对所有要素进行评价，则称为环境质量综合评价，进行这种评价工作量较大，有一定难度。根据评价区域的不同，环境质量评价又可以分为城市环境质量评价、农村环境质量评价、区域环境质量评价、海洋质量环境评价和交通环境质量评价等。

第十五章　环境管理

第一节　环境管理概述

一、环境管理的概念

环境管理是指依据国家的环境政策、环境法律、法规和标准，坚持宏观综合决策与微观执法监督相结合，从环境与发展综合决策入手，运用各种有效管理手段，调控人类的各种行为，协调经济、社会发展同环境保护之间的关系，限制人类损害环境质量的活动，以维护区域正常的环境秩序和环境安全，实现区域、社会可持续发展的行为总体。其中，管理手段包括法律、经济、行政、技术和教育五种手段，人类行为包括自然、经济、社会三种基本行为。环境管理的这一概念将环境管理的理论与实践很好地衔接为一个整体，它既反映了环境管理思想的转变过程，又概括了环境管理的实践内容。同时，透过这一概念的变化，反映出了人类对环境保护规律认识的深化程度。

回顾我国30多年来的环境保护历程，不能否认这样一个基本事实：尽管国家在环境保护方面做了大量的工作，但是，环境问题没有得以根本解决。原因就在于这期间的环境管理属于微观环境管理，即以改善区域环境质量为目的，以污染防治和生态保护为内容，以执法监督为基础，进行环境的经常性管理工作。微观环境管理过程中，由于环境保护没有进入决策层次，没有站在宏观的角度，没有站在转变发展战略的制高点上开展环境管理，所以，环保部门的工作属于"修修补补"的工作，整天跟在污染源后面跑，等环境问题出现以后再去解决，总是被动挨打。

实践告诉人们，环境管理只有微观部分是远远不够的，必须有宏观管理的内容。也就是说，环境管理应当包括宏观管理和微观管理两部分。所谓宏观环境管理，是指以国家的发展战略为指导，从环境与发展综合决策入手，制定一系列具有指导性的环境战略、政策、对策和措施的行为总体。主要包括加强国家环境法制建设，加快环保机构改革，实施环境与发展综合决策，制定国家的环境保护方针、政策，制定国家的环保产业政策、行业政策和技术政策，通过产业结构调整实现经济增长方式的转变。

二、环境管理的特点

(一) 权威性和强制性

环境管理的权威性表现为环境保护行政主管部门代表国家和政府开展环境管理工作，行使环境保护的权力和职能，政府其他部门要在环保部门的统一监督管理之下履行国家法律所赋予的环境保护责任和义务。环境管理的强制性表现为在国家法律和政策允许的范围内，为实现环境保护目标所采取的强制性对策和措施。

(二) 区域性

由于环境问题、经济发展、资源配置、科技发展和产业结构等存在区域性，环境管理存在很强的区域性特点。环境管理的区域性特点告诉我们，开展环境管理要从国情、省情、地情出发，既要强调全国的统一化管理，又要考虑区域发展的不平衡性，防止简单化，不搞"一刀切"。我们既不能盲目照搬国外先进的管理经验，又不能盲目推广国内个别地区的管理做法。

(三) 综合性

环境管理的综合性是由环境问题的综合性、管理手段的综合性、管理领域的综合性和应用知识的综合性等特点所决定的。因此，开展环境管理必须从环境与发展综合决策入手，建立地方政府负总责、环保部门统一监督管理、各部门分工负责的管理体制，走区域环境综合治理的道路。环境管理的综合性是区别于一般行政管理的主要特点之一。

(四) 社会性

保护环境就是保护人的环境权和生存权。所以，环境保护是全社会的责任与义务，涉及每个人的切身利益，开展环境管理除了专业力量和专门机构外，还需要社会公众的广泛参与。这意味着一方面要加强环境保护的宣传教育，提高公众的环境意识和参与能力；另一方面要建立健全环境保护的社会公众参与和监督机制，这是强化环境管理的两个重要条件。

第二节　环境管理制度

自 1993 年第一次全国环境保护会议以来，我国在环境保护的实践中，经过不断探索和总结，形成了一系列符合中国国情的环境管理制度。

一、环境影响评价（EIA）制度

（一）我国环境影响评价制度体系

随着社会发展和科学技术水平的提高，人类认识世界、改造世界的能力也越来越强，对人类自身活动造成的环境影响也越来越重视，并开始在活动之前进行环境影响评价。

环境影响评价制度首创于美国。1969 年美国的《国家环境政策法》把环境影响评价作为联邦政府在环境管理中必须遵循的一项制度。随后瑞典、新西兰、加拿大、澳大利亚、马来西亚、德国等国家也相继建立了环境影响评价制度。与此同时，国际上也设立了许多有关环境影响评价的机构，召开了一系列有关环境影响评价的会议，开展了环境影响评价的研究和交流，进一步促进了各国环境影响评价的应用与发展。2002 年联合国环境与发展大会通过的《里约环境与发展宣言》和《21 世纪议程》，都写入了有关环境影响评价的内容。经过 30 多年的发展，现已有 100 多个国家建立了环境影响评价制度。

1993 年第一次全国环境保护会议后，环境影响评价的概念开始引入我国。高等院校和科研单位的一些专家、学者，在报刊和学术会议上，宣传和倡导环境影响评价，并参与了环境质量评价及其方法的研究。

我国在《环境保护法（试行）》中，规定实行环境影响评价制度，标志着我国的环境影响评价制度正式确立。相继颁布的各项环境保护法律、法规和部门行政规章，不断对环境影响评价进行规范。颁布的《建设项目环境保护管理办法》，颁布的《中华人民共和国环境保护法》进一步对环境影响评价做出明确规定。随着我国改革开放的深入发展和社会主义计划经济向市场经济转轨，在强化建设项目环境影响评价的同时，开展了区域环境影响评价，对企业长远发展计划（五年计划）进行了规划环境影响评价。后对《建设项目环境保护管理办法》作了修改，颁布了《建设项目环境保护管理条例》，针对评价制度实行多年的情况，对评价范围、内容、程序、法律责任等作了修改、补充和更具体的规定。第九届全国人大常委会通过《中华人民共和国环境影响评价法》。环境影响评价从工程项目环境影响评价扩展到规划环境影响评价，使环境影响评价制度得到最新的发展。另外，在各种污染防治和自然资源的单行法规中，如《海洋环境保护法》《大气污染防治法》《水污染防治法》《中华人民共和国草原法》中，都对环境影响评价制度作了规定。

（二）环境影响评价的概念

对环境影响评价规定较为全面的是《建设项目环境保护管理条例》中的定义："环境影响评价是指对拟议中的可能对环境产生影响的人为活动（包括制定政策和社会经济发展规划、资源开发利用、区域开发和单个建设项目等）进行环境影响的分析和预测，并进行各种替代方案的比较，提出各种减缓措施，把对环境的不利影响减少到最低程度的活动。"

（三）我国环境影响评价制度的主要规定

我国对环境影响评价制度的规定包括以下几个方面：规定了环境影响评价制度的适用范围，环境影响评价制度适用于我国的工业、交通、水利、农林、商业、卫生、文教、科研、旅游、市政等对环境有影响的一切基本建设项目、技术改造项目、区域开发建设项目以及战略规划，包括中外合资、中外合作和外商独资的建设项目；规定了评价的时机；规定了负责提出环境影响报告书的主体，即开发建设单位；规定了环境影响报告书和环境影响报告表的基本内容；规定了环境影响评价的程序，即规定了填写环境影响报告表或编报环境影响报告书的项目筛选程序以及环境影响评价的工作程序和环境影响报告书的审批程序；规定了承担评价工作单位和资格审查制度；规定了环境影响评价的资金来源和工作费用的收取；规定了其他配套措施，如"三同时"制度以及与其他部门配合的措施等。

二、"三同时"制度

"三同时"制度是指一切新建、改建、扩建项目以及区域性开发建设项目的污染防治设施必须与主体工程同时设计、同时施工、同时投产使用的环境法律制度。"三同时"制度为我国独创，其作用体现在以下三个方面。

（一）"三同时"制度是防止新的污染和生态破坏的重要措施

我国环境污染严重的重要原因之一，就是20世纪50年代及以前的老企业一般都没有防治污染的设施。"三同时"制度的实行，与环境影响评价制度一起，完整地体现和贯彻了"预防为主"的原则。在允许开发建设的前提下，"三同时"制度在建设项目的设计、施工、竣工验收阶段分别提出了严格的要求，保证了防治污染设施的切实落实，有效地控制了新的污染和生态破坏的产生。

（二）"三同时"制度是加强建设项目环境管理的有效手段

"三同时"制度和环境影响评价制度都是对开发建设项目进行预防性环境管理的法律制度。"三同时"制度是环境影响报告书中提出的防治环境污染和生态破坏的实施措施，并且明确了建设单位、主管部门和环境保护行政主管部门各自的职责，有利于加强建设项目环境保护的管理。

（三）"三同时"制度是保证治理新污染所需大部分资金投入的法律保证

随着我国法制建设和管理工作的加强，"三同时"制度的执行率逐年提高。在防治环境污染资金投入上，"三同时"是主渠道，全国执行"三同时"项目的投资也在逐年提高。

第三节 环境法概述

环境法是环境保护方针政策的具体化、条文化和定型化，是实现方针政策的重要工具。有法可依、有法必依、执法必严、违法必究，是法治的基本含义。当前，加快立法进度，强化执法力度，重点宣传、普及、贯彻环境法，努力提高全民族的环境意识和法制观念，是环境管理的重要内容。

环境法是国家为了协调人类与环境的关系，保护和改善环境，保护人民健康和社会经济的持续发展而制定的，是调整因保护和改善生活环境和生态环境、防治污染和其他公害而产生的各种社会关系的法律规范的总称。

一、环境法体系

1998 年《中华人民共和国宪法》最早在宪法中规定了"国家保护环境和自然资源,防治污染和其他公害"。1992 年 12 月经第五届全国人民代表大会第五次会议通过修订的宪法第九条、第二十二条、第二十六条对我国环境保护的根本目的和指导原则,都做了明确的规定,确立了环境保护是我国的一项基本国策。2014 年最新修定的宪法又重申了环境保护的要求,为我国环境法体系的建立,奠定了坚实可靠的法律基础。

1999 年 9 月颁布《中华人民共和国环境保护法(试行)》之后,我国的环境保护工作开始步入法治轨道,并在多年的工作实践中不断发展,逐步形成我国的环境法体系。所谓环境法体系是指有关保护和改善环境的现行法律规范组成的有机联系的统一整体。我国环境法体系以宪法中关于环境保护的规定为基础,包括环境保护基本法、环境保护单行法、环境保护行政法规、环境保护部门规章、环境保护相关法规、环境保护地方性法规和地方政府规章、环境标准、缔结和签署的国际公约。

宪法是我国环境法体系的基础,在整个环境法体系中具有最高的法律效力,其他层次的法律、法规都不得同宪法相抵触;环境法律具有仅次于宪法的法律效力,除宪法以外的其他层次的法律、法规不得与其相抵触;环境行政法规必须根据宪法和法律制定;地方环境法规不得同宪法、法律和行政法规相抵触;环境行政规章必须根据法律和行政法规制定;地方环境行政规章根据法律、行政法规、行政规章和地方法规制定。在环境法体系中特别法优先;后法的效力优于前法;地方法规不得违背国家法律法规;国际法与国内法不一致时,执行国际法,国内法或签署时有保留或声明的除外;法律的效力高于法规。

(一) 环境保护基本法

1999 年 12 月 26 日,七届全国人大常委会第十一次会议通过了修改的《环境保护法》,它是根据宪法制定的、普遍适用于整个环保领域的基本法,也是我国立法机关制定的第一个综合性环保法律,是宪法原则的具体化。重新颁布的《环境保护法》共 6 章 47 条,对环境保护的方针和基本原则、保护对象、基本要求和制度、管理机构及其职责、法律责任等重大问题,都做了全面系统的规定。

(二) 环境保护单行法

环境保护单行法是针对特定的保护对象 (如某种环境要素) 或特定的环境社会关系而进行专门调整的立法。它以宪法和环境保护基本法为依据，又是宪法和环境保护基本法的具体化。因此，单行环境法规一般都比较具体详细，是进行环境管理、处理环境纠纷的直接依据。单行环境法规在环境法体系中数量最多，占有重要的地位。

我国目前环境保护单行法主要有《中华人民共和国水污染防治法》《中华人民共和国大气污染防治法》《中华人民共和国海洋环境保护法》《中华人民共和国环境噪声污染防治法》《中华人民共和国固体废物污染环境防治法》《中华人民共和国放射性污染防治法》《中华人民共和国环境影响评价法》《中华人民共和国清洁生产促进法》。

(三) 环境保护行政法规

环境保护行政法规是国务院依照宪法和法律的授权，按照法定程序颁布或通过的关于环境保护方面的行政法规。国务院环境保护行政法规几乎覆盖了所有环境保护行政管理领域，其效力低于环境保护基本法和环境保护单行法。例如，《中华人民共和国水污染防治法实施细则》《中华人民共和国大气污染防治法实施细则》《中华人民共和国海洋倾废条例》《建设项目环境保护管理条例》《排污费征收使用管理条例》等。由于我国环境立法尚处于完善时期，许多环境行政管理方面的规范在法律上并无具体规定，国务院行政法规不但起到了解释法律、规定环境执法的行政程序的作用，还在一定程度上弥补了法律规定的不足，同时也为同类立法奠定了实践的基础。

(四) 环境保护部门规章

环境保护部门规章是由我国环境保护行政主管部门以及其他有关行政机关依照《立法法》的授权制定的关于环境保护的行政规章。环境保护行政规章的效力低于行政法规，并只对相关的行政机关的行政行为发生效力，如《环境保护行政处罚办法》《排放污染物申报登记办法》《环境标准管理办法》《建设项目竣工环境保护验收管理办法》等。

(五) 环境保护相关法律法规

由于环境保护的广泛性，专门环境立法尽管数量上十分庞大，但仍然不能把涉及环境保护的社会关系全部加以调整。在其他部门法，如《中华人民共和国民法通则》《中华人民共和国刑法》《中华人民共和国治安管理处罚条例》，经济法、劳动法、行政法中，也包含不少关于环境保护的法律规范，这些法律规范，也是环境法体系的组成部分。

在环境法体系的划定中，有的把有关资源法律作为环境保护单行法看待，本书中把资源法律划为环境保护的相关法律；这些资源法律的颁布，促进了我国环境保护和资源保护法律体系的发展，促进了我国环境保护和资源保护的紧密结合，促进了环境污染防治与生态环境资源保护的紧密结合，促进了各行业主管部门对环境和资源保护的参与，为强化环境管理提供了更丰富的法律依据。如《土地管理法》《野生动物保护法》《森林法》《草原法》《渔业法》《水法》《矿产资源法》《水土保持法》《防沙治沙法》等。

（六）环境标准

环境标准在环境法体系中是一个特殊的又是不可缺少的组成部分。环境标准是为了防治环境污染，维护生态平衡，保护人群健康，对环境保护工作中需要统一的各项技术规范和技术要求所做的规定。我国的环境标准由五类三级组成。所谓"五类"是指我国环境标准包括环境质量标准、污染物排放标准、环境基础标准、环境监测方法标准以及环境标准样品标准。所谓"三级"是指我国环境标准分为国家环境标准、国家环境保护行业标准和地方环境标准三级。环境质量标准，如《环境空气质量标准》《地表水环境质量标准》《渔业水质标准》《地下水质量标准》《城市区域环境噪声标准》等。污染物排放标准，如《污水综合排放标准》《大气污染物综合排放标准》等。

（七）环境保护地方性法规和地方政府规章

环境保护地方法规是各省、自治区、直辖市根据我国环境法律或法规，结合本地区实际情况而制定并经地方人大审议通过的法规。地方法规突出了环境管理的区域性特征，有利于因地制宜地加强环境管理，是我国环境法体系的组成部分。国家已制定的法律法规，各地可以因地制宜地加以具体化。国家尚未制定的法律法规，各地可根据环境管理的实际需要，先制定地方法规予以调整。

（八）签署并批准的国际环境公约

我国积极开展环境外交，参与各项重大的国际环境事务，在国际环境与发展领域中发挥着越来越大的作用。目前，我国政府已签署并批准了50多个国际环境保护公约、条约，如《保护臭氧层维也纳公约》《气候变化框架公约》《生物多样性公约》等，并在全球、区域和双边环境合作中不断取得进展，先后与15个国家签订了环境合作协定或谅解备忘录；这些签署并批准的国际环境公约和协定，具有法律效力，负有相应的国际义务，因而也归入我国环境法体系。

二、环境诉讼

环境诉讼是个人、国家机关、社会团体、企事业单位要求人民法院保护其正当环境权利和合法利益的审判程序制度。环境诉讼的基础是国家宪法和法律对环境权益的保护。环境诉讼的条件是个人、国家机关、社会团体、企事业单位的环境权益受到侵犯或发生争执，要求人民法院进行审判。环境诉讼的内容是解决环境纠纷，调整诉讼活动中产生的社会关系。环境诉讼的实质是国家行使其强制职能，即通过对环境不法行为的追究和惩罚，以达到保护和改善环境的目的。

环境诉讼法是经国家制定或认可的确定环境诉讼活动以及调整环境诉讼活动中诉讼关系的法律规范。它是保障环境实体法的贯彻和实施的重要手段。对于环境保护而言，没有环境保护的实体法，就没有保护和惩罚的尺度和标准，而没有环境保护程序法，则无法落实实体法的内容和保证实体法的效力，使实体法因没有具体适用的对象而成为一纸空文。在此意义上讲，没有程序法，则没有实体法。

根据不同性质的环境权益遭受损害所引起的环境纠纷的不同法律保障，以及侵权行为人应承担的不同种类的法律责任，可将环境诉讼分为环境行政诉讼、环境民事诉讼和环境刑事诉讼。

环境行政诉讼是指环境管理相对人对环境行政管理机关的具体行政行为不服，依法就该行政行为向有关司法机关提起诉讼，要求法院对其行为的合法性和适当性加以审查，发布相应的司法文书的诉讼过程。被告举证责任，是环境行政诉讼顺利进行的必要条件，这是我国第一次在法律中明确规定被告举证责任，对于环境法中环境管理行政相对人合法权益的保护具有重要意义。

第四节　环境规划概述

一、环境规划的概念与类型

(一) 环境规划的概念

环境规划是人们为使环境与经济、社会协调发展而对自身的开发活动和对环境的影响所做的合理安排。其目的是为环境管理提供切实可行的最佳方案，控制环境污染，改善环境质量，使经济发展与环境保护相协调。

经济发展与环境保护的关系是一个正向的反馈关系。为了达到环境规划的目的，在环境规划中必须包括两层含义。第一，要根据环境保护的需求，对人类活动提出约束条件，如实行正确的政策与措施；建立合理的生产规模、产业结构与布局；采取有利于环境的技术与工艺等。第二，要根据经济、社会发展的需要，对环境保护做出长远的安排与部署，如确立长远的环境质量目标，筹划自然保护区、生态建设等。

(二) 环境规划的类型

环境规划按照其内涵大小可分为狭义与广义两大类。狭义的环境规划主要是指污染控制规划 (污染综合防治规划)，它是用数学模型来推述环境系统，反映出系统内外的定性与定量关系，然后通过优选确定理想的规划方案。广义的环境规划除了污染综合防治规划之外，还包括生态规划与自然资源保护规划。

二、环境规划的内容

(一) 环境调查与评价

环境规划所需要的各种数据信息，主要通过对环境的调查和环境质量评价获得。环境调查与评价是制定规划的基础，包括自然环境调查、社会环境调查、污染源调查与评价、环境质量现状调查与评价、环境污染破坏效应调查、环保措施效应分析、环境管理调查等七项内容。

(二) 环境预测 (时间序列)

环境预测是通过现代科学技术手段与方法，对未来的环境状况与环境发展趋势进行描述与分析。没有环境方面的科学预测，就不可能编制出一个理想的环境规划，因此可以说，环境预测是编制环境规划的先决条件。

（三）环境区划（空间序列）

环境区划是从整体空间观点出发，根据自然环境特点与社会经济发展状况，将特定的空间划分为不同功能的环境单元，研究各环境单元的环境承载力（环境容量）及环境质量的现状与发展变化趋势，提出不同功能环境单元的环境目标和环境管理对策。

（四）环境目标

确定恰当的环境目标是制定环境规划的关键。环境目标太高，环境投资多，超过经济负担能力，目标无法实现；目标过低，又不能满足人们对环境质量的要求，甚至造成严重的环境问题。

第五节　环境经济

一、环境管理经济手段的必要性

经济的发展给人类社会创造了巨大的财富，使人类的生活水平不断提高；但是随着经济的发展，也给人类带来了一系列恶果，生态破坏和环境污染就是其明显例证。但我们决不能因噎废食，不能因为经济发展带来一系列副作用而停止发展经济。人类社会要发展，经济也应不断发展，应寻找新的办法、新的途径，克服和减少经济发展带来的副作用，减少经济发展对环境造成的不良影响，协调经济发展与环境的关系。环境管理就是协调经济发展与环境关系的重要手段。

环境管理的经济手段是国家根据生态规律和经济规律，运用价格、成本、利润、信贷、利息、税收等经济杠杆，不断调整各方面的经济利益关系，把局部利益同全社会的利益有机地结合起来，限制损害环境的活动，奖励保护环境的活动。

经济手段的核心或实质是在于贯彻物质利益的原则，从物质利益上来处理国家、企业、劳动者个人之间的各种经济关系，调动各方面保护环境的积极性。

运用经济手段保护环境，其客观必要性在于如下几点。

第一，环境保护是国民经济的一个部门，管理国民经济的各个部门都应按经济规律办事，用经济手段来管理本部门。环境保护也不例外。

第二，环境保护是提高经济效益的需要。我国正处于社会主义初级阶段，一切工作必须以经济效益为中心，大力发展生产力。环境保护也必须讲求经济效益，离开经济效益这个中心搞环境保护是不切实际的。不讲经济效益，一味追求高的环境效益，实际上是以牺牲经济发展换来高的环境效益。我们搞环境保护，是为经济发展创造良好的环境条件，为经济发展服务。环境保护本身也要讲求经济效益，只有这样，环境保护活动才有活力，也符合社会发展的规律。

第三，环境保护是经济体制改革的需要。我国正在进行经济体制改革，其目标是建设社会主义市场经济体系。对环境保护工作而言，应该把价值规律等经济规律引入环境保护工作中，建立一套新的市场约束机制，约束生产者和消费者的行为。运用经济的手段，限制企业对环境的破坏行为，鼓励企业保护环境，把生产者及消费者对环境的影响同其经济利益直接挂钩，从而刺激其保护环境的积极性。

二、经济手段的作用

(一) 经济有效性

经济手段与其他手段相比，其显著特点就是经济有效性。运用经济手段管理环境，可以将企业的保护环境的行为同其经济利益挂钩，对企业保护环境的行为加以奖励。例如，企业利用废气、废水、废渣生产的产品，给予减税、免税和价格政策上的照顾，赢利所得不上交；对于企业破坏环境的活动，如向环境排放废弃物，则征收排污费。这样，就可促使企业主动治理污染、保护环境，例如某厂向环境排放废水，则可以运用行政手段禁止它排污。但工厂要生产，零排放是不可能的，简单的禁止又起不到应有的作用，运用经济手段，情况就不同了。工厂向环境排污，则应缴纳排污费，造成污染事故还要赔偿或罚款，这样就加重了企业的经济负担，迫使企业寻找对策。一是改进技术，提高资源利用率，以减少废物的排放量；二是对污染物进行治理，总的目标是降低排污量，从而减轻自身的经济负担。

(二) 为环境保护积累资金

运用经济手段，通过征收排污费、罚款、征收资源税等手段可积累一大笔资金，这部分资金主要应该用于治理污染、保护环境。我国现处于社会主义初级阶段，国家财力有限，很难拿出大笔资金用于环境保护；而通过经济手段获得的资金，正好可以弥补环境保护资金的不足，这为我国环境保护事业的深入开展起到了积极的作用。

(三) 促进社会公平性

环境是有价值的资源，环境资源具有共享性，人们都有平等地利用环境资源的权利。在利用环境资源时，不公平性是不可避免的。例如对大气而言，每个人都需要呼吸新鲜空气，但有些生产者为了生产供人类消费的产品，不可避免地要向大气排放废气，污染大气环境，这样，这些生产者就损害了他人的利益。人类要生活，社会要发展，各类生产活动就必须进行下去，实行零排放又不可能，因而必然会出现不公平现象。不公平现象表现在两个方面：一是开采公有的环境资源，二是向公有环境排放废弃物。这两种情况都是使一部分人受益，同时使另一部分人受害。利用经济手段，使受益者付出一定的代价，使受害者得到补偿。例如，对开采环境资源的单位，收取一定的资源税，对向环境排放污染物的单位则收取一定数额的排污费，而对于受害者，则可通过赔款、补助等形式加以补偿。运用经济手段，当然不可能完全消除这种不公平性，但可以减少这种不公平性。

第六节　环境教育

一、环境教育的重要性

当前世界各国都非常重视环境教育问题，就其总体来说，不外乎三方面的因素。第一是环境教育自身的特点。环境教育本身就是一种"从摇篮到坟墓"的终身教育。第二是国际环境保护形势发展的要求。自 1992 年斯德哥尔摩人类环境会议以来，特别是 2002 年人类环境与发展会议倡导"可持续发展"以来，人们对环境的认识有所提高，由无限制地对大自然的掠夺、索取到可持续发展，环境意识的作用越来越突出。第三是基于国内环境保护的严峻形势，迫使我们加强环境教育。

目前我国已形成由基础环境教育（即中小学、幼儿园环境教育和高等院校非环境类专业的环境教育）、专业环境教育、在职环境教育（即在职环境保护人员的环境教育）、社会环境教育（即从中央到地方、从城市到农村、从厂矿到事业单位等全民的普及教育）四大部分组成的全方位的环境教育体系。

开展环境教育的意义主要在于以下五个方面。

第一，逐步提高人们的环境意识，认识只有使自己的环境行为符合环境保护的要求，才有可能解决环境污染和生态破坏问题。

第二，环境教育是促进可持续发展得以实施的重要手段。它可以增强人们对保护地球的责任感，建立可持续发展的道德观、价值观，帮助人们增长见识，改变观念和行为方式。

第三，环境教育可使人们的环境意识不断提高，自觉养成热爱环境和保护环境的良好行为习惯，促进社会主义精神文明建设。

第四，环境教育可以促进人们正确认识经济发展与环境保护的辩证关系，使经济建设与环境协调发展。

第五，环境教育有利于提高人们执行环境保护的各项法规、政策、方针、制度的自觉性。

二、环境教育的原则

（一）整体性原则

由于环境是自然、生态、人类、经济、技术、社会、立法、文化和美感的综合统一，因此环境教育的结果要使被教育者具有一定的环境保护知识、正确的态度、善良的动机、道义的承诺和必需的技能，能够独立或与人合作解决环境问题。

（二）科学性原则

环境问题日益被人类重视并逐步得到解决，在科学技术高速发展的今天，环境教育涉及自然科学、社会科学及工程科学等领域。环境问题是复杂的，既有历史、当前和潜在的环境问题，也有本地区、本国家乃至全球范围内的环境问题，处理这些问题需要用客观辩证的科学方法和先进的科学技术手段。

（三）终身教育原则

环境教育是一种终身教育。自人一降生于世就受到环境的熏陶，当对外界有所感知后，就受到环境教育，直至离开人世前。因此，环境教育应从学前幼儿教育开始，通过所有正规和非正规教育连续地进行。

（四）参与性原则

在预防和解决环境问题时，要主动参与。如果个人和社会团体对环境问题具有高度责任感和紧迫感，就会形成一种社会力量，并采取适当的行为去解决环境问题。自然环境的破坏多数是人为的，出于狭隘的利益观与认识的片面性，加之科学技术的滞后，导致产生严重的环境问题。因此，环境问题的治理，是人类纠正自身所犯错误的更高层次的自觉行为。

（五）实践性原则

环境教育必须坚持实践性原则，让被教育者从实际问题出发，进行观察、调查、分析，将所学的知识技能，应用到实际的环境问题中，提高解决环境问题的能力。

三、环境教育的内容

环境教育的目标是促进人们去认识并且关心环境，促使个人或社会团体具有解决当前环境问题和预防新环境问题的参与意识、行为动机和知识技能。因此环境教育的内容应包括以下几个方面。

一是意识，环境意识包含认识意识和参与意识。认识意识是指人类在不断开发、利用自然资源的社会活动过程中，既利用了自然，也改造了自然，同时对自然环境产生污染与破坏，而这些活动现象在人们头脑中的反映和认识，也就是这种对环境能动地反映和认识，被称为环境意识，这就是认识意识。如将这些认识意识变为人们的自觉行动，称之为参与意识。环境意识又可分为个人环境意识与社会环境意识。个人环境意识是指公民对环境的评价及环境感觉和环境知识的总和。社会环境意识是指整个社会群体对环境的反映、认识和环境知识的水准。

二是行为动机。个人和团体应认识环境的价值，关心环境状况，具备积极保护环境和改善环境的动机。要抑制过度消费，特别是地球上不可再生资源利用问题，不能只考虑当代而不为子孙后代着想。要自觉树立环境保护意识，不能只考虑局部环境利益，还要树立保护全球环境的观念，并建立起道德规范。

三是知识技能。要促使并帮助个人和社会团体对整个环境、环境问题以及对人类在环境中生存的重大责任和作用有基本的了解，帮助个人和社会团体取得解决环境问题的能力。

四、我国环境教育的基本任务

我国环境教育的基本任务不仅要为经济建设服务，结合环保的实际需要，培养德才兼备的专业人才；而且要在全社会普及环保法律知识和环保基础知识，提高全民族的环境意识，具体可分为三个方面。首先，切实加强在职人员培训，努力提高环保队伍素质。应当着重抓好环保干部岗位培训、继续教育、学历教育等。其次，突出重点，把社会教育推向一个新阶段，进一步调动公众参与的自觉性，树立保护环境的良好风尚。最后，大力推进各级学校尤其是中小学的环境教育，不断提高年轻一代的环境意识。

环境教育是一项长期的战略任务。为使环境教育更好地适应中国环境与发展的需要，在巩固成绩的基础上，应采取以下措施。

第一，加强对环境教育的领导。各级领导要高度重视环境教育在环保事业中的战略地位，将其纳入目标责任制中，采取具体措施，提供必要条件；年度总结评比，接受上级主管部门与群众的监督。

第二，加强环境教育理论和方法的研究。环境教育是环境科学与教育科学相结合的一个新领域，有其自身的规律。应当在积极实践的基础上，深入探索其基本理论和方法，以便更好地指导实践。

第三，加强环境教育管理制度的建设。有些国家已经颁布了《环境教育法》，我国也要着手研究制定关于环境教育的法规，使环境教育逐步走向法制轨道。

第四，加强环境教育的基础工作。环境教育是全社会的事业，是一项大的系统工程，要广泛发动社会力量参与，利用多种渠道、多种形式搞好环境教育的基础工作。

参考文献

[1]　王建军. 济南岩溶区地下水系统数值模拟及保泉供水管理模型研究 [D]. 济南：山东大学,2016.

[2]　石岳峰, 江红, 宋世霞. 黑河流域水资源开发利用与生态环境保护协调性分析 [J]. 水资源开发与管理,2016,（04）:21-24.

[3]　肖永勤. 能源资源利用与生态环境保护的探讨 [J]. 低碳世界,2016,（24）:7-8.

[4]　张偲葭. 京津冀区域协同发展的水资源配置研究 [D]. 哈尔滨：哈尔滨工业大学,2016.

[5]　张静. 准噶尔盆地表生态环境演化及驱动力分析 [D]. 西安：长安大学,2016.

[6]　刘为. 基于地下水生态水位的水资源优化配置研究 [D]. 郑州：华北水利水电大学,2016.

[7]　王磊. 基于生态需水的石羊河流域水资源总量评价及其预测应用 [D]. 兰州：兰州大学,2015.

[8]　王喜华. 三江平原地下水—地表水联合模拟与调控研究 [D]. 北京：中国科学院研究生院（东北地理与农业生态研究所）,2015.

[9]　王战. 鱼卡—大柴旦盆地地下水生态环境效应与生态环境质量评价 [D]. 北京：中国地质科学院,2015.

[10]　周翔南. 水资源多维协同配置模型及应用 [D]. 北京：中国水利水电科学研究院,2015.

[11]　王军霞. 江汉—洞庭平原流域水文模型与地下水数值模型耦合模拟研究 [D]. 北京：中国地质大学,2015.

[12]　邓铭江. 新疆十大水生态环境保护目标及其对策探析 [J]. 干旱区地理,2014,（05）:865-874.

[13]　景宏. 潮水东盆地水资源评价及管理研究 [D]. 杨凌：西北农林科技大学,2014.

[14] 马建华 . 建设长江经济带的水利支撑与保障 [J]. 人民长江 ,2014，(05) :1-6.

[15] 吕杰 . 滇东南岩溶山区水土资源利用与生态环境耦合协调模拟研究 [D]. 昆明：昆明理工大学 ,2014.

[16] 胡钊 , 刘芳荣 . 浅谈能源资源的利用与生态环境保护之间的关系 [J]. 化工管理 ,2014，(02) :132.

[17] 姜仁良 . 论土地资源利用与生态环境保护的七大协调机制 [J]. 经济纵横 ,2013，(12) :31-35.

[18] 姜仁良 . 土地资源利用与生态环境保护交互耦合关系及规律研究 [J]. 生态经济 ,2013，(09) :77-81.

[19] 刘柱 . 干旱区城镇化对水资源、水生态的影响及对策研究 [D]. 北京：中国水利水电科学研究院 ,2013.

[20] 刘旭辉 , 覃勇荣 , 黄振球 , 李秋明 , 杨燕丽 . 河池市矿产资源可持续利用与生态环境保护 [J]. 河池：河池学院学报 ,2013，(02) :1-6.

[21] 魏晓妹 . 地下水资源管理与保护 [J]. 地下水 ,2013，(02) :1-4.

[22] 宋国慧 . 沙漠湖盆区地下水生态系统及植被生态演替机制研究 [D]. 长安大学 ,2012.

[23] 黄祖栋 , 周志兴 . 地下水的开发利用与保护 [J]. 现代农业 ,2010,(02):77-78.

[24] 魏海锋 , 裴有陆 , 梁志祥 . 地下水资源开发利用前景与生态环境治理措施 [J]. 山西建筑 ,2012，(16) :228-231.

[25] 冯元东 , 韩俊杰 . 水资源充分利用与生态环境保护——水窖的功能 [J]. 科协论坛 (下半月) ,2012，(05) :136-137.

[26] 韩俊丽 , 段文阁 , 宋存义 , 程莉 . 包头市地下水资源可持续利用及水环境保护研究 [J]. 干旱区资源与环境，2011，(12) :119-124.

[27] 张艳 . 干旱区地下水文生态安全评价信息系统研究 [D]. 西安：长安大学 ,2011.

[28] 李军华 , 杨珊珊 . 新疆水资源合理开发利用与生态环境保护 [J]. 环境与可持续发展 ,2010，(05) :30-32.

[29] 鄢帮有 , 刘青 , 万金保 , 郑林 , 夏雨 , 黄齐 . 鄱阳湖生态环境保护与资源利用技术模式研究 [J]. 长江流域资源与环境 ,2010，(06) :614-618.